全面推行河长制湖长制典型案例汇编

水利部河长制湖长制工作领导小组办公室
水利部发展研究中心　编

·北京·

图书在版编目（CIP）数据

全面推行河长制湖长制典型案例汇编 / 水利部河长制湖长制工作领导小组办公室，水利部发展研究中心编. -- 北京 : 中国水利水电出版社，2020.11
ISBN 978-7-5170-9078-6

Ⅰ. ①全… Ⅱ. ①水… ②水… Ⅲ. ①河道整治－案例－中国 Ⅳ. ①TV882

中国版本图书馆CIP数据核字(2020)第213327号

书　　名	**全面推行河长制湖长制典型案例汇编** QUANMIAN TUIXING HEZHANGZHI HUZHANGZHI DIANXING ANLI HUIBIAN
作　　者	水利部河长制湖长制工作领导小组办公室 水利部发展研究中心　编
出版发行	中国水利水电出版社 （北京市海淀区玉渊潭南路1号D座　100038） 网址：www.waterpub.com.cn E-mail：sales@waterpub.com.cn 电话：（010）68367658（营销中心）
经　　售	北京科水图书销售中心（零售） 电话：（010）88383994、63202643、68545874 全国各地新华书店和相关出版物销售网点
排　　版	中国水利水电出版社微机排版中心
印　　刷	天津嘉恒印务有限公司
规　　格	170mm×240mm　16开本　25.75印张　396千字
版　　次	2020年11月第1版　2020年11月第1次印刷
印　　数	0001—5000册
定　　价	**58.00**元

凡购买我社图书，如有缺页、倒页、脱页的，本社营销中心负责调换

版权所有·侵权必究

《全面推行河长制湖长制典型案例汇编》编委会

主　　任　祖雷鸣　陈茂山

副 主 任　刘六宴　王冠军

编　　委　李春明　虞　泽　王　竑　付　健

　　　　　刘小勇　郎劢贤　刘　卓　何　楠

参编人员　陈　晓　孟　博　李晓晓　陈　健

　　　　　王佳怡　贺霄霞　姜　鹏　刘徐方

　　　　　张泽中

前言

保护江河湖泊，事关人民群众福祉，事关中华民族长远发展。全面推行河长制湖长制，是以习近平同志为核心的党中央从加快推进生态文明建设、实现中华民族永续发展的战略高度作出的重大决策部署，是促进河湖治理体系和治理能力现代化的重大制度创新，是维护河湖健康生命、保障国家水安全的重要制度保障。2016年11月，2017年12月，中共中央办公厅、国务院办公厅先后印发《关于全面推行河长制的意见》《关于在湖泊实施湖长制的指导意见》，在全国部署全面推行河长制湖长制工作。

在党中央、国务院的坚强领导下，水利部会同有关部门多措并举、协同推进，地方党委和政府担当尽责、狠抓落实，截至2018年底前，31个省（自治区、直辖市）全面建立河长制湖长制，设立省、市、县、乡级河长湖长30多万名，村级河长湖长（含巡河员、护河员）90多万名，河长湖长体系形成，实现了河长制湖长制“有名”。各级河长湖长积极履职尽责，召开专题会议、签发河长令研究部署任务，带头巡查河湖，协调解决重大问题，牵头组织清理整治河湖突出问题，河湖面貌发生显著变化。各地在完善河长制湖长制组织体系、压实河长湖长责任、提升河长办履职能力、部门间区域间协调联动等方面积极探索，不断创新，涌现出一批落实河长制湖长制改革任务的典型经验和做法。

为及时总结推广各地典型经验，形成相互借鉴、共同提高的良好工作局面，加快推动河长制湖长制从“有名”向“有实”“有能”转变，2020年3月，水利部河长制湖长制工作领导小组办公室（以下简称“水利部河长办”）在全国范围内组织征集全面推行河长制湖长制典型案例。各地高度重视，31个省（自治区、直辖市）河长制办公室及7个流域管理机构积极踊跃报送案例。

受水利部河长办委托，水利部发展研究中心（以下简称“中心”）组织编选了一批典型案例，供各级河长湖长及河长制湖长制工作人员学习使用。本书共收录60篇案例，分省（自治区、直辖市）及流域进行汇编。案例真实反映了各地推行河长制湖长制工作的探索实践，展示了各地在强化河长湖长责任落实、提升河长湖长及河长制办公室履职能力、开展河湖治理专项行动、建立河湖管护长效机制等方面的典型做法与经验，是帮助各级河长湖长学习领会河长制湖长制改革任务要求、提升履职能力的生动教材，也是各地深入落实河长制湖长制工作任务的重要参考，为推动河长制湖长制落地生根、取得实效提供有益借鉴。

在案例编审过程中，孙继昌、段红东、匡少涛、王乃岳、王丽、谢新民、鞠茂森、沈大军、胡玮、柳长顺等专家对案例质量进行了把关，华北水利水电大学河长学院参与了案例选编工作，31个省（自治区、直辖市）河长制办公室及流域管理机构予以了大力支持配合，在此一并致以深切谢意。

编委会

2020年10月

目录

让清河之水实至名归

——以闭环工作机制为抓手持续建设优美河湖*

【摘　要】 市级河长定期深入清河流域，现场召开会议进行专题研究，督查沿河拆违、河道环境整治等重点任务落实。区级河长压紧压实河长责任，组织基层河长积极开展巡河，推动河湖治理管护不断取得新成效。基层河长通过检查和巡查发现问题源头，第一时间组织人员进行清理。清河流域强化行政执法与刑事司法的有效衔接，发挥“河长＋警长”工作机制，持续开展河湖水环境、水资源、水土保持等专项执法。经过大家的不懈努力，清河流域河湖环境面貌得到很大改善。

【关键词】 河长制　清河流域　闭环工作机制

【引　言】 2016 年 12 月底，中共中央办公厅、国务院办公厅印发了《关于全面推行河长制的意见》，从 2017 年开始，清河流域全面推行河长制，100 多名河长走马上任，流域内大大小小的河道全部纳入河长制管理，实现了河长制全覆盖。建立责任体系、出台工作方案、实施配套制度、加大行业属地联动……这对清河流域而言犹如一把万能钥匙，解开了一个又一个长期困扰清河的治水难题。居住在两岸的居民感受着点滴变化，水越来越清，鱼越来越多，“清河”二字实至名归。

一、背景情况

清河发源于北京市海淀区碧云寺，流经海淀、朝阳、昌平，在顺义汇入温榆河，全长 28.69 公里，流域面积 156.5 平方公里。清河，因水质清冽得名，但在过去二三十年间，清河一直在清与浊之间徘徊。

以前河湖岸线的违建问题很难解决，是因为河道管理部门执法力度

---

* 北京市水务局供稿。

有限，经常是单兵作战，无法充分联合属地政府和执法部门。2017年清河流域全面推行河长制，清河流域市级河长联络办公室（以下简称清河办）与流域内海淀、朝阳、昌平、顺义四区紧密配合，通过高位推动、中位传动、低位联动，充分调动多方资源，合力解决河湖岸线违建难题。通过构建联防联动联治、信息互通共享、联合执法处罚等长效机制，依法查处破坏河湖生态环境违法行为，办成了许多过去想办而没有办成的事，清河流域河长制工作取得明显实效。随着河长制工作的生根壮大，清河周边环境得到大幅提升，水质得到明显改善。

经过两年多的实践，清河流域逐渐摸索出了一套既符合清河流域管理实际又行之有效的工作机制，即“现场督查＋视频记录＋会议协调＋纪要落实＋整改反馈＋定期报告”的闭环工作机制，落实“三查、三清、三治、三管”工作要求，高标准推进坑塘、边沟边渠等小微水体综合整治，推动实现小微水体“无垃圾渣土、无集中漂浮物、无污水排入、无臭味、无违法建设”的“五无”目标，确保了河长制工作的有力推进。

二、主要做法

（一）现场督查，视频记录

检查采取联合检查和自查两种方式：联合检查由清河办召集相关区河长办，对流域进行检查；自查由清河办单独组织相关人员，每周对流域进行检查。发现问题后，一方面，要求属地有关部门或单位制定并提交整改方案，对情况复杂、难度较大尤其是跨行政区划需要协调的问题，清河办会同属地相关部门或单位专题研究、协调推进；另一方面，清河办以影像的形式记录相关问题、列入流域问题清单，并对照问题清单，跟进督办。

（二）会议协调，纪要落实

清河流域市级河长、北京市委常委、宣传部部长杜飞进每季度对清河流域河长制工作进行调研并召开推进会，清河办负责会议筹备。一是制作流域问题清单整改落实情况的视频短片，将上一季度挂账问题按照“已完成整改”“已到期未完成整改”和“未到期正在整改中”分项进行汇报，同时汇报本季度新发现的难以解决的问题。二是做好市级河长

“参谋助手”角色，提供翔实的会议资料，为领导决策提供有力支撑。三是围绕重点难点问题，会上确定任务清单，明确责任部门，落实整改措施和期限，以会议纪要形式由市委办公厅统一下发，清河办按照会议纪要中的整改时限进行督办落实。

（三）整改反馈，定期报告

清河办针对各区任务清单整改期限，采取现场核实、电话催办、下发督办函等方式进行挂账督办。定期督促各区问题整改情况，跟进整改进度，每月将问题和整改情况反馈相关区河长办，并上报市河长办。同时，将本流域河长制工作进展情况和工作成果，按规定时间上报市河长办，重大问题随时在第一时间报告。

在做好“整改反馈、定期报告”工作的基础上，清河办进一步深化细化扩展检查范围，查找流域内的新问题，启动新一轮“整改工作推进流程”，同时为下一次市级河长季度推进会做好准备。这一机制的高效运行，有利确保了清河流域河长制工作的持续深入推进。截至目前，清河办共开展流域巡查898次，发现问题117处，召开流域座谈会9次，电话催办400余次，发放督办函4封。

三、经验启示

截至目前，流域内各级河长巡河近3万次，发现问题并整改完成600余个，有力推动了各项河湖管理保护工作的落实。

（一）市级河长尽职履责、高位推动

自2017年7月26日清河流域市级河长杜飞进第一次巡河以来，清河流域水环境得到极大改善，但他仍然坚持每季度巡河并召开流域座谈会，对重点难点问题亲自协调，靠前指挥，紧抓不放。他要求各级河长要落实领导责任，按照市、区、乡镇街道、村四级河长体系，切实履行责任。要进一步做细做实调研工作，切实推进任务清单落实，决不能出现“承诺—不兑现—再承诺—再不兑现”的情形。市级河长尽职履责，高位推动，为清河流域长效调度机制的建立和高效运行提供了可靠保障，而每一项问题的解决，也都凝聚着清河流域各区、各部门的集体智慧、心血和汗水。

（二）区级河长担当作为、善作善成

有了市级河长的率先垂范，各区都积极行动起来，区委区政府主要领导作出批示，区级河长开展巡河活动，在巡河过程中抓住河道环境保护的关键和重点，及时、准确发现并着力协调、解决河道及河道周边环境存在的难点问题，将河长制工作落到实处。

拆除私搭乱建，保障清河上地段生态环境。海淀区信息桥下私搭乱建及人员居住是台账问题之一，清河（海淀段）区级河长周志军多次召开推进会，要求妥善彻底解决私搭乱建问题，还河道一个良好的周边环境。上地街道河长毕淑琴、孙连红精心部署、周密安排、细化预案，牵头落实私搭乱建具体治理工作。2019 年 6 月 24 日，在各部门协同努力下，信息桥下约 100 平方米的私搭乱建被完全拆除，整治后的区域面貌焕然一新。

清理陈年渣土，保障清理整治不留死角。沈家坟“垃圾山”位于昌平区歇甲庄村南侧，与朝阳区交界于清河右岸沈家坟闸上、下游各有一处。上游“垃圾山”约 16 万立方米，下游“垃圾山”约 20 万立方米，共计约 36 万立方米，于 2014 年开始形成。昌平区级河长刘绍坚亲自督办，在落实好治理方案和资金后，昌平区北七家镇于 2018 年 6 月底完成“垃圾山”渣土清运工作，将渣土清运一半，剩余部分按照设计方案，进行地形再造及绿化等相关工作，于 2019 年 6 月全部完成，共计绿化面积 61.54 亩，种植苗木 3293 株。

解决治理难题，巡查督促狠抓问题落实。朝阳区在推进综合管廊工程建设的过程中有两处涉河节点位置的建筑物，因各种原因拖了两年一直没能拆除，进而迟滞了整个工程建设。在市级河长的督办下，朝阳区级河长马继业组织召开协调会，亲自调度，大力推动，仅用三周时间就完成了拆除工作。区级河长以问题为导向，采取“四不两直”方式开展河湖调研巡查，督促街乡落实属地管理责任，各街乡级河长牵头解决了一批河湖治理难题，在落实本级责任的同时监督村（社区）级河长开展河长制工作，一级督一级，层层抓落实。

（三）“三个强化”激活河长制“末梢神经”

基层河长作为“治水第一线”的执行人，也是河长制的“末梢神

经”，肩负着治水政令“最后一公里”的任务落实，其政策执行力直接影响着河长制的推行效果。随着河长制工作的深入推进，街道（乡镇）河长和村级河长的履职尽责意识也越来越强，他们冲在治河管水一线，将问题发现在一线、解决在一线。

四、取得成效

海淀区马坊地区摩托车店违法建筑大面积占用清河滨河路，导致该河段交通拥堵现象频发，往来车辆叫苦不迭，是困扰清河20多年的治理难题。2017年街道级河长、西三旗街道副主任裴岩峰亲自带队多次约谈当事人，并联合相关部门共同商讨违建拆除和环境整治工作。从商讨方案、约谈当事人到实施拆除和环境改造等全部工作完成，仅用了18天，彻底解决了该区域环境脏乱差的问题。

清河街道办事处制定了《清河街道河长制工作方案》，组织人员定期巡河，并结合“北京河长”APP，把清河行动纳入日常工作，街道辖区河道全长2.3公里，沿线设置了7个高清摄像头，24小时不间断监控河道周边状况，如有倾倒垃圾、垂钓捕鱼等行为，门前三包员等负责人员将在1小时内及时处理。

海淀区清河南岸四街社区段有大量自行车、摩托车等散乱停放在滨河步道上，破坏优美水环境的同时给沿河散步的居民也带来了不便。四街社区采用喇叭广播的形式通知居民尽快将停放在滨河步道上的车辆移走，清河街道联合东水西调管理处对滨河步道内散乱停放的20余辆自行车、摩托车进行了集中清理，有效维护了清河水环境秩序。

清河老河湾位于朝阳、昌平、顺义三区交界，河道东侧17.6万平方米位于朝阳区境内，有建筑面积10.3万平方米的废品回收、液化气出售、石膏粉生产、大院出租等20余家低级次产业，从业及居住人员900余人，存在严重的安全隐患，对周边环境造成影响。2017年，孙河乡借助河长制，对该区域进行清理拆除，域内安全隐患全部消除，周边环境得到很大提升。

温榆河裁弯取直留下的故道成了违建和非法经营聚集地，不仅影响了清河分洪滞洪，还破坏了周边环境。2019年北运河管理处、顺义后沙峪镇政府和顺义区水务局等 12 个部门联动，多台挖掘机及运输车同时湿法作业，经过 1 个多小时的奋战，将温榆河西侧 4833 平方米违建全部拆除。未来，该地块将拼入正在建设的温榆河湿地公园，成为市民休闲游玩的生态绿地。

清河流域内各级河长积极履职，全面完成巡河任务，及时发现、解决河道问题。同时，各区、各部门以“清河行动”和“清四乱”专项行动为抓手，积极行动，密切配合，使清河流域从“一家管”到“一起管”、从“管不了”到“管得住”的方向转变，清河流域整体水环境状况持续提升。

（执笔人：汤博）

严格落实河长制湖长制 守护生态城碧水清流

——中新天津生态城河长制湖长制工作实践*

【摘　要】中新天津生态城管委会结合区域河湖保护工作实际，研究出台了实施方案，建立了科学高效的工作机制，详细划分了各相关部门职责，明确了河湖管理牵头单位和责任单位，建立河湖清单，所有水体全面挂长，全面设立河长制湖长制公示牌，深入做好监测、考评、督导、监督、执法等工作，并以海绵城市建设为抓手，以精品片区建设为示范，探索新时代生态治水新路径。为进一步提升水体环境质量，生态城从控源截污、水环境治理、水生态修复、水系循环等方面入手，多措并举逐步改善区内水生态环境，坚决将党中央国务院、天津市委市政府和滨海新区区委区政府关于全面推行河长制湖长制的工作部署落到实处。

【关键词】河长制湖长制　海绵城市　生态修复　水系循环

【引　言】推行河长制湖长制是贯彻落实绿色发展理念、推进生态文明建设的内在要求。生态城认真贯彻落实习近平总书记视察生态城时的重要指示精神，坚持绿色发展理念，把河湖管理保护纳入生态文明建设的重要内容，大力推行河长制湖长制，切实强化保护河湖的责任，促进经济社会高质量发展。

一、背景情况

2007年以前，放眼望去，中新天津生态城（以下简称生态城）尽是盐碱荒地、污染水坑，废弃盐田纵横交错，荒草遍地，人烟稀少，是“生态禁区”。

2008年，生态城管委会获批成立以后，一直坚持致力于水资源保护、

---

* 中新天津生态城城市管理局供稿。

生态城原貌

水生态修复工作，将治理污水库列为环境建设工作的“一号工程”和海绵城市建设的首要任务。通过全面实施水生态修复，对原来的营城污水库进行深度治理，接着又启动了水库周边的绿化工程，修建了生态护岸和慢行绿道，对周边的雨水径流进行过滤，防止雨水对水库水质造成污染。同时，充分借助原地貌，打造了“静湖—故道河—惠风溪”整体循环的水系结构，整体水系面积达到3.94平方公里。

生态城始终参照中国传统理水营城理念，先保护区域生态和水脉格局后进行建设开发，同时充分借鉴新加坡城市雨洪管理经验，在开发建设过程中贯彻落实低影响开发理念。2016年4月，天津市成为国家第二批海绵城市建设试点，生态城成为两个试点片区之一。生态城突破传统的“以排为主”的城市雨水管理理念，吸纳尽可能多的水资源，地表降水经过渗、滞、蓄、净、用、排等多种生态化技术处理，达到生态补水、改善水质的目的。在城市开发建设中，坚持以低影响开发理念指导，积极推进海绵精品片区建设和区内水系连通工程，设置下沉式绿地、雨水花园、雨水调蓄池等海绵设施，对雨水进行调蓄与错峰排放，实现雨水的减排缓排和有效利用。

河长制湖长制实施以来，生态城坚持以习近平新时代中国特色社会主义思想为指导，自觉践行习近平生态文明思想和“绿水青山就是金山银山”的理念，认真贯彻落实天津市委、市政府和滨海新区区委、区政府关于加快推进河长制湖长制的决策部署，在天津市河长办和滨海新区河长办的统一指挥领导下，科学谋划，精心组织，相互配合，统筹推动，扎实推动上级河长办决策部署在生态城落地生根，实现了防治污染、修复生态、治水净水、养护堤岸、美化景观的目标，为生态城高质量发展提供了良好的生态保障。

二、主要做法

（一）高位推动，加强组织领导

为深入贯彻落实中共中央办公厅、国务院办公厅《关于全面推行河长制的意见》《关于在湖泊实施湖长制的指导意见》和市委市政府、区委区政府全面推行河长制湖长制工作部署，切实加强组织领导，生态城成立河长制湖长制工作领导小组，由管委会主任担任总河长，分管副主任担任河长，各相关部门单位主要负责同志担任成员，指导督促生态城全面推行河长制湖长制，协调解决推行河长制湖长制工作中的重大问题，确保河长制湖长制各项工作任务落实落地。同时，印发了《全面推行河（湖）长制实施方案》，明确了水体名录，划分了责任区域，成为推动河长制湖长制工作“总章程”。通过明确管理目标、建立组织机构、细化管理职责、制定工作制度及考核办法，全面实施管委会、平台公司、专业公司联动的三级河长制湖长制管理体系，建立健全河长制湖长制工作制度，建立河湖管理保护长效机制。

（二）健全制度，扎紧制度笼子

1. 完善河长制湖长制工作制度，增强制度执行力

结合生态城区域实际，建立健全河长巡河、河湖保洁、信息报送、督查督办等12项制度，靠制度管水、护水、节水、用水，构建河湖长效管理机制，让河长制湖长制工作有标准、有章法、有依据。

2. 建立信息公示制度，主动接受社会监督

在区内各景观水体、公园水体、坑塘设置河长湖长公示牌，明确了相关河道湖泊河长湖长、职责、责任单位，并公布了监督电话。通过公开河长湖长信息，进一步明确了河道管护责任，接受社会监督，有效推动了河长制湖长制各项工作任务落实。

3. 建立台账管理制度，做到底数清、情况明

聚焦监管全覆盖，对全部河道、湖泊、坑塘、沟渠进行彻底排查统计，掌握水体详细信息，并制定了水体清单、责任清单、问题清单、提升清单、效果清单，并实施动态管理。同时，建立入河排水口门台账，对排污口门溯源排查，严格管理。

4. 实施闭环管理，打通“巡查—通报—整改—反馈”管理流程

建成高空视频监控系统，开展水体普查，实时监测区内水体动向，加强生态城水体的动态监测。加强日常巡查，每日对区内水体水面污染、岸线环境垃圾、口门与排水设施污染、违法违规行为等进行排查，加大现有坑塘环境治理力度，对非规划水系坑塘推动土地整理，发现问题，立即整改。

（三）抓常抓长，坚持日常巡查

1. 严格落实河长巡河制度，确保区域水体长治久清

管委会主要领导坚定不移践行习近平生态文明思想，守牢发展和生态两条底线，担当作为，率先垂范，带头开展例行巡河。各级河长和生态城河长办定期进行巡查，发现问题及时处置，实现及时发现、立即派单、快速处置。

2. 组建专业巡查队伍，实现水体巡查全覆盖

建立责任单位自查、第三方单位核查、河长巡查三级巡查体系，采用集中式排查、常态化排查、监督式排查相结合的方式，重点针对区内水体河湖水质、口门污染、水面污染、环境垃圾污染、排水设施污染、畜牧养殖、违法违规行为等问题开展全面排查。

3. 借助社会力量，提高问题发现率、处置率

广泛发动社会力量巡查监督，充分发挥社区工作人员、党员、义务监督员的积极作用，引导社会力量共同参与河湖环境治理，提高环境监督管理参与度，有效弥补“八小时”外巡查盲区，确保巡查及时、清理彻底，打造美丽河湖景观。

4. 强化巡查问题处置，确保问题整改见底见效

配备水域打捞船只和清理工作人员，要求每日完成水域复检复查 2

次，发现问题于2小时内配齐人员设备，立即清理整治，确保水质治理、漂浮物打捞、网箱拆除、堤岸垃圾清理等问题及时处置到位。

（四）多措并举，保持水体质量

1. 注重源头治理，实施静湖生态修复

原汉沽污水库经过30年工业废水沉积，水体中氨氮、化学需氧量等指标严重超标，水体严重富营养化，基本丧失了水生高等植物的生存条件，水生态系统快速退化。经过多年的努力，通过对底泥疏浚及污泥稳定固化等方式完成底泥污染治理。同时，将污水截流，经预处理设施将库存污水处理达到污水厂进水水质要求，经过污水厂综合处理，完成了整座污水库内215万立方米废水治理。采取生态补水、水质保持、智能管理、生态构建等一系列科学合理、行之有效的措施，对治理后的水库进行持续监测及生态修复重建，改造成为现在水清、岸净、景美的静湖，并与故道河及惠风溪一起形成了生态城独特水生态系统，水域周边的栖息鸟类也越来越多，真正实现了人与自然和谐共存。

治理后的生态城静湖

2. 探索长效管理，持续推进区内水系连通工程及污水收集处理相关项目进程

生态城通过水体循环生态净化的方式保障水体可持续生态功能，促进水质流动和控源截污。以河湖水系连通、水资源循环利用、水环境改善、水生态保护为重点，着力构建多线连通、多层循环、生态健康的水

生态体系，利用区内水系渗蓄功能实现水资源回补、水体循环流动，进一步改善水生态环境。

3. 建立良性循环的水源利用体系，降低城市运营成本

生态城立足于水质型缺水的现实，以节水为基础，最大限度开发利用雨水、中水、淡化海水等非常规水源，实施分质供水，优化资源配置，建立了较为完善的水资源循环利用体系，非常规水资源利用率超过50%，为北方地区解决缺水难题作出了积极有效的探索。为合理利用雨水资源，初步形成了“源头减排、过程控制、末端治理”的雨水径流污染控制体系。截至目前，生态城雨水收集后经过绿地净化全部进入景观水体，景观补水年均近300万吨，按照自来水价格5元每吨计算，一年可节约1500万元。

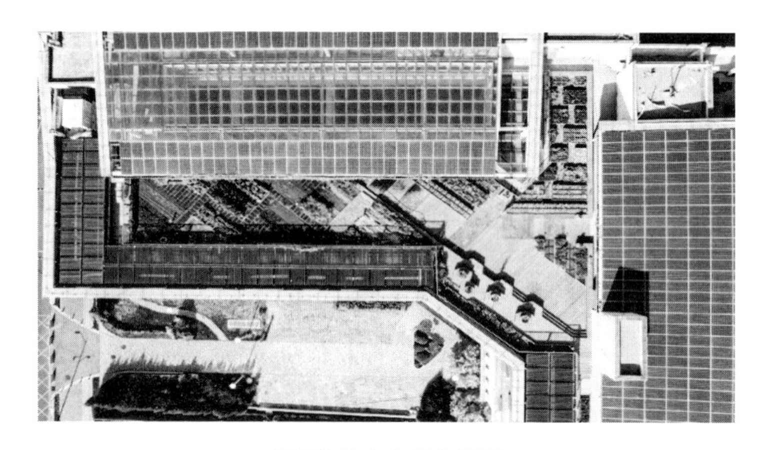

低碳体验中心绿色屋顶

下沉式绿地

生态谷公园

甘露溪公园俯瞰图

4. 以水为脉的生态空间体系

生态城起步于环境恶劣的盐碱荒滩，十多年来，始终坚守生态理念，以水为脉，坚持“在开发中保护、在建设中修复、在发展中优化”的思路，保护水系湿地，实施生态修复，改良盐碱地，打造生态景观工程，彻底改变了盐碱荒滩的旧面貌，成功构建了集河道、湖面、草地、湿地、树林、海滩为一体的生态景观格局。在海绵城市建设中，依托天然水域构建点面结合的生态安全屏障，形成以静湖为核心，故道河、惠风溪作为缓冲区的城市生态格局。在城市开发建设中，严格保护新区生态安全格局、严格落实生态红线保护要求、对在蓝线范围内进行的各种建设活动和行为进行约束，有效保护河流水系、湿地、湿塘。与此同时，在水体治理中采取生态自然岸线的建设方式，保障河道生态功能。

静湖生态岸线实景照片

故道河生态岸线实景照片

5. 点面兼顾的污染防控体系

坚持海绵城市理念，统筹点源污染控制和面源污染控制，按照“源头减排—过程控制—末端治理”的技术思路，构建覆盖全过程、全流程的城市面源污染防控体系，打造点面兼顾的污染防控体系，为实现“水清岸绿、鱼翔浅底”铸就坚实的保障。全区生活污水通过污水管网系统统一收集至营城污水处理厂进行处理，实现点源污染的有效控制。

蓟运河初雨净化项目

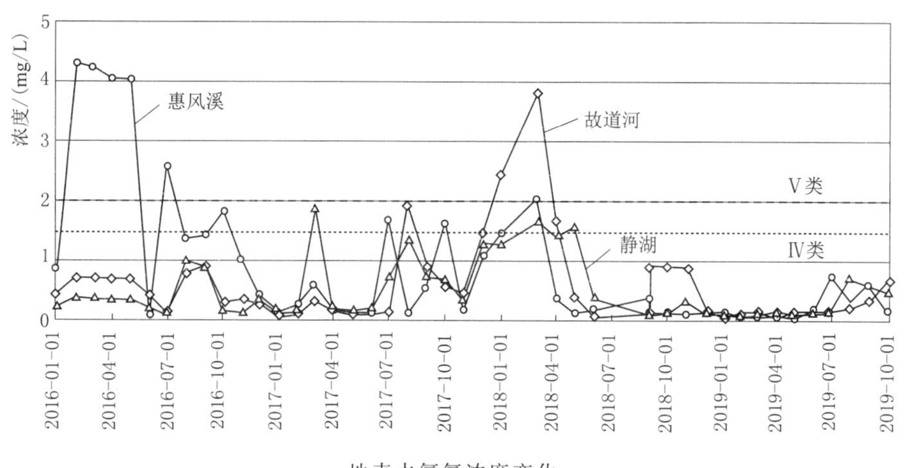

地表水氨氮浓度变化

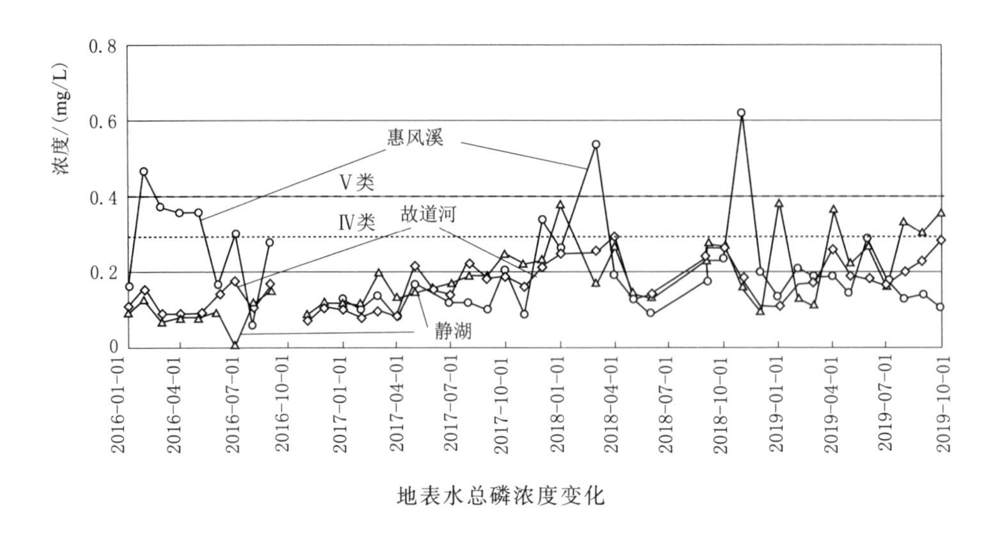

地表水总磷浓度变化

（五）监督考核，倒逼责任落实

1. 建立健全考核评价机制

以河湖水质达标为目标，以落实“八项任务”为主要抓手，建立健全河湖管理保护差异化考评体系，由河长湖长组织对各责任单位进行考核。

2. 实施奖惩问责机制

以考核评价结果为依据，对环保督察中不作为的单位（部门）进行问责，对因失职、渎职导致河湖环境遭到严重破坏的，依法依规追究责任单位和责任人的责任。

3. 强化社会监督

畅通公众参与渠道，通过生态城城管热线、5890公用事业服务平台等方式广泛接受群众监督。在区域内各河湖显著位置设置公示牌，标明管辖职责、河湖概况、养护目标、监督电话等内容，广泛接受社会监督。

4. 探索河湖环境保护公众参与办法，激发全社会参与

通过公开监督举报电话，支持和鼓励公众参与舆论监督和社会监督，解决了很多监督“死角”问题，打通了河道治理的“最后一公里”，也调动了公众参与环境治理的积极性，形成社会参与、全民护水、共建共享的良好氛围。

三、经验启示

1. 坚持高位推动，主要领导亲自挂帅

生态城正在加快推进“生态城市”和“智慧城市”双轮驱动战略，管委会高度重视河湖生态环境保护，管委会领导始终坚持生态优先、绿色发展，带头履行河长制工作责任，坚持巡河巡查，及时发现问题、研究问题、解决问题，共同守护生态城碧水清流，努力营造优美生态环境，让绿色成为生态城最美的“底色”。

2. 坚持问题导向，始终做到有的放矢

以水环境问题为工作导向，将水质问题、漂浮垃圾、岸线垃圾、插网围网、设置地笼、黑臭坑塘等河湖问题分类汇总，挂图插旗，逐一分解，逐一攻坚，各个击破，确保打赢河长制湖长制攻坚战。按照“过境河道”“公园水体”“未开发区域坑塘”分门别类建立台账，挂图作战，闭环管理，确保问题整改见底见效。

3. 坚持生态治理，通过海绵城市建设实现人水和谐

将海绵城市建设作为解决城市水生态的重要抓手，加强规划建设管控，通过源头减排、过程控制、系统治理，使建筑与居民小区、道路与广场、公园和绿地、域内水系等具备对雨水的吸纳、蓄滞和缓释作用，有效控制雨水径流，努力实现“小雨不积水、大雨不内涝、水体不黑臭、热岛有缓解”的海绵城市建设目标。通过海绵城市建设实现水源涵养、生态治水和节约用水，为水资源管理提供了良好示范。

4. 坚持生态补水，谋划水清水动

坚持使用水处理中心地标 A 达标水作为生态补水水源，持续改善区内水体水质，实现水资源的循环利用。同时，科学谋划区内水系连通工程，打造全区水系整体循环环境。不断加强引水工程建设，适时从外部河道引入优质水资源与区内水体进行水资源交换，让河水“活起来”。

5. 坚持部门联动，齐抓共管形成合力

河湖水环境治理涉及水污染防治、水环境改善、水生态修复，是一项复杂的系统工程，涉及多个职能部门。生态城组建起一支由水务、环保、土地、市政、综治、公安、综合执法等部门构成的“联合部队”，采

取灵活办公模式，定期召开联席会议，畅通信息，通力合作，敢啃“硬骨头”，善打“攻坚战”，坚持“水面水底同治、岸上岸下同治、取水排水同治、上游下游同治”的原则，有效破解了“九龙治水”困局，实现“保障水安全、利用水资源、改善水环境、修复水生态、打造水名片”的目标任务。

（执笔人：王力）

向人民汇报　请社会监督
做群众满意的河湖长

——天津市坚持以人民为中心深入落实河长制湖长制*

【摘　要】天津从2013年开始河长制实践工作。2016年，中共中央办公厅、国务院办公厅印发《关于全面推行河长制的意见》，天津市于2017年年底全面建立河长制，2018年年底全面建立湖长制。天津市坚持以人为本，从人民群众的需求出发，在社会监督、畅通公众参与渠道上下功夫，建立社会监督机制，接受社会监督，设立有奖举报，支持和鼓励公众参与舆论监督和社会监督。

坚持以人民为中心，把人民群众对水环境的满意度作为检验水环境工作的根本标准；建立健全河长制湖长制社会监督机制，充分发挥群众和媒体的监督作用；强化人民群众环境意识，推动人民群众生活方式加快向绿色生活方式转变。

【关键词】河长制湖长制　社会监督　公众参与　媒体监督

【引　言】2016年11月28日，中共中央办公厅、国务院办公厅印发了《关于全面推行河长制的意见》，在全国全面推行河长制，明确要求要坚持强化监督的原则，拓展公众参与渠道，营造全社会共同关心和保护河湖的良好氛围。在党的十九大报告中，“人民”是使用频率最高的关键词之一。“坚持以人民为中心”这一思想贯穿党的十九大报告始终，成为新时代坚持和发展中国特色社会主义的基本方略。

一、背景情况

天津位于海河流域下游，是海河五大支流南运河、子牙河、大清河、永定河、北运河的汇合处和入海口，素有“九河下梢”“河海要冲”之

---

* 天津市水务局河长制事务中心供稿。

称。特殊的地理位置决定天津水问题复杂而尖锐，尤其是近年来水环境、水生态问题日趋显现，引起社会普遍关注。为探索大型城市人水关系调控的新思路、新模式和新途径，天津从2013年开始河长制实践工作。2016年，中共中央办公厅、国务院办公厅印发《关于全面推行河长制的意见》，天津市于2017年年底全面建立河长制，2018年年底全面建立湖长制。

天津市坚持以人为本，从人民群众的需求出发，在社会监督、畅通公众参与渠道上下功夫，《天津市关于全面推行河长制的实施意见》中明确，建立社会监督机制，接受社会监督，完善环境保护公众参与办法，设立有奖举报，支持和鼓励公众参与舆论监督和社会监督。

二、主要做法

（一）发挥群众监督力量，聘请水环境社会监督员为自己“挑刺儿”

人民群众是人类社会发展的决定性力量，是根本基石。为了充分调动全市人民群众对水环境保护的积极性、主动性，推动河长制湖长制工作扎下根、接地气，督促各级河长湖长敏锐发现问题、清醒正视问题、自觉解决问题，天津市自2013年开始聘请社会监督员，实施河道水生态环境社会监督机制，发挥群众的力量为全市水环境工作“挑刺儿”。在全市全面推行河长制后，结合工作实际不断对社会监督工作进行深化，2018年年底，在原有工作基础上，出台了《天津市河长制湖长制市级社会义务监督员聘任与管理办法》，将聘任条件适当放宽以提高公众参与率，市级河长制湖长制社会监督员由原来的37名增加到160名，监督范围由中心城区扩大为全市范围，并在监督内容中增加“监督河长履职”的内容。社会监督员每月对河湖管理保护效果进行监督和评价，市河（湖）长办将监督员提供的河湖问题线索，及时转至有关部门处置，做到件件有落实，事事有回音；将评价结果纳入河长制湖长制月考核内容，有效推动了天津全市河长制湖长制工作。

社会监督员除了使用天津社会监督APP上报河湖情况外，为了方便大家更加及时有效地沟通交流，市河（湖）长办建立了市级社会监督员微信群，互相分享经验，监督员们对于河湖管护监督工作的专业性日益提高，干劲儿越来越强。西青区社会监督员崔馨予说“在河湖水环境监督工作的同时，了解到了很多关于河长制湖长制以及水环境保护方面的知识，担任河长制湖长制社会监督员以来，深切感受到了天津市对水环境治理的决心与信心”。

河西区义务监督员师泽岳经常利用周末休息时间，开展义务监督工作。2019年5月19日中午，他发现海河春意桥附近有违法放生的情况，立即通过微信群，发送现场问题照片和视频，并定位具体位置。市河（湖）长办工作人员及时和监督员师泽岳确认现场情况，同时督促有关部门立即采取有效措施，杜绝违法行为的扩散。当日下午相关部门赴现场联合执法，处置了违法放生行为。监督员师泽岳为市河（湖）长办留言：“给政府的行动效率点赞，给保护天津母亲河生态环境的速度点赞!”

2019年全年，市级监督员共提交满意度评价1499个，提供河湖水环境问题线索324个，监督范围基本覆盖全市各区域，为天津市水环境提升作出了突出贡献。

（二）积极引导公众参与，设立河长制湖长制有奖举报

在充分发挥河长制湖长制社会监督员作用的同时，为扩大河长制湖长制影响范围，鼓励公众积极参与河湖保护，及时发现和制止河湖违法行为，天津市河（湖）长办印发了《天津市河长制湖长制有奖举报管理办法》，受理关于河湖偷倒偷排废水废物、在河湖管理范围内堆放垃圾杂物、侵占河湖滩涂等影响河湖水环境质量的违法行为举报，经调查情况属实的给予一次性奖励，努力调动公众共同参与河湖保护的积极性。

2018年3月，市河（湖）长办接到市民程先生的举报电话，反映滨海新区新港路航道局附近，原天津碱厂出水口河沟污染严重，水体发臭，该河沟污水通过涵管流入海河，影响海河水质。市河（湖）长办组织滨海新区河长办及时联系有关部门进行处理，滨海新区开发区管委会采取了工程措施，封堵河道排污口，对河道进行了必要整修，补充生态水，及时处置解决了举报问题。在确认过河道水环境恢复正常后，举报人程先生发来感谢信，信中写道：“谢谢市河（湖）长办的大力支持，你们是人民的好公务员!”同期天津电视《第一观察》栏目也对此项举报处置进行了专题报道，引起了良好的社会舆论反响。

2019年全年，共接到社会监督举报问题线索106件，经查证属实并及时得到处置85件，有效调动了公众对河湖保护的积极性，提高了公众关注度，为营造全社会爱河湖、护河湖的良好氛围打下基础。

（三）了解群众真实感受，开展河湖管护工作群众满意度调查

天津市始终坚持注重收集民意民声，为了在河长制湖长制方面更加深入地了解民情，充分反映民意，更好地将被动反应变成主观服务，搭建起天津市河长制湖长制工作与社会群众的传输渠道，自2019年起，市河（湖）长办聘请了第三方机构，每季度组织开展河湖管护情况民意调查，将百姓对全面推行河长制湖长制工作的认知和河长湖长履职、水环境质量满意度，纳入河长制湖长制月度考核内容。通过民意调查，可获取群众对河长制湖长制工作的真实感受和评价，切实找出薄弱环节，找准着力点，为持续完善长效机制提供数据参考和决策依据。

2019年第四季度，第三方调查机构对全市16个区开展了1600份抽样调查，调查结果显示，群众对于河湖水质、环境卫生和景观满意度较高，平均比例在75%以上，对河长制湖长制工作总体平均满意度为79%，但仍存在群众普遍对河长制湖长制知晓率偏低的问题；在群众提出的管理措施建议中，居第一位的是加强卫生管理，除此之外，更希望加强在提升水质、宣传、管理力度、增加公共设施等方面工作。天津市据此明确了加大河湖养护投入力度、加强媒体宣传的工作方向。

（四）发挥媒体监督作用，完善公众参与形成河湖治理新型模式

营造全社会共同监督的氛围，离不开媒体的参与。2019年6月至9月，由市政府办公厅和广播新闻中心共同举办的《公仆走进直播间》节目，与市水务局、文明办、津云新媒体集团联合推出特别策划——“与河长湖长面对面”系列访谈节目，市水务局、16个区区长、区级河长湖长及近300位乡镇街道河长湖长参与节目，积极回应调查问题，推动河湖治理取得实效。节目期间，调查采访发现涉及16个区共计69个问题，以视频报道形式在节目现场全景呈现，问题全部得到推动解决。

除了将节目现场设在津云直播间外，“与河长湖长面对面”多个专场节目还转场到河湖治理第一线录制，例如北辰区专场安排在西堤头东赵庄村现场录制，蓟州区专场安排在蓟州区人民公园现场录制，相关乡镇、村负责人走进节目现场，结合暗访报道，回应问题，推动河长制湖长制落到实处。在静海区专场中，静海区区长金汇江一连提出三个疑问："为什么我们的问题总是被媒体发现？我们的工作机制难道是摆设？是监管机制有欠缺还是责任心没到位？"他在现场表示，"凡是曝光的问题要一一回应，建立台账销号，给全区的父老乡亲一个交代，通俗点说，作为乡镇干部和村级干部，要对得起纳税人，要对得起每个月我们所领的工资。"通过参与这期节目，金汇江也表示，这场特殊的环境治理工作会议，虽然让各乡镇和委办局负责人直面问题，多次"红脸出汗"，但切实感受到工作上的差距、问题的严重性，会对实际工作产生推动效果，使媒体监督与工作推动有机结合。在开展"与河长湖长面对面"系列节目的同时，市政府办公厅、市水务局、市文明办、广播新闻中心、津云新媒体又联合推出了"河湖保护志愿者"征集活动，号召全体市民群众积极参与到志愿奉献的活动当中。

通过五个多月的不断努力和创新策划，"与河长湖长面对面"系列节目和"河湖保护志愿者"征集活动，正在成为天津落实河长制湖长制的重要载体平台，推进河湖治理和生态文明建设的重要抓手，并逐步推动天津形成政府主导、媒体推动、志愿者参与和市民互动的新型河湖治理模式。

三、经验启示

（一）要坚持以人民为中心，把人民群众对水环境的满意度作为检验水环境工作的根本标准

在党的十九大报告中，"人民"是使用频率最高的关键词之一。"坚持以人民为中心"这一思想贯穿党的十九大报告始终，成为新时代坚持和发展中国特色社会主义的基本方略。天津市委、市政府始终把人民放在心中最高位置，以不断满足天津人民对美好生活的新期待为目标，努力打造生态宜居城市，坚持"绿水青山就是金山银山"的理念，深入推动河长制湖长制在天津落实见效，把人民群众对水环境的满意度作为检验水环境工作的根本标准，始终不渝、毫不动摇，向人民汇报请社会监

督，努力成为人民满意的河长湖长。

（二）要建立健全河长制湖长制社会监督机制，充分发挥群众和媒体的监督作用

群众监督和媒体监督是一股重要的监督力量，充分发挥群众、媒体的监督作用，在健全河长制湖长制长效机制、改进工作作风方面有巨大的发展空间。天津市持续建立健全河长制湖长制社会监督机制，在畅通公众参与渠道上下功夫，自觉接受社会监督，设立有奖举报制度，做好宣传引导，支持和鼓励公众参与舆论监督和社会监督，积极营造全社会共同关心、支持、参与和监督河湖管理保护的良好氛围。

（三）要强化人民群众环境意识，推动人民群众生活方式加快向绿色生活方式转变

人民群众是社会主义国家的主人和建设者，是社会主义改革的积极参加者和力量源泉。自然环境的管理保护同样也离不开人民群众，天津市坚持积极利用社会监督、媒体宣传努力强化人民群众环境意识，积极树立“要像保护眼睛一样保护生态环境”的理念，加强生态文明宣传教育，倡导节约适度的生活方式，不给环境添乱、不给生态添麻烦，努力推动人民群众生活方式加快向绿色生活方式转变。

（执笔人：柳玥　李建辉）

打造新时代“互联网+河长制湖长制”管理新模式

——河北省河长制信息管理平台建设与应用综述*

【摘　要】河北省河长制信息管理平台利用互联网、GIS、RS、GPS、云计算、大数据等先进技术，实现了省级一级开发，省、市、县、乡、村五级全覆盖应用，为全面整合河湖基础数据信息，提升数据利用价值，为河长湖长巡河调研、处理问题提供了重要的技术支撑，打造了新时代“互联网+河长制湖长制”管理新模式。

【关键词】河长制湖长制　互联网+　大数据　河湖监管

【引　言】为加强河长制湖长制信息化管理，强化河湖监管，河北省以“河湖一张图”为核心，以河湖涉水事件为主线，以河长制湖长制相关制度为刚性约束，以日常巡查和公众监督为主要手段，以移动终端和微信服务平台为前端工具，搭建“移动巡查、公众监督、云端管理”的河长制信息管理平台（以下简称平台）。平台包括巡查问题、协调处理、公文流转、移动办公、考核评估等模块，支持在线上传、指派、接收、流转、进度反馈、催办、结案全过程闭环处理。同时，平台搭载微信端河湖问题“随手拍”功能模块，支持群众在线举报发现问题，通过平台分检交办，推动问题解决。2019年，平台获评全国优秀河（湖）长制管理信息系统软件，测评成绩排名第一，并在省级获评河北省“百个创新案例”。

一、背景情况

河北省北依燕山、南望黄河、西靠太行，内守京津、外环渤海。省内河流众多，分属海河、辽河、内陆河三大流域。其中，海河流域面积

---

* 河北省河湖长制办公室供稿。

最大，占全省总面积的91.4%，由北往南分为滦河、北三河、永定河、大清河、子牙河、黑龙港及运东地区河流、漳卫河等七大水系。全省共有流域面积50平方公里及以上河流1386条，总长度为40947公里；常年水面面积1平方公里及以上湖泊23个，水面总面积364.4平方公里；已建成水库1077座，总库容151.48亿立方米，河湖点多、线长、面广，情况复杂。

2017年全面推行河长制湖长制以来，按照“河湖全覆盖”原则，我省构建了党政主要领导任双总河长湖长、其他党政领导分级分段分片担任河长湖长的组织体系，目前全省共有省、市、县、乡、村5级河长湖长约4.7万名。为推动河长制湖长制从“有名”到“有实”，我省先后出台了河湖巡查、河长会议、基层河长履职、督察督办、考核奖惩、部门协作、省际协同、信息共享、信息报送等13项制度，构建了较为完整的河长制湖长制工作制度体系。河长制湖长制工作涉及面广、信息量大，横向涉及环保、水利、住建、农业、国土、发展改革委等多责任部门信息沟通共享，纵向需要满足省、市、县、乡、村5级日常管理需要。创新工作方式，应用新一代信息技术，建立现代化高效管理平台成为河长湖长优质高效管理的必然选择。通过大量调研，我省平台严格按照相关制度标准开发建设，实现工作制度数字化标准化监管，提升制度的约束性和执行性。平台上线后，积极推广应用，确保实现“全省一盘棋，一管到底”的应用效果。同时，以信息平台建设为依托，我省着力打造天、地、空三位一体监查体系，运用遥感监测、无人机巡查等现代化监管手段，加大监管力度，有力推动了河湖清理、“清四乱”、水污染防治、清河补水等专项行动。实施河长制湖长制以来，全省共清理整治河湖“四乱”问题4.37万个，实施河湖生态补水56亿立方米。2019年年底，全省74个地表水国考断面中，达到或优于Ⅲ类（优良）断面比例为52.7%，优于国考目标5.4个百分点。

二、主要做法

（一）河北省河长制信息管理平台开发建设基本情况

2018年河北省河长办在深入调研、科学分析的基础上，坚持“全面感知、泛在互联、业务协同、科学决策、智能服务"的开发建设思路，围绕方便河长湖长上报解决问题，推动河长制湖长制工作高效运转的服务宗旨，组织开发河北省河长制信息管理平台，以加强河长制湖长制管理为核心，紧密结合先进的信息化技术手段，切实为河湖管护工作中遇到的责权划分难、协调沟通不顺、制度落实与管理不到位等一系列问题提供信息化的支撑手段和解决方案，构建一套对河湖科学的监督、监管和保护的信息化综合管理平台，为加强部门联动、简化问题处理流程、解决涉水管理职能分散提供有力保障，形成河湖管理保护合力，实现河湖管护工作的高效性、便捷性、长效性、实时性，打造新时代"互联网+河长制湖长制"管理新模式。

平台建设内容主要包括数据整合、PC端应用系统开发、移动APP开发、微信公众号开发等，主要功能包括河湖数据一张图模块，对河湖基础数据、河湖监测数据以及各类专题数据进行集中可视化管理；事件管理模块主要实现全省各级各类事件的上报、核实、处理、执行、反馈、查询的全流程闭合管理；巡河管理模块，实现省、市、县、乡、村五级河长巡河在线数字化精细化管理；协同办公模块主要面向各级河长湖长及河长制办公室工作人员，实现信息报送、文件交换、会议管理、文案管理、即时通信等应用；考核管理模块主要根据各项标准制度，建立数字化考核体制，自动实现对各级河长湖长的工作情况的考核；统计分析模块针对河长制湖长制管理的六大任务进行开发，主要包括分类统计和数据分析两部分功能，为管理、决策、考核、预警等提供数据支撑。

平台于2018年12月试运行，2019年6月1日正式上线运行。平台自运行以来平稳有序，为河长巡河调研、加强河长履职监管、便捷问题处理提供了有力技术支撑。2020年河北省河长办强化大数据分析、应用、展示，开发完善巡河监控数据大屏展示、"一河（湖）一策"实施效果统计展示、国省考（控）断面水质数据解析展示等功能，实现巡河数据可视化，使信息平台更加人性化、便捷化、直观化。

（二）河北省河长制信息管理平台特点

1. 一级开发，五级应用

河长制信息管理平台由河北省河长办统一部署开发建设，采用当前主流的云端管理模式，依托河北省“政务云”，支持省、市、县、乡、村五级河长及相关人员应用。平台以“河湖一张图”为核心，以河湖涉水事件为主线，以河长制湖长制主要工作内容为导向，以日常巡查和公众监督为主要手段，以移动终端和微信服务平台为前端工具，搭建了“移动巡查、公众监督、云端管理”的一体化监控管理系统。

2. 数据规范，流程标准

河长制信息管理平台紧紧围绕水资源保护、水域岸线管理、水污染防治、水环境治理、水生态修复、联合执法等推行河长制湖长制主要任务，建立了标准化的河长制湖长制信息综合数据库，对全省各级河湖基础信息、“一河一策”信息，以及各级河长湖长、河长办、巡河员等人员信息进行标准化数据管理，保证数据的唯一性、准确性。平台包括巡查问题协调处理、公文流转、移动办公、考核评估等模块，以河长办为任务流转中轴，形成任务调度标准化流程体系，支持在线上传、指派、接收、流转、进度反馈、催办、结案的全过程闭环处理。

3. 共建共享，便捷高效

河北省河长办依托平台，积极推进部门间工作协调联动和涉水数据互联互通，打破信息壁垒，实现了数据共享。同时，平台设计了“河湖一张图”展示模块，实现对共享信息的集合展示、即时查询及统计分析，强化了数据运用，切实发挥数据对工作的参考支持作用。

（三）河北省河长制信息管理平台运行成效

截至目前，平台注册用户人数已达到5.2万余人，累计访问量643万余次，注册人数、平台访问量均处于全国较高水平。《河北日报》、长城网等省内主要媒体先后报道信息平台建设使用情况，河北经济频道“今日资讯”节目，结合河长巡河，直播平台手机端“河长云”APP使用情况，不少市县媒体也结合平台使用进行宣传报道，极大提高了信息平台的公众认知度及认可度。

1. “河长云”联动、助力巡查调研

平台与“河长云”手机APP联动，可实时记录河长湖长巡查轨迹，为河长湖长提供巡查河段（湖区）的水情、水质、管理边界等基础信息，支持河长湖长在线交办问题并跟踪整改进展，实现交办—整改—反馈全过程线上管理。平台运行以来，累计记录各级河长巡河 415.21 万人次，记录并处理巡河发现问题 1.43 万件。

2. 强化履职监管、压实河长责任

省河长办依据平台巡河记录，定期通报河长湖长巡河情况，对各市巡河率排名，加强对河长湖长巡查的监督管理。目前，省河长办已 12 次通报河长湖长巡查情况。同时，将平台记录与督查暗访相结合，将巡河率低、存在巡河空白点的河湖作为明查暗访的重点。结合卫星遥感监测、第三方检查、社会监督发现问题，倒查河长巡河记录，在定期通报基本巡河情况的基础上，对巡河不到位、巡而不查、查而不报的河长点名批评，进一步强化履职监管。

3. 信息有效整合、数据动态展示

目前，平台已整合水文、水情、雨情、水质、水功能区、涉河工程、排污口等河湖基础信息，国控、省控 167 个水质断面，国考、省考 118 个水质断面数据全面导入平台。开发大屏展示模块，以天地图为背景，搭载河湖分布走向、河长湖长巡查动态、问题点位分布、水质断面等基础数据，对各级河长湖长巡河次数、巡河率、巡河问题分布情况进行直观展示，实时汇总河长湖长巡查数据，生成模拟动画人物和巡河热力图，实现巡河数据可视化。

4. 畅通监督渠道、引导群众参与

河北省河长办微信服务号开通河湖问题“随手拍”功能，与河长制信息管理平台联动，支持民间河长湖长、志愿者实时查询所在河湖名称和基本信息，在线举报发现问题，通过平台进行分检交办，推动问题解决，实现“民间河长湖长+官方河长湖长”的有效沟通，提高了河湖管理保护公众参与度，加强了社会监督，为形成“重建强管”全民治水的新局面起到了积极的促进作用。

三、经验启示

（一）省级一级开发，有效节约成本

“省级一级开发，省、市、县、乡、村五级应用”的架构，极大地降低了市、县政府硬件及运行维护投入，初步估算节约开发建设资金近亿

元。同时，解决了县级以下因技术力量薄弱维护困难的问题，避免了因开发架构、数据库设计、数据流设计不同引起的上下级数据对接困难问题，实现了五级数据的无缝衔接。

（二）强化数据应用，加强履职监管

依据平台巡河记录，逐市逐河统计河长巡河履职情况，并定期通报。各地根据通报情况，及时分析问题原因，有针对性地采取整改措施，进一步推动河长巡河履职。同时，河北省河长办坚持问题导向，将巡河率低、存在巡河空白点的河段作为明查暗访的重点，聚焦问题河段，倒查履职情况，加强履职监管。

（三）设计交互反馈，升级优化平台

在科学分析平台的性能、功能的基础上，河北省河长办根据工作需要，提出需求构想、阐释问题处理流程，第三方技术支撑单位根据理论基础、需求构思、用户特性进行模块的具体研究与设计，并根据测试结果不断完善。同时，积极吸纳河长湖长反馈意见、不断优化、开发、升级模块，提升用户体验，便于问题处理。

（执笔人：李娜　齐婕　武海龙）

深化创新之举，远谋发展之策

——河北省承德市以机制创新为抓手　在护航河湖管理保护之路上坚定前行的治水实践*

【摘　要】 承德市是滦河、潮河、辽河、大凌河四河之源，是京津冀重要水源地和华北地区重要生态屏障。承德市始终牢记习近平总书记建设“京津冀水源涵养功能区”的嘱托，把保护和改善水环境作为必须履行好的政治之责、民生之责、发展之责，强化水源涵养生态支撑。承德市河流数量多，历史欠账多，历史遗留问题多。2017年农村地区污水集中处理率不足33%，有效治理率仅为9.5%，大多没有垃圾无害化处理设施。承德市严格落实河长湖长责任制，创新建立河长湖长责任、河湖生态管护、联合监管执法等机制，实施水环境质量提升行动，实现了地表水水质达标率、优良比例100%的目标。实行河长制湖长制，关建要“责”字当头，压实党政领导主体责任，以改革抓机制创新，护航河湖管理。

【关键词】 党政责任　创新机制　联防联控　水环境质量提升

【引　言】 承德市委、市政府坚持以守河有责、守河有成的责任担当，将创新机制作为全面落实河长制湖长制重要抓手，列入市委重点改革事项，坚定不移地推进治水、管水、涵水、护水，全力打造“河畅、水清、岸绿、景美”的河湖生态环境。市委、市政府制定出台《关于严格落实河长责任制全面提升水环境质量的实施意见》“1+10”三年专项实施方案，围绕机制创新、着眼长远、夯实责任、狠抓落实，全面推进河湖“四乱”清理、水污染防治、农村污水治理、城镇生活污水处理及配套建设、城乡生活垃圾治理、农业污染防治、水域岸线管护、再生水利用、水资源保护和监管执法等工作，河湖面貌和水环境质量得到明显改善和提升。

---

* 河北省承德市水务局供稿。

一、背景情况

承德市地处河北省北部山区，行政区域39512.98平方公里，有滦河、潮河、辽河、大凌河四大水系，河流数量1500条，全长12817.87公里。境内主要河流流经的地区多为农村地区和山区，综合治理比例不足10%，90%以上河流为自然岸线和原始生态，占全市河流总数83%的农村河道历史积弊问题突出，生活垃圾、畜禽粪便和农作物秸秆等污染物大多随意堆放在河边，农业生产使用的农药、化肥在雨水的冲刷下不断汇入河道，河道乱采乱挖、乱搭乱建现象突出，加之沿河生活污水、垃圾处理基础设施建设覆盖率、配套率低，垃圾收集转运处理能力明显不足，河湖生态环境恶化问题日益凸显，河道生态环境遭受严重破坏，河道水质不断恶化，与建设京津冀水源涵养功能区和人民对优美河湖生态环境的期盼差距甚远。开展河湖治理和保护，修复河湖生态环境已然成为新时期承德市委、市政府顺应人民群众新要求、新期待作出的战略抉择。

2017年以来，承德市委、市政府将全面落实河长制湖长制作为市委深化改革的一项重要内容来抓，围绕建设“京津冀水源涵养功能区”，以水环境质量提升为核心，压实责任，创新机制，狠抓落实，全力筑牢了承德永续发展的根基命脉。2019年年底，城区生活污水收集处理率达到95.6%，县城达到94.5%，城市管网密度达到7.6公里每平方公里，县城平均管网密度达到9.5公里每平方公里。城乡垃圾一体化处理率达到93.6%，无害化处理的行政村占比达到73%，农村秸秆综合利用率达到97.53%，农膜回收利用率达到80.05%，畜禽粪污资源化配建比例达到97.75%。290个村庄生活污水得到有效治理，1454个村庄得到有效管控。清理整治河湖“四乱”问题1157处，完成滦河、潮河等重点河流186项河道综合治理、治污设施和生态修复项目建设。全市地表水水质达标率、优良比例和县级以上集中式饮用水水源地水质达到或优于Ⅲ类比例均为100%。

承德市河长制湖长制工作得到河北省省委、省政府的充分肯定，连续3年获河湖长制年度考核优秀等次；2019年，小滦河围场县段荣获省十大“秀美河湖”称号；平泉、宽城县域节水型社会达标建设和水利行业节水

滦平县伊逊河河道生态治理工程

丰宁县潮河流域县城段“一主四副”综合治理工程

机关建设试点确定为全国第二批节水型社会建设达标县。2018年，市总河湖长、市长常丽虹代表市委市政府就承德市河长制湖长制机制创新的先进做法，在“全省防汛抗旱暨河长制湖长制工作会议”上作了典型发言。《中国水利报》《河北日报》等多家媒体对承德市经验做法予以专题报道。

河北省十大“秀美河湖”——小滦河承德市围场县段

二、主要做法

承德市委、市政府紧紧抓住“责任”这个治水“关键”，围绕“干什么、谁来干、怎么干、何时干成”，在求实效、求发展上下功夫，全面提升水生态环境质量。

（一）以“责任”立本，构建党政“一把手”负责的河长湖长责任机制

为强化各级党委、政府河湖管理保护主体责任，承德市设立双总河

湖长，由市县乡三级党委和政府主要负责同志担任双总河湖长，建立了市县乡村四级河长制湖长制组织体系，层层压实各级河长湖长责任，形成了纵向贯通、横向连接、全覆盖的治河治湖责任链。

2017年以来，承德市总河湖长率先垂范，带头完善河长制湖长制落实工作体系，明确目标时限，做到党政同责、一抓到底，制定目标任务责任清单并依据清单交账，倒逼工作落实。

为促进县级及以下河长湖长履职尽责，制定出台《承德市建立河湖长责任机制办法》，明确工作职责、履职要求和保障措施。同时，建立河长湖长述职制度，并纳入市县党委河长制湖长制审计调查范畴。2019年，承德市委对河长制湖长制政策落实情况开展专项审计调查，对查出的57个问题，倒查责任推进整改。

2018年，制定出台《承德市严格落实河长制责任追究办法》，对失职渎职人员严肃问责。截至2019年年底，共问责处理县级及以下河长及部门责任人187人，起到了很好的警示和压力传导作用。同时，建立健全激励机制，组织评选“咱们的好河长”，8名基层河长入选《承德市最美的守护——生态强市优秀人物风采集》，并通报表彰60名基层先进河长湖长及部门工作人员，发挥示范带动作用。

（二）以“改革”为策，创新河湖生态管护机制护航河湖管护行稳致远

2019年7月，承德市委、市政府制定出台《承德市河湖生态管护机制建设工作方案》，全力抓好“一办一室一队伍、一平台一主体四机制”改革。

市县两级河长制湖长制办公室分别加挂“市河湖生态监管中心”“河湖生态巡查管护中心”牌子，内设两个行政科（股）和一个事业编工作站，分别设置在市县水行政主管部门，主要负责同志兼任主任，一名副职领导兼任常务副主任，独立履行职责。

组建司法联络室，明确司法联络工作职责，政法委设立专职联络员，牵头组织公安局、检察院、法院司法联络员建立定期会商和重点事项即时协调联动机制，强化行政执法与刑事司法衔接，负责调查处理生态环境刑事案件。

从生态环境、农业农村、林业草原、城管、住建、自然资源和规划等部门抽调专职“督查专员”在市县河长湖长办集中办公，开展常态化联合督查、明察暗访和整改复核工作，并协调联络本部门解决有关问题。同时，在生态环境部门组建生态环境综合执法队伍，乡（镇、街道）环保所设立联络员，制定河湖生态综合行政执法联络协作运行机制，实施河湖生态环境“一元化”执法。

制定印发《河湖生态管护“河务警队长制”实施意见》，编制《河务警队长及管辖河湖名录》，明确管辖范围和工作职责。全市设立河务队长14人，分别由市县公安局环安支（大）队长担任；设立河务警长195人、河务警员195人，分别由乡（镇）派出所所长、警员担任，配合各级河长湖长实时对辖区内河湖及周边开展执法巡查，及时处理违法违规案件。

河务警长、警员巡查河湖

以滦河、潮河等主要河流为重点，建立覆盖四大水系的河湖生态监管可视化监管系统，并以县（市、区）为单元引入第三方巡查执行主体，打造市、县、乡、村四级智能化、网格化的综合监管体系，对发现的问题进行调度、督办、复核和考评，形成线上“派单—处置—反馈—考核分析”全流程闭环管理，全面提升河湖生态环境监管和治理能力。

制定印发具体办法，健全河长湖长责任机制、调查处置机制、监督激励机制和生态保护投入机制，强化各级河长湖长主体责任，加强上下协同调查处置，落实监督激励措施，整合生态环保资金，积极推进区域合作。

承德市河湖生态可视化监管平台

（三）以“联防”强管，构建联合监管执法机制保障水安全

承德市积极构建上下游县（市、区）之间、责任部门之间联合监管执法联动机制，以河长制湖长制为平台，衔接配合，协同监管，联合执法，齐抓共管，末端发力，形成“一盘棋”，严厉打击破坏水生态、污染水环境等行为，河湖生态安全得到有效保障。

严格河长制湖长制办公室牵头抓总，实行提示报告“直通车”、交办督办“一揽子”工作方法，形成全流程闭环管理。2018 年以来，市县两级河长湖长办报送提示单 600 多次、专报 700 多期，累计下达督办单 800 多次、河长令 40 多次，有力推动了工作落实和问题整改工作。

健全部门执法联络协作和调查处置机制，组织行政执法与刑事司法有效衔接，实施线上线下联合执法，强化联合执法效能。全市综合行政执法查处涉河湖违法违规案件 130 多起，2018 年市区福满家超市向武烈河偷排污水，实施了 10 万元顶格处罚；对破坏河流流域生态环境的犯罪行为，批准逮捕 40 多人，受理起诉 80 件计 168 人，立案监督 15 件计 40 多人，起到了很好的震慑作用。建立“末端”巡查机制，制定印发《承德市乡村河湖管理员管理办法》，聘请基层群众担任河湖管理员，纳入河长湖长组织体系统一管理，并建立劳务补贴、绩效管理制度。2019 年，全市 8056 名河湖管理员全部上岗履责，有效解决了河湖巡查管护“最后一公里”问题。目前，河湖管理员“网格化”管理已深入乡村、街道，巡查发现和解决问题1800多起。

三、经验启示

（一）要强化生态观念，必须把解决河湖生态环境问题摆在优先位置

必须要牢固树立“绿水青山就是金山银山”的理念，坚持以问题为导向，按照“水岸同治，建治并举、监管结合、全民参与”的原则，将责任牢牢地压在肩上、将任务落在手上、将问题解决当下，强化守河有责、护河担责、治河尽责，才能有效保障河湖管理保护工作落地见效。

（二）要强化主体责任，必须抓住党政负责人这个“关键”环节

必须坚持“党政同责，分级负责”原则，将河长制湖长制工作作为各级党委、政府“一把手”工程强力推进，逐级压实河长湖长主体责任，加强部门协调联动，及时解决困难和问题。同时，要细化责任分解，建立分工协作机制，强化绩效考核评价，落实奖惩措施，才能确保履职尽责到位。

（三）要强化机制保障，必须抓好河长制湖长制机制规范化长效化建设

河湖管理保护工作是一项长期性、系统性工程，要发挥河长制湖长制平台作用，必须要着眼长远，创新机制建设，强化制度落实，才能夯实河长湖长责任，弥合部门界限，形成工作合力，护航河湖管理保护长期有效且落到实处。

（执笔人：张宝生　刘志远　王仲国）

保护“三晋母亲河” 再现“锦绣太原城”

——以河长制湖长制再掀太原市河湖管理新高潮*

【摘　要】 随着经济社会的飞速发展，太原市河湖利用与管护失衡，新老水问题交织频发。太原市自全面推行河长制湖长制以来，不断建章立制，逐河逐湖设立河长湖长，强化履职；建立河长湖长牵头、河长办为“纽带”、多部门齐抓共管的工作机制；以“一河（湖）一策”、“一河（湖）一档”为“药方”，对症下药，全力推进河湖“四乱”整改、“四期”治汾、“九河”综治等重点工作。全市河湖环境明显改善，人民群众获得感、幸福感、安全感不断增强，龙城太原再现“汾河晚渡”秀丽风光。

【关键词】 太原市　河长制湖长制　河湖监管　水生态　水环境

【引　言】 河长制湖长制是维护河湖健康生命、实现河湖功能永续利用的重大制度创新，是破解当前水资源、水生态、水环境问题的重要举措，也是推进生态文明建设迈出的重要一步。太原市实施河长制湖长制工作以来，以习近平总书记视察山西重要讲话精神为指导，多措并举，努力实现“让山西的母亲河水量丰起来，水质好起来，风光美起来”美好蓝图。本文以太原市为例，介绍河长制湖长制工作实践经验与成效。

一、背景情况

“襟四塞之要冲，控五原之都邑”，龙城太原是一座有着2500多年历史的文化古城。三面环山，草木繁茂，黄河第二大支流汾河自北向南贯穿全市，与其东西两侧九条重要支流形成“一水中分、九水环绕”的自然人文格局。表里山河，锦绣太原，曾有明代诗人张颐笔下“中流轧轧橹声轻，沙际纷纷雁行起”的汾河晚渡醉人美景。然而，随着经济社会

* 山西省太原市河道管理站供稿。

建设发展的不断加快，长期的过度开发和建设使得全市河湖水系出现管理保护失调的局面，在北方干旱地区水体自净能力有限的背景下，全市水生态环境不断恶化，特别是汾河这条曾以灌溉舟楫之利造福三晋大地的“母亲河”，曾一度“有河无水、有水皆污”；城区九条重要支流全部成为黑臭水体的聚集地。城市的经济越来越好了，汾河的水越来越黑了；拔地而起的高楼越来越多了，河边的鸟儿越来越少了；疾驰的车辆越来越拥挤了，曾经的古韵老城似乎病了……

“绝不以牺牲环境为代价去换取一时的经济增长”“绿水青山就是金山银山！”党的十八大以来，习近平总书记多次就保护生态环境发表重要论述，党中央更是将生态文明建设提升到国家治理体系的重要一环，以全面推行河长制湖长制为契机，变“九龙治水”为“一拳发力”。太原市委书记、市长担任总河长总湖长，各部门齐抓共管、合力攻坚，连续多年综合施策治理汾河及其支流，从“九河治”到“汾河清”，一幅“河畅、水清、岸绿、景美”的锦绣太原城画卷正在市民面前徐徐展开。

二、主要做法及取得成效

（一）建章立制，强化履职

太原市于2017年、2018年相继出台《太原市全面推行河长制实施方案》《太原市实施湖长制工作方案》，同时成立全面推行河长制工作领导小组和办公室，建立市、县、乡、村四级河（湖）长体系，制定完善河长制湖长制十项工作制度，为全市河湖生态治理工作厘清了工作思路、改善了管理方式、重塑了组织形式。

千名河长湖长上线，化“五指为一拳”破解“九龙治水”难题。太原市委、市政府切实把思想和行动统一到党中央决策部署上来，市级总河长总湖长靠前指挥、履职尽责，深入河湖进行现场办公与巡查指导。以“一河（湖）一策”“一河（湖）一档”为“药方”，问题导向、对症下药，特别是对境内跨区域河湖，深入探访指导属地厘清上下游职责，累计整改问题1833个。

（二）四期治汾，“九河”复流

汾河自太原市娄烦县静游镇入境，由北向南贯穿全市，沿线东、西两侧汇入南沙河、北沙河、北涧河、玉门河、虎峪河、九院沙河、冶峪河、风峪河、小东流河九条边山支流，形成“一水中分，九水环绕”的城市格局，为这座历史名城注入了灵气和秀美，但“三山夹一河”的特殊地势，使得汾河及其九条重要支流成为全市生产生活的“排水口”，多年来河道污染严重、水体黑臭刺鼻。

太原市委、市政府想民之所想、急民之所急，以“两山”理论作为全市生态文明建设的总方向，以汾河“水量丰起来、水质好起来、风光美起来”为总目标，“治山、治水、治气、治城”一体推进、统筹治理，全市水生态环境和城市面貌得到明显改善。

万木并秀、波光旖旎，偶有飞鸟掠过。如今的汾河景区，宛若一条玉带穿城而过。1998 年起，太原陆续启动四期汾河城区段治理工程，已完成的前三期工程累计治理长度 33 公里，横跨桥梁 18 座，水域平均宽度 300 米，总蓄水量 2450 万立方米，相当于一座坐落在城市中心的中型水库。景区内共有树木花卉品种 230 余类，鸟类从最初的 4、5 种增加至 156 种。人水相亲，一步一景，时隔多年之后，汾河重现“汾水晚渡”盛景，2019 年第二届全国青年运动会水上运动的皮划艇、龙舟等比赛项目就在此举行。

2020 年 6 月，太原市继续启动汾河四期治理美化工程，新增建设湿地约 10 公里，继续谱写丰富可持续的滨水生态系统篇章。

汾河水清了、岸绿了，位于市区的“九河”治理自然也不甘落后。太原市委、市政府投入 258 亿元开展“九河”综合治理工程，按照“源头治理、蓄水调洪，雨污分流、河水复清，快速交通、绿色长廊，连片改造、全面提升”的总体思路，短短两年时间内，完成河道改造约 80 公里，建成快速路 150 余公里，不仅改善了市区路网结构、有效降低了城市内涝灾害，还消除了河道黑臭水体，汾河水质得到显著提升。

（三）齐抓共管，坚决治污

太原市在全面推进河长制湖长制名实相副不断转变的工作实践中，通过不断创新体制机制、开展治污重点工程专项攻坚行动，形成齐抓共管的良好局面。

一是建立健全河长制齐抓共管工作机制。建立河长制湖长制合署办公制度，抽调相关成员单位业务骨干集中办公，缩短河湖管理保护问题“分办—交办—督办”工作流程反应时间，打造高效协作平台。同时创新行政执法与刑事司法的衔接制度。联合检察、公安部门印发《太原市“携手清四乱保护河湖生态”百日会战行动方案》《太原市公安局打击水污染犯罪工作实施方案》，为进一步完善河湖监管、打击涉水违法事件提供有力司法保障。

二是开展治污重点工程攻坚行动。2020 年初，太原市下达了 6 月底全面消除劣Ⅴ类水体总攻坚令，部署全市“治污”重点、难点问题，细化 72 项重点工程清单，明确各部门职责分工和完成时限。以污水治理系统工程改造为主线，实施建成区 7 座污水处理厂提标改造工程，改造后总处理能力达 125 万吨每日；新建城市污水管网 104.7 公里，改造雨污合流制管网 82.4 公里，城区生活污水收集处理能力得到显著提升。此外，以全市入河排污口整治为突破口，分门别类开展整治工作，坚决取缔河道非法取水口，完善取水许可手续，共计清理整治排污口 440 个；完成 73 处雨污混接点的节点改造，最大限度减少汛期污水直排汾河；同时，积极协调汾河生态调水工作，2020 年上半年累计放水 2.1 亿立方米。太原市委、市政府通过各项工程措施与科学监管，于 2020 年 6 月底按时向党中央、省委和全市人民交上了一份合格的治水答卷。

（四）强化监管，全民治水

如何加强新时代水利行业监管力度？一方面要聚焦河湖管理保护陈年积弊，全力推进河湖“四乱”问题整改。太原市自开展专项整治行动以来，共排查出“四乱”问题 174 处，整治销号 173 处，销号率 99.4%。期间清理阻水作物 580.5 亩，清理违章房屋 3.65 万平方米、桥梁 11 座，清除河道淤积 79.2 万立方米，整治违章堆积物 26.44 万立方米。北沙河是太原市境内一条汾河重要支流，多年来，附近村民杨某等人以开发农业项目为名，在该河段擅自设立渣土场，长期违法侵占河道面积约 32 亩。期间，当地政府及相关部门多次进行劝导、勒令禁止与行政处罚，但屡教不改。“清四乱”专项整治行动开展以来，各级河长高度重视该问题，协同市人民检察院成立专案组立案督办。于 2019 年 4 月，依法将嫌疑人抓捕归案，该处“乱占”问题圆满解决。

另一方面要营造全民治水良好格局。“幸福河湖”事关民生建设。近年来，随着河长制湖长制在太原的不断建立健全，公众参与、全民治河的机制也在逐渐完善。一是设立河长湖长公示牌511块，明确河流信息、河长职责、治理目标与监督电话，引导公众参与共同监督；二是建立“太原河长”公众号，开通“公众服务”投诉举报功能，利用新媒体平台广泛接受群众意见；三是开展涉河湖违法行为有奖举报活动，鼓励公众参与，共同监督治理，打造人民群众心中“幸福河湖”。

三、经验启示

（一）正确认识河湖管理保护重要地位，满足人民群众对幸福河湖的需求

习近平总书记多次就河湖保护发表重要论述，强调保护江河湖泊事关人民群众福祉、事关中华民族永续发展。河湖作为水资源的重要载体，是当前新老水问题出现最集中区域，因此，化解水生态、水资源、水环境难题关键在于给河湖以健康生命，既要满足群众对吃水用水的需求，更要满足对幸福河湖的向往。太原市通过构建河长制湖长制平台，听到了更多群众对于构建“幸福河湖”的需求与向往，明确了群众关心、社会关注的河湖“顽疾”所在，为河长制湖长制在太原市生根发芽、开花结果，奠定坚实基础。

（二）因地制宜，问题导向，结合地方实际夯实河长制湖长制基础工作

如何让河长制湖长制制度优势得到充分发挥，关键在于结合地方实际，因地制宜、问题导向，通过不断夯实河长制湖长制一河（湖）一策、一河（湖）一档、“清四乱”工作常态化规范化等基础工作，为河长湖长科学决策、统筹谋划、进一步履职尽责，提供可靠数据与技术支撑。

（三）革故鼎新，创新制度，通过不断加强河湖监管能力推动河长制湖长制从“有名”到“有实”转变

以开展“清四乱”专项整治行动为契机，通过创新行政执法与刑事司法的有效衔接途径，借助司法力量集中解决一批历史累积的河湖“顽疾”。同时，发挥部门合力，强化后期跟踪督办力度，打出根除顽疾“组合拳”，不断完善监管体系、强化监管能力，有效推动全市河长制湖长制

落地见效。

四、结语

汾水长流欢歌响，一川清水秀龙城。“三晋母亲河”的蜕变才刚刚开始。2020 年 4 月，《汾河流域生态景观规划（2020—2035 年）》正式颁布；2020 年 6 月，太原市汾河四期治理美化工程正式启动开工；2020 年 8 月，汾河百公里中游示范区项目将力争年内全面开工……

从“污水横流”到“百尺清潭”，是这座古韵老城正在经历的涅槃！

（执笔人：韩银文　史碧娇）

“库布齐大漠”涌现出“水生态”

——鄂尔多斯市杭锦旗以河长制湖长制推动美丽生态建设*

【摘　要】　“水生态”项目在黄河凌汛高水位时将凌水引入沙漠低洼地，形成水面，改善沙漠生态环境，达到减轻防凌压力和治沙双赢目的，变水害为水利。项目的实施，是加强生态基础建设，恢复生态功能，促进水源涵养的重要举措，也是推进洪水资源化管理，提高水资源利用效率的具体实践，实现减少入黄泥沙、促进土地改良、带动农牧民致富、保护与治理生态环境四大效益，开辟出一条集“沙、水、林、田、湖、草”一体化治理的新型之路，维护“母亲河”健康生命，把曾经的不毛之地变成富庶的田野，让黄河成为造福人民的幸福河。

【关键词】　水生态　河长制湖长制　引黄入沙

【引　言】　巍巍阴山南麓，鄂尔多斯高原之北，横卧着一条长约360多公里、面积1.86万余平方公里的黄色“长龙”。它似弓弦，将滔滔黄河拉出一个大大的“几”字弯。这是中国第七大、也是距北京最近的沙漠——库布齐沙漠，曾经寸草不生，风沙肆虐，被称为“死亡之海”。为了共圆绿色中国梦，内蒙古自治区鄂尔多斯市杭锦旗坚持以人民为中心，高擎绿色发展之剑，以河长制湖长制为抓手，对水资源进行了一场彻底的“绿色革命”，推动生态美丽河湖建设，书写出气壮山河的诗篇，创造出库布齐沙漠涌现“水生态”的伟大历史传奇，守住了农牧民的家园，守卫了九曲母亲河，守护了祖国北疆生态安全屏障，在老百姓心中耸立起永不磨灭的丰碑，铸就一个个世人瞩目的绿色奇迹。

一、背景情况

库布齐沙漠在杭锦旗境内分布近1万平方公里，占全旗总土地面积的52%，沙漠因为缺少生态水资源，原有柴登、湖泊萎缩，草场沙化，草

---

* 鄂尔多斯日报社供稿。

木皆枯，生态环境极度脆弱，群众陷入了无法生存的困境，被迫进行生态移民搬迁，出现了“沙进人退”的恶性局面。同时，库布齐沙漠横亘杭锦旗东西长达200多公里，与黄河并肩而行，最近处距黄河只有3公里左右，春冬两季，大量风沙滚动进入黄河，是黄河内蒙古河段河水含沙量偏大的重要因素之一。

在库布齐沙漠与黄河之间又分布着杭锦旗黄河南岸自流灌区，灌溉面积56.29万亩，是全市最大的引黄自流灌区，也是内蒙古重要的商品粮基地。库布齐沙漠疯狂肆虐，直接威胁着“塞外粮仓”河套平原和黄河安澜，也被喻为悬在北京首都上空的“一盆沙”。

黄河流经杭锦旗全长249公里。杭锦旗是全国黄河流域流经最长的旗县，每年有310亿立方米的黄河水从这里流过。在每年凌汛期，平均槽蓄水量在14.4亿立方米左右。由于受到气候的影响，这里每年要经历流凌封冻和开河流凌两个过程，凌期长达120天。

俗话说“伏汛好抢，凌汛难防”。封冻致使冰下过流能力减弱，加上大量凌水通过，造成水位壅高。特别是春季开河期间，凌块在水流的推动下，极易发生“堆冰”现象，阻碍河道正常行洪，导致开河水位居高不下，危及防洪大堤，甚至引发凌汛灾害。平均每年要投入1000多万元的资金进行抢险加固，加重了财政负担。

2008年3月20日，黄河杭锦旗独贵塔拉奎素段相继发生2处溃堤险情，造成直接经济损失达9.35亿元，这对本来就贫穷的杭锦旗更是“雪上加霜”。

二、主要做法

一边是水害，一边是沙害。

沙水之间，书写的永远是一个大写的“人”字。如何变两害为一利，敢为人先的杭锦人开始了新的探索。

大盘谋局，首在度势。

2012年，党的十八大召开，首次将生态文明建设纳入中国特色社会主义事业“五位一体”总体布局，生态文明建设被提升至前所未有的高度。

2013年春，勇于担当、大胆创新的杭锦人，誓将黄龙变绿龙，敢叫大漠换新颜，背着干粮、仪器，在外界的质疑、反对、嘲笑声中，秉着“苟利国家生死以，岂因祸福避趋之”的决绝担当，徒步挺进“死亡之海”，踏上了艰辛的实地踏勘、规划、调研之程。

用脚步丈量出来的调研才有泥土气息，有群众声音的结论才有说服力。通过一年时间的反复实地调研、勘察、论证，杭锦水利人再次提出，“水生态”项目具有可行性。“引黄入沙、一举双赢”。一场源自染绿库布齐大漠的战役，一股发端于黄河流域的强大绿能量，正在演绎着新的金色传奇。

黄河之水天上来。2014年凌汛期，杭锦人在外界认定为天方夜谭的论调中和农牧民众口不一的反对、质疑、企盼声中，首次将凌水成功引入了库布齐沙漠腹地。同时，邀请来中国水科院院士王浩及相关专家团队现场对项目进行了论证。专家组一致认为：“该项目在黄河凌汛高水位时将凌水引入沙漠低洼地，形成水面，改善沙漠生态环境，达到减轻防凌压力和治沙双赢目的，减少入黄泥沙，变水害为水利，方案总体可行。”

“引黄入沙”这一项史无前例之巨大工程，需要有庞大的资金作支撑。当时，作为鄂尔多斯唯一的自治区级贫困旗，资金短缺这大难题，就像一座大山矗立在杭锦人面前。

2016年，中共中央办公厅、国务院办公厅印发《关于全面推行河长制的意见》，要求在全国江河湖泊全面推行河长制，建立健全以党政领导负责制为核心的责任体系，以问题为导向，集中治理河湖突出问题，为“水生态”的蝶变送来了政策指引，提供了制度工具。

2016年以来，杭锦旗由旗委书记、旗长担任全旗总河长总湖长、副总河长副总湖长，69条河流、12个湖泊全部明确河长湖长，各苏木镇、管委会共设总河长总湖长7名，其境内各河湖分级分段设立河长湖长33名，实现全覆盖，并将河长制湖长制工作延伸到村（嘎查）一级，共设村级河湖74名，打通河湖管护“最后一公里”。

杭锦旗积极践行习近平生态文明思想，认真贯彻落实中央决策部署，一场“河长制湖长制行动”在库布齐沙漠迅速铺开，旗级河长湖长多次深入一线、现场办公，河长办、镇、村三级河长湖长联动，全面排查、建立台账，挨家挨户走访群众，不厌其烦讲政策、摆道理、展前景，耐心做通群众思想工作，为擦亮“水生态”绿色底色、推动黄河流域生态保护、促进经济社会高质量发展注入“绿色动能”。

“中流击水，不进则退”。敢作敢为敢担当的各级杭锦河长湖长，在上级党委政府的鼎力支持下，从2016年以来，筹集到4000万元资金，在南岸总干渠22公里闸建成分洪引水闸1座，建成分凌引水渠38.03公里，建设围堤17.35公里，首期蓄水面积达到11.3平方公里，相当于两个西湖。

2018年，该项目被列入《全国江河湖库水系连通2018年度实施方案》，争取到中央补助资金6524万元，进一步完善项目连通功能。

2020年汛期以来，黄河上游来水持续增加，8月11日7时，黄河水利委员会通报黄河唐乃亥水文站出现2500立方米每秒的流量，形成黄河今年第4号洪水。为缓解黄河下游防洪压力，杭锦旗按照上级分水指令，于8月15日0时开始向库布齐沙漠巴音温都尔湿地分洪，同时补充生态水资源，计划引水5000万立方米。

不负韶华，未来可期。项目建成后，可实现区域水系的互连互通，有效缓解生态水资源不足的问题，将在库布齐沙漠北部边缘形成一条宽约5公里的“绿色屏障”，为内蒙古打造祖国北疆亮丽风景线增光添彩，而且可极大地减少入黄泥沙，维护“母亲河”健康生命，让黄河成为造福人民的幸福河。

三、取得成效

（一）生态效益

走进库布齐沙漠腹部“水生态”治理区，远比想象中要漂亮，水道顺着沟壑蜿蜒，汇聚成一片沙漠湿地，鱼儿跃出水面，岸边灌木遍布、绿草如茵，牛群悠闲觅食，水鸟翱翔天际，形成了沙水共存、生态和谐的独特景观。至今，已累计分凌引水2.1亿立方米，在沙漠腹地形成近20平方公里的水面和近100平方公里的生态湿地，有20多种植物自然恢复生长，10多种水鸟在这里长期栖息。

（二）经济效益

“绿水青山就是金山银山。”老百姓是最好的见证者、参与者、受益者。家住吉日嘎朗图镇红旗二社的黄毛就是生态好转的受益者。“家里养了600多头‘野牛’，一年收入至少80万元。”养“野牛”在吉日嘎朗图镇不是新鲜事，只是过去生态环境限制，养牛形不成产业。现在，有了水的沙漠正在变成好牧地。“野牛”不用人专门去喂草、水，更不用去准备棚圈。仅在吉日嘎朗图镇，像黄毛这样的养牛户有220户，在沙漠共养殖“野牛”15000多头。

（三）社会效益

沙漠里出现了湖泊、湿地。有了水就有了绿色、有了希望。2016年，呼和木独镇老满家养牛还不到100头，而现在他的养牛规模已经达到了600多头。“这样的养牛规模在过去想都不敢想。”老满感慨地说，还有让他以前不敢想象的是在沙漠里养螃蟹。去年，他和专业的养蟹人合作，在自家的水面养起了螃蟹。尝到甜头的老满，今年已扩大螃蟹养殖规模，并借助“水生态”美景和G242国道通车，再搞一次“跨界”，发展牧家乐、沙漠探险旅游业，为妻儿也各谋一份新职业。2018年，杭锦旗摘掉自治区级贫困旗的“穷帽子”，沙区农牧民人均年收入从过去不到4000元增长到1.8万元，充分共享沙漠生态改善和绿色经济发展成果。“水生态”治理区内，再现沃野千里、阡陌纵横、鸟语花香、牛羊成群、村舍隐现的场景，一派田园风光。

四、经验启示

（一）生态优先、绿色发展

自河长制湖长制工作开展以来，杭锦旗以习近平生态文明思想为指引，坚持绿色发展理念，把解决群众关心、社会关注的突出河湖问题放在优先位置，以河长制湖长制为抓手，聚集盛水的“盆”和盆中的“水”，坚持以问题为导向，科学编制一河（湖）一策，因河因湖提出问题清单、目标清单、任务清单、措施清单、责任清单，主要领导亲自抓，部门联动协作，全民共治共享，开辟出一条集“沙、水、林、田、湖、草”一体化治理的新型之路。

（二）大胆创新、敢为人先

透过厚厚的一摞摞“作战方案”，杭锦人大力弘扬新时代的“穿沙精神”，解放思想，创新实践，一系列强有力的举措，一张张亮眼的“绿色”成绩单，因其艰苦卓绝而荡气回肠，也彰显了杭锦水利人“忠诚、干净、担当”的可贵品质，厚植了水利行业“科学、求实、创新”的价值取向。

（三）久久为功、一往无前

当前，杭锦河湖人正在以习近平总书记在黄河流域生态保护和高质量发展座谈会上的重要讲话精神为指引，大力发扬“蒙古马精神”，全力巩固库布齐沙漠“绿水青山就是金山银山”全国第二批实践创新基地建设成果，杭锦河湖人誓将“水生态”项目区继续向下延伸扩展至七星湖，形成从黄河引水、自流经过库布齐沙漠、再退还黄河的水循环格局，共可形成湿地面积300平方公里，防洪除涝受益面积42万亩。

站在草原望北京、饮水思源念党恩。

阴山起伏依旧，黄河东去不返，而今库布齐生态和沿黄面貌已然天翻地覆。巨变背后，是杭锦河湖人生态文明建设的鲜活注脚，是绿色发展的拔节之声。

治理前

治理后

（执笔人：孟瑞林）

从“幸福河湖”看盘锦水治理体系和治理能力现代化

——盘锦市全面推行河长制湖长制工作*

【摘　要】我市河湖的许多问题具有长期性和累积性，水多、水少、水浑、水脏的问题没有得到有效解决，侵占河道、围垦湖泊、非法采砂、超标排放等违法违规行为禁而未绝，河湖管理保护中存在不少薄弱环节。全面推行河长制湖长制以来，盘锦各级河长湖长以高度的政治责任感和使命感，主动领责，勇于担当，推动山水林田湖草系统治理，既治乱又治病治根，集中力量啃下了一批河湖管理保护中的“硬骨头”，河湖面貌得到改善，打造“幸福河湖”赢得群众点赞。

【关键词】河长制湖长制　幸福河湖　水治理体系　水资源　水生态

【引　言】2017年元旦，习近平总书记在新年贺词中发出“每条河流要有‘河长’了”的号令。全面推行河长制是以习近平同志为核心的党中央从人与自然和谐共生、加快推进生态文明建设的战略高度作出的重大决策部署，是破解我国新老水问题、保障国家水安全的重大制度创新。

一、背景情况

盘锦市是辽宁母亲河——辽河以及大辽河、大凌河三条河流入海口，河海交汇的地理环境造就了浩瀚千里的芦苇湿地，孕育了“天下奇观”红海滩，被誉为中国“湿地之都”“鹤乡”“鱼米之乡”。全市有自然河流21条，河流总长622.2公里，总流域面积3570平方公里，水网密度达到每平方公里近400米，处于东北地区最高水平。

盘锦市是一座年轻的石油化工城市，建市30多年来，依托油气资源

---

* 辽宁省盘锦市水利局供稿。

大力发展石油化工产业，形成了辽宁省首个超千亿元产业集群。2019年全市地区生产总值达到1280.9亿元，同比增长9%，规模以上工业增加值增长12.3%，GDP、城乡居民人均可支配收入等主要经济指标增幅高于辽宁省同期平均水平，人均GDP连续多年居全省前列。盘锦已经成为辽宁乃至东北地区最具活力和潜力的城市之一，高质量发展迈出了坚实步伐。

然而随着工业化和城镇化步伐的不断加快，人类活动对河湖产生了严重的侵害，不仅影响到河流的正常功能发挥，甚至影响到了河流的健康生态。盘锦河湖面临的挑战主要表现为：一是水治理体系仍不完善，“多龙治水”的模式造成管理内耗和办事低效，地域上的“城乡分割”、职能上的“部门分割”、制度上的“政出多门”，加剧了水资源浪费和水环境破坏；二是新老水问题交织，河道内乱占、乱建、乱排问题依然突出，河道垃圾久清不绝，造成了河湖水域污染、水质恶化；三是供用水矛盾加剧，随着经济社会发展，用水量不断增长，供需矛盾更加突出，水资源短缺已经成为全市经济发展的瓶颈。

水，赋予了盘锦这座城市太多的发展空间和诗意的想象，也带给这座城市别样的考题：经济社会转型发展的同时，如何保护好水环境？

二、主要做法

鄂竟平部长指出，实现“幸福河湖”目标是贯穿新时代江河治理保护的一条主线。盘锦市牢牢把握“人水和谐”这个牛鼻子，在维持河湖自然结构和功能稳定的健康状态的前提下，在保障防洪安全、优化水资源、健康水生态、宜居水环境等方面持续发力，支撑城市高质量发展，全力建设让人民更有安全感、获得感、满足感的幸福河湖。

（一）明确方向、守正创新，河长制湖长制工作精准精细到位

河川之危、水源之危既是生存环境之危，也是民族存续之危。保护江河湖泊，事关人民群众福祉，事关中华民族长远发展。盘锦市把全面推行河长制湖长制作为一项政治责任和历史使命，按照“一个理念共识、一张蓝图指引、一把手亲自抓”的思路，积极探索具有盘锦特色的实施河长制湖长制之路。一是在保护范围上抓突破。将具有治理保护任务的、

流域面积不足10平方公里的河流、沟渠及常年水面面积在1平方公里以下的湖泊全部纳入河长制湖长制工作范围，河长制湖长制治理保护范围覆盖全域无死角。二是在管理机制上抓创新。为了全面压缩管理层级和消除信息“壁垒”，盘锦市先行探索建立了7个市级河长微信办公平台，充分发挥微信关注度高、沟通快捷高效的优势，市级河长直接监督县、乡、村三级河长履职情况。水体达标组和河长办暗访发现的河湖管理问题第一时间发布至微信群中，每个问题做到现场定位精准、拍照固定证据、责任主体清晰、整改标准及时限明确，市级河长直接批示，县区河长办快速分办，市河长办按时督办，河湖治理的工作效率和反应速度得到较大提升，基本实现了快速派件以分钟计、现场查认以小时计、整改销号以天计。三是在工作落实上抓实效。按照“突出重点，抓住关键，注重实效”的原则，不断规范各级河长巡河，确保巡河频率不减、力度不降。巡前做好工作方案制定，从河流基本概况、存在问题、治理对策等，提前收集河长管辖河流存在的重点、热点、难点问题，并明确地区、部门河湖管理责任，让河长每次都能“带着问题去巡河”，争取每次巡河都能解决一批问题，切实体现巡河的针对性和实效性。年初以来，市、县、乡、村四级河长累计巡河8670次，任务完成率100%。

（二）综合施策、多向发力，河长制工作抓紧抓实到位

全面推行河长制是一项长期性、复杂性、系统性工程，盘锦市统筹调度上下游、左右岸、干支流的系统治理和综合整治，推动多部门协同联动，形成治水合力，推动区域水环境持续改善。一是合理配置水资源。随着我市建设世界级石化及精细化工产业基地工作的不断深入，解决缺水问题迫在眉睫。我市坚持开源与节流并举，一方面加快辽西北供水盘锦应急支线工程建设，另一方面全面推进节水工作，为华锦阿美、宝来轻烃综合利用两个投资超百亿美元的项目积极推进提供了有力的水支撑。二是扎实推进水污染防治。坚决取缔“十小”水环境污染企业，排查相关企业44家、关停6家。抓好城镇污水治理，5座城镇污水处理厂达标运行，17座乡镇污水处理设施基本实现稳定运行，推进实施田家等5座污水处理厂建设工程，全市污水处理率达到99%。推动畜禽养殖治理，全市畜禽规模养殖场粪污处理设施装备配套率能够在86%以上，畜禽养殖废弃物资源化利用率在74%以上。推动农业面源污染治理，实施化肥使用量零增长行动。三是不断优化水生态。在巩固辽河干流5.3万亩退耕（林）还河和自然封育成果基础上，对辽河干流除水田、护堤林、防风固沙林以外的河滩地实施退耕（林）还河，因地制宜推进辽河流域内其他河流退耕（林）还河和生态封育工作，全面畅通防洪生态廊道。四是加强水环境治理。各部门加强沟通配合，联合开展摸底调查、综合整治、暗访检查、监督执法等工作。水利、生态环境、住建、自然资源、交通等部门联合开展了入河排水口、河湖清四乱、垃圾清理、水质改善等工作的检查；市水利局、市生态环境局、市住建局组成工作小组，针对“四乱”、河道垃圾、水质不达标、城市黑臭水体开展了暗访检查，做到季检查、月通报、旬调度，通过问题倒逼把河湖治理保护各项措施落到实处、取得实效。

（三）向下延伸、向实转变，河长制工作真抓真干到位

为进一步促进河长制从全面建立向全面见效转轨，河长从“有名”向“有实”转变，盘锦以“突破水”为引领，在充分开展基层调研的基础上，以河湖“清四乱”为抓手，将河长组织体系与水利基层服务体系、社会综合治理体系、城乡垃圾清运收集保洁管理体系有机融合，实现河长制治理体系的加强与创新，强化基层河长履职尽责，打通治河“最后一公里”，在全省率先形成河长制管理体系新模式。全市纳入河长制管理范围的河流（含沟渠），按照“市、县、乡、村四级河长＋基层水管员、保洁员＋网格员”模式划分责任，全部推行网格化模式，实施精细化管理，大中型灌区管理单位、乡镇水利站充分发挥作用，在河长制组织体系中补齐补位，确保河长制横向到边、纵向到底。

三、经验启示

回顾我市河长制工作推进历程，我们体会到：一是得益于生态文明理念的引领。我市始终将生态文明建设放在重中之重的战略位置，以生态文明绿色发展理念为引领，持续强化绿色发展的思想自觉和行动自觉，将生态建设与经济发展同部署、同推进、同落实，以宽阔的视野和务实的精神，全力打造“水清、岸绿、河畅、景美”的河湖治理样板。二是得益于顶层设计。在上级部门的大力支持下，盘锦市把河长制作为“一把手”工程，坚持高位推动，突出制度引领，从大局出发，全方位提高河长制的实施水平。完善保障机制，科学制定最严格制度，积极落实各项保障措施，用实际行动践行“绿水青山就是金山银山”的理念。三是得益于法规制度约束。我市不断加强法制建设，完善制度体系，制定了系列制度措施，明确“党政同责、一岗双责”的生态环保责任，扎牢了生态文明建设的制度笼子，为河长制的实施提供了有力保障。四是得益于部门联动创建。在市委、市政府领导下，各级政府和各职能部门各司其职、密切配合、通力合作、协同推进，形成了“政府主导、部门配合、城乡联动”的良好工作局面。五是得益于全民参与。坚持建设“幸福河湖”走群众路线，开展了形式多样、丰富多彩的系列宣传教育活动，充分调动全社会参与河长制工作的积极性和主动性，构建了“河长主责、水利主抓、部门配合、全民参与”的工作格局，掀起了人人关心河湖治理、爱护河湖治理、支持河湖治理的热潮。率先启动了志愿河长工作，目前已有诚通集团东郭苇场、羊圈子苇场和盘锦鼎翔集团、福兴地产橙衣人志愿服务队参与河道的宣传、保护等工作。

进入新时代，河长制工作面临新形势新要求，盘锦市清醒地认识到，以河长制为统领的治水新格局基本形成，但“幸福河湖”治理任务仍非常艰巨。因此，要牢固树立“在路上”和“再出发”的理念，进一步补短板、强监管，以更加昂扬的斗志、更务实的作风、更有力的举措，不断提升水治理体系和治理能力现代化水平。

（执笔人：王丹）

“三源同治” 河清水美

——四平市推行河长制湖长制的做法与启示*

【摘　要】 位于辽、吉、蒙三省（自治区）交界处的吉林省四平市，域内流域面积20平方公里以上的河流有92条，总流域面积10242平方公里，总长度约2300公里。四平市一直是辽河流域上游水污染防治任务最重的城市之一，吉林省辽河流域的8个水污染治理单元，有7个在四平。2017年12月至2018年1月，中央环保督察发现，吉林省辽河流域水质2013年至2017年恶化严重，Ⅰ～Ⅲ类断面比例持续下降，劣Ⅴ类断面比例持续上升。2017年上半年，9个国控断面中有8个为劣Ⅴ类水质。牵住问题“牛鼻子”，四平全面推行河长制湖长制后，2019年1—4季度，四平辽河流域国家地表水考核断面水质指数分别下降73.97％、68.17％、55.82％、52.18％，改善幅度居全国第一，全域消除劣Ⅴ类水体。

【关键词】 四级河长制湖长制　“三源同治”　长效机制

【引　言】 自2016年10月11日习近平总书记主持召开中央全面深化改革领导小组第二十八次会议，提出“全面推行河长制”之后，中国江河湖泊治理就翻开了崭新的一页。四平市顺应大势，理念上锁定“绿色发展”，行动上认准“落实责任”，市、县、乡、村四级河长湖长齐抓共管，点源、内源、面源“三源同治”，迎来“水质改善幅度全国第一”的战绩。

一、背景情况

水，是生命之源。城不在大，有水则灵。当然，这里所说的“水”，必须是干净的、清澈的。

曾经，辽河污染严重，是东北大地上一道流动的伤口。地处松辽平

* 吉林省四平市河长制办公室等供稿。

原中部腹地的四平市，一直是辽河流域上游水污染防治任务最重的城市之一。这里，源头区水源涵养能力退化、城市河段水体黑臭、支流普遍污染严重。四平市住房和城乡建设局调研员陶晋平不无感慨：“一是环保基础设施建设相对滞后，厂网能力不足，合流制溢流污染严重；二是严寒地区季节性河流生态基流短缺，驳岸硬化严重，水体自净能力不足；三是河道内控制性闸坝较多，水体流动性差，加剧了污染物的富集。”

黯然神伤的辽河，水浊了、鱼没了！

深入贯彻落实习近平生态文明思想，践行“绿水青山就是金山银山”理念，四平倾力落实绿色发展理念，不断推进生态文明建设。

二、主要做法

（一）四级河长湖长全覆盖，实现“有人管”

2017 年，四平印发了《全面推行河长制实施工作方案》，构建起河长组织体系。市总河长由市委书记和市长共同担任，副总河长由市委、市政府分管领导担任；各县（市、区）总河长由当地党委、政府主要领导担任。“一把手”既挂帅又出征，层层密织河长责任网。

全市 92 条流域面积超过 20 平方公里以上的河流，分级分段实行河长制；对流域面积较小的河流，根据保护和管理需要，由县（市、区）独立设置河长或与汇入河流“捆绑”实行河长制；竖立河长湖长公示牌，接受社会公众监督。截至目前，四平共设立市级＋县级＋乡（镇）级＋村级河长 844 名、湖长 17 名，每条河流、每个湖泊都有了市、县、乡、村四级“专职管家”。

四平市各县（市、区）、乡（镇）党政主要领导担任河长后，站到了河流防治的最前沿，推责无弹性、履责有刚性、追责无人替，实现了河湖由没人管向有人管、由多头管向一头管、由管不住向管得好的巨大转变。曾一直任职双辽市卧虎镇镇长、镇级河长王连波表示，卧虎镇已全面压实责任，按照省巡查制度要求，全镇 21 名巡查员每天开展 3 次巡河，并做好巡河记录，跟踪督查反馈。现在西辽河景色美丽，沿河道路干净整齐，已成为人们茶余饭后的好去处。

与河长制湖长制同步，四平市建立了市、县、乡三级河道警长制工作体系，制定出台了《公安机关河道警长制工作方案》，设立各级河道警长123人。四平市铁西区还创建了“河长＋河长助手＋民间河长＋河道警长”的“3＋”管理体系，除各级党政领导担任河长外，各成员单位负责人担任河长助手、环保志愿者、社会群众担任民间河长、属地派出所公安干警担任河道警长，构建了“横向到边、纵向到底、责任明确、官民共治”的治水网络，既管“大动脉”，也管“毛细血管”。

据统计，全面推进河长制以来，2018年至2019年末，四平各级河长累计巡河27万余次。其中，市级河长巡河129次，共督查督办69次，为基层单位解决问题155个。

（二）“三源同治”控源截污，明确“怎么管”

河湖之病表征在水里，根子却在岸上。以前，环保不下河，水利不上岸，河湖环境防治是一道“纠缠不清”的难题。如今，河长制湖长制将多头管水的“部门负责”，变为“首长负责、部门共治”，其实质既是“一龙管水”，又是“一把手”工程。

落实了责任主体，四平各级河长围绕“河畅、水清、岸绿、景美”的整治目标，迅速进入角色。治河治污，治污寻源，实现“有人管”后，四平不断加大资金投入力度，以大大小小的环境治理项目为支撑，发力“三源同治”，倾力控源截污。

“点源”治理逐个落实。全市建成城乡污水集中处理厂35座，总处理能力为34.01万吨每日，达到一级A处理标准34座；实施辽河流域水污染治理项目59个，总投资约49亿元；建设9个工业开发区污水处理设施；严格重点污染企业排放标准，天成玉米开发有限公司等6家污染负荷较大的企业污水已纳入市政污水处理厂，金士百纯生啤酒有限公司污水处理设施升级改造已建成投运；全市158家工业企业建设污水处理站168座，总处理能力达11.58万吨每日；推动劣Ⅴ类水体专项治理和水质提升工程建设，6类22项具体任务已完成14项，谋划5类62个项目全部开工，完成58个。

“内源”治理消除病灶。完成南、北河截流干管总长度约36.2公里；持续推进清河行动，2020年一季度共清理河道垃圾2.98万立方米；建成区排水管网535.6公里，完成雨污分流改造207.1公里；市区累计改造海绵城市老旧小区117个；在全省率先完成各类排污口排查整治工作，共计排查582个，需要整治的178个已全部完成，并实行规范管理；提前启动“十四五”中远期建设项目22个，现已开工7个。伊通河流域9个治理项目全部完工；2020年4月，四平市被确定为全国重点流域“十四五”规划编制试点城市，已谋划5类35个项目。

“面源”治理全面推进。实施化肥、农药减量增效行动，农药、化肥施用量实现负增长；关闭搬迁119家禁养区规模化养殖场，并在全市范围内建设17个畜禽粪污集中处理中心和1367个散养户畜禽粪污村屯收集点。目前，全市畜禽粪污综合利用率达81%，规模养殖场粪污设施配套率达96%，大型畜禽规模养殖场粪污设施装备配套率达100%。全市共建设乡镇生活垃圾转运站34个，农村生活垃圾集中收集点710个，全市755个行政村生活垃圾治理基本实现全覆盖。

此外，四平市还在全省率先推行水质分析研判制度，每月对全市52条河流57个断面采样监测、分析研判，采取精准管控措施，突出精细化管理和管家式服务，加强对水污染处理设施的监管和指导，确保稳定运行、达标排放，为水质改善提供坚实基础。

退耕还河同步跟进。三年来，四平共流转河道管理范围及两岸保护带土地9200公顷，设置边沟780公里、围栏972公里，建成河流两岸保护带3190公顷、水源涵养林约608公顷。2019年全市完成造林10305公顷，林木绿化率达22%，城市绿化覆盖率达39%，被全国绿化委员会授予“全国绿化模范单位”荣誉称号。

好钢用在刀刃上。三年来，四平共完成水污染整治及水生态修复工程建设投资47.42亿元。其中，遍布城乡的大大小小35座污水集中处理厂完成投资16.7亿元；“靶向”治理南北河黑臭水体的集污管线、截流干管、清淤、湿地等工程投资9.18亿元；全市畜禽养殖粪污资源化利用整县推进项目共投资5.4亿元。

（三）健全长效机制体系，确保“管得住”

牵住问题“牛鼻子”，四平市全面推行河长制湖长制后，2019年1—4季度，四平辽河流域国家地表水考核断面水质指数分别下降73.97%、68.17%、55.82%、52.18%，改善幅度居全国第一，全域消除劣V类水体。

三年时间过去了，四平辽河流域迎来全新改观，这里不仅水清了、岸绿了、鱼来了，老百姓的获得感、幸福感也在不断提升。而成绩的背后，离不开建立健全长效机制的“大逻辑”——构建协同共治机制。着眼干支流、左右岸、上下游关系，实施协同共治监管机制。多次与内蒙古联络沟通，寻求西辽河金宝屯断面来水超标问题解决途径；积极与辽宁省铁岭市沟通协调，关闭其境内沿河小型养殖场，解决了东辽河四双大桥断面水质超标问题。近期，拟与铁岭市签订合作框架协议，共同推进东辽河、条子河等界河治理。

构建组织保障机制。成立了以市委书记、市长为双组长的3个专项整治领导小组，市本级和各县（市）均组建了辽河办。主要领导带队巡河暗访、现场办公，分管领导及时研究部署、破解难题。市河长办充分发挥综合协调、分办、督办职能。市委组织部抽调10名优秀干部、硕博人才，集中两年时间专职从事督查工作。市财政局克服资金困难，通过发行债券等方式支持辽河治理。

构建统筹推进机制。将辽河流域污染治理与劣V类水体专项治理、黑臭水体整治、水源地三年攻坚行动、清洁水体行动等工作统筹实施、同步推进。先后制定12份文件，细化任务、明确责任、挂图作战。紧密结合督察反馈问题整改，突出精准施策。

构建联防联控机制。建立“四平市河长制”工作群、“辽河污染防治项目推进”微信工作群，各市、县主管领导和30余个部门负责人参与，及时协调解决各类问题。市河长制成员单位、市生态环境保护工作领导小组成员单位各司其职、共同发力，打出“组合拳”。

构建分析研判机制。市生态环境局每月对52条干支流、57个断面、4项指标开展手工监测。对超标水体，采取会议研究与现场踏查相结合的方式，分析具体原因，提出整改建议。针对重点排污企业安装监控监测设备，实时监控。设立信访举报平台，2019年受理信访举报482件，已全部办结。

构建督察问责机制。全面推行河长制湖长制以来，四平市共问责各级河长33人，真正树立起“严”的导向。为确保各级河长湖长履职尽责，四平将河长制湖长制纳入市委、市政府重点专项工作考核目录，考核结果与“官帽子”“钱袋子”挂钩。实现市级督查常态化：市委组织部、两办督查室会同市生态环境局开展专项督查；副市级领导带队，对各县（市、区）开展督查。实施督察整改清单式管理：建立提示、预警、督办、约谈、问责“五步工作机制”，中央环保督察以来，全市共问责440人次，约谈11个辽河项目进展缓慢的责任主体。

三、经验启示

（一）主官重视才能提升战力

河流污染有目共睹，有效治理却难觅踪影，根本原因是主要领导没有担责。四平市自从建立了市、县、乡、村四级河长制湖长制，四级主要领导站到了第一线，没人敢怠慢！“一把手”抓“一把手”，传递的是“1+1远大于2”的力量！

（二）压实责任才能催生动力

责任重于泰山，关键点是“泰山”。把沉重的责任像泰山一样压在头上，容不得你脱身，没有一丝侥幸。四平的经验里，有一句话最值得欣赏，就是“推责无弹性、履责有刚性、追责无人替”。理清了责任链条，拧紧了责任螺丝，必然激发强大动能。

（三）统筹联动才能提高效力

河流治污的事，说简单也简单，说复杂也复杂。四平的实践证明，“统筹”了就好办。“统筹”包括统筹上下游、左右岸、干支流；统筹陆上水上、地表地下；统筹水资源保护与水环境治理；统筹河湖生态空间管控与水污染防治。总之一句话：一张蓝图安天下。

（执笔人：陈晖　崔维利　刘艳）

聚焦问题敢打“硬仗” 守护龙江大美河湖

——黑龙江省开展河湖“清四乱”专项行动*

【摘　要】黑龙江省受过去重开发轻保护的发展方式影响，侵占河道、围垦河湖等违法违规行为时有发生，许多问题具有长期性累积性，严重影响河湖生态环境和行洪能力。省河湖长办深入贯彻习近平生态文明思想，以河长制湖长制为抓手，紧跟水利部河湖“清四乱”部署要求，颁布省总河湖长1号令，发动五级河长湖长挂帅出征，开展河湖“清四乱”百日攻坚战，坚持全覆盖排查不留死角、坚持多措并举抓整治、坚持目标导向不动摇，仅用1年时间整治河湖“四乱”问题1.58万个，销号问题总数位居全国第1位，推动河长制湖长制由全面建立转向全面见效，河湖面貌明显改善。

【关键词】黑龙江省河长制湖长制　“清四乱”　河湖守护者

【引　言】2017年元旦，习近平总书记在新年贺词中发出“每条河流要有‘河长’了”的号令，黑龙江省河湖长办多措并举、协同推进、担当尽责，2017年年底全面建立河长制，比国家规定时限提前1年。2019年，省河湖长办紧跟水利部河湖管护部署要求，集中力量开展全省河湖“清四乱”专项行动，通过建立机制、整合资源、统筹推进，“清四乱”处理问题1.58万个，河湖管理保护进入新阶段。由于我省河长制湖长制推进力度大、成效明显，在水利部考核中跻身全国前5名，获得国务院对真抓实干成效显著地方激励奖励。根据我省开展河湖“清四乱”专项行动情况，本文将从3个方面进行归纳总结。

一、背景情况

黑龙江省坚决贯彻习近平总书记两次来黑龙江考察时的重要指示，

* 黑龙江省河湖管理保障中心供稿。

坚持“节水优先、空间均衡、系统治理、两手发力”新时代治水思路，牢固树立绿水青山就是金山银山、冰天雪地也是金山银山的理念，通过全面推行河长制湖长制工作，很多河湖实现了从“没人管”到“有人管”、从“管不住”到“管得好”的转变。

过去，黑龙江省受产业结构影响，侵占河道、围垦湖泊、非法采砂、超标排放等违法违规行为时有发生，河湖生态环境受到破坏。特别是河道“四乱”问题，由于涉及部门较多、职能交叉不利于问题解决，群众提出改善身边环境、整治个人侵占河道的诉求。2018 年 7 月，水利部开展河湖“清四乱”专项整治行动，黑龙江省重拳出击“清四乱”，坚决打赢河湖保护攻坚战，仅用 1 年时间，共整治河湖“四乱”问题 1.58 万个，根除了多年积累的河湖“顽疾”，实现“见河长、见行动、见成效”。

二、主要做法

（一）全方位查“病灶”，建立“清四乱”问题台账

发动“五级”河长湖长 2.5 万余人开展 2 个月排查，利用卫片并辅以无人机航拍等手段，对所有河湖管理范围内疑似“四乱”点位逐一进行比对核查，经“乡村报告、县级认定、市地审核、省级把关”进行层层甄别，建立省、市、县三级问题台账。

（二）高站位总动员，压实“清四乱”工作责任

省委书记张庆伟、省长王文涛签署总河湖长 1 号令，全省各级全部成立了以党政领导任总指挥的工作专班，形成一级抓一级、层层抓落实的工作局面。实行市（地）排名通报制，仅省级就向 26 位市（地）总河长总湖长下发通报 78 件，并召开专题视频推进会议 12 次。

（三）抓协同聚合力，多部门联合作战

在河湖“清四乱”专项行动中，各部门协同并肩作战，凝聚工作合力。省纪委、监委将 1.34 万个纠正河湖“四乱”突出问题纳入“不忘初心、牢记使命”主题教育专项整治漠视侵害群众利益范畴，整治成效在省纪委、监委官网公布。多部门联合修订《黑龙江省河道采砂管理办法》，为科学整改提供了政策保障；省河湖长办、检察院、公安厅、水利

厅联合印发《关于严厉打击河湖管理范围内非法修筑围堤的紧急通知》，对松花江、嫩江等私设围堤行为严厉打击。

（四）抓攻坚破难题，开展“清四乱”百日攻坚战

按照水利部在全国开展河湖“清四乱”专项行动要求，我省利用2019年4月至7月100天时间，在全省范围内集中开展“清四乱”百日攻坚战。五级河长湖长亲自挂帅，现场督战，整治“四乱”问题共15835个，其中台账内规模以上11159个、规模以下2221个，台账外边查边改552个，清理违建别墅298栋、非别墅类违建1605个。

（五）严考核真暗访，巩固“清四乱”工作成果

把“清四乱”纳入市（地）责任目标考核范畴，逐级量化考核，逐级压实责任。由12个责任单位80余人组成9个督查组，开展全省全覆盖大督查，着力解决分类不准、排查不到位等问题，并把237个重大问题列为省级挂牌督办事项。开展两轮暗访抽查，派出8个暗访组以“四不两直”方式深入河湖一线，抽查核实水利部暗访及新发现问题433个。

（六）出重拳严执法，严厉打击涉河湖违法犯罪

坚持依法行政，刑事司法和行政执法两手发力，重拳打击涉河违法犯罪行为，保持高压态势净化河湖水域治安环境。检察机关制发“清四乱”诉前检察建议125件。公安机关配置省、市、县、乡四级河湖警长3787人，侦破涉河违法犯罪案件135起，抓获犯罪嫌疑人232人。水利部门强监管，排查非法围堤、非法采砂等涉河违法问题线索59件，依法查处28人。

（七）广动员齐发动，营造全民参与“清四乱”氛围

以建设人民满意的幸福河湖为目标，发动企业河长湖长、民间河长、校园河长以及社会各界人士加入护河志愿者队伍，及时解读全省河湖“清四乱”政策，宣传“清四乱”成效。广大干部群众关爱河湖、保护河湖的自觉意识明显增强，社会各界传递“正能量”、弘扬文明治水的氛围日渐浓厚。利用1年半时间，《黑龙江日报》采访报道松花江109名河长湖长，获得上海大世界基尼斯总部认证“采访（同一河流）河长数量最多的省级媒体”称号。

通过开展河湖“清四乱”专项行动，一大批“老大难”问题如围堤战线长、违建面积大等基本解决，清除围堤总长5613公里、违建154万平方米、非法采砂点235个约240万立方米、垃圾90多万吨。一是通过“清四乱”强监管，河道行洪能力明显提升。2019年汛期，黑龙江省发生1961年以来最强降雨，松花江、穆棱河、呼兰河、乌裕尔河、通肯河等江河洪水流量大大超过往年，“清四乱”使河流恢复了行洪通道，洪水流速明显提升，泄洪速度明显加快，为夺取防汛抗洪全面胜利起到了关键作用。二是通过“清四乱”强监管，水生态水环境明显改善。坚持“盆”“水”同治，恢复湿地面积60多万亩，国考水质目标全面达标。2019年，全省62个国考断面达标率提升到91.9%，Ⅰ～Ⅲ类优良水质断面增加11个。阿什河、梧桐河、倭肯河劣Ⅴ类水体全部消灭，地级及以上城市建成区黑臭水体销号率达到90.9%。

三、经验启示

习近平总书记强调，河川之危、水源之危是生存环境之危、民族存续之危。全面落实河长制湖长制，拉近河湖保护治理和人民群众的距离，要充分抓住河湖管护专项行动机遇。以本次河湖“清四乱”专项行动为例，黑龙江省用问题倒逼责任，在短期内取得较大成效，将群众心中河湖的“问题清单”变为“满意清单”，发挥河长制湖长制制度优势，推动河湖“清四乱”常态化、规范化。

（一）河长挂帅，履职尽责是河长制湖长制落地见效的关键

全面落实河长制湖长制要紧紧抓住党政领导负责这个关键，做实做强河湖长制办公室。一是在提升河湖长制办公室设置规格基础上，进一步落实党政主要领导同志“包河”责任。为推进河湖“清四乱”工作，全省26名市级和183名县级总河长总湖长均“包抓一条河”，既当指挥官，又当战斗员，压实党政“一把手”责任，形成“头雁效应”。二是河长配警长，推动跨区联防联治。如全省建立了“五级河长湖长＋四级河道警长”组织体系，共设立河长湖长3.5万人、河道警长3787多人，实现全省河湖全覆盖。印发《关于加强跨区域河湖联防联控的指导意见》，解决跨区域河湖治理与保护工作中存在的机制不完善、责任不明确、配

合不紧密等突出问题。三是强化各级河长湖长履职尽责。每年5月至10月，市、县、乡、村级河长湖长每月巡河巡湖分别不少于1、2、4、6次。

（二）完善制度，建立长效机制是河长制湖长制发挥作用的保障

根据河长制湖长制在具体河湖管护工作中存在面临问题多、涉及部门复杂、职责权限交叉等难题，采取了以下措施：一是增加省直责任单位。根据遇到的问题，增设省检察院、省财政厅、省公安厅、省司法厅和省测绘地理信息局为成员单位，全方面保障河长制湖长制工作。二是建立省河湖长制办公室成员单位联席会议机制。每季度至少召开一次省河湖长制办公室成员单位联席会议。三是建立了“6项基础＋3项提升”配套制度体系。制定了“会议、信息共享、信息报送、督导检查、考核、验收”6项基础制度，又出台了《巡查制度》《督办制度》《举报受理制度》3项配套制度。四是建立了“两库一平台”技术保障体系。建立“一河（湖）一档”数据库、“一河（湖）一策”方案库和信息化管理平台，作为各级河长湖长指挥督战、尽职尽责的重要手段。

（三）宣传发动，全民参与保护河湖是推行河长制湖长制的努力方向

鼓励和引导全社会参与河湖管理保护，营造全社会珍爱河湖、保护河湖的良好氛围。一是省河湖长办、团省委、水利厅、生态环境厅组织全省10万人开展“保护家乡河湖争当护河志愿者”行动。社会各界成立护河志愿队伍206支、规模达10万余人。设立民间河长湖长6000多人。二是省教育厅在各级各类学校开展“发放一封倡议书”等“八个一”生态文明教育活动。三是畅通群众诉求渠道，在全省各地河长制湖长制公示牌标识监督举报电话，加强媒体曝光力度，及时有效回应社会关切。

（执笔人：王欣蕾）

河长治水新征程　碧水扮靓航空城

——以“河长制”推动“河长治”的实践*

【摘　要】 在城乡发展进程中，一些河道出现了黑臭、水系不通等情况，河道周边环境脏乱差，亟须得到综合整治。习近平总书记在2017年新年贺词中宣布“每条河流要有‘河长’了”。河长制的建立推行，实现了河道有人管、有人治、有人护。为进一步落实保护水资源、防治水污染、改善水环境、修复水生态的任务，祝桥镇以河长制为抓手，持续推动水环境面貌改善提升，群众获得感、幸福感、安全感显著增强，实现了碧水环绕航空城的愿景。

【关键词】 河长制　河长治　水环境

【引　言】 本文以祝桥镇“河长制”推动“河长治”为例，介绍了河长制建立推行的背景情况，阐述了祝桥镇以河长制为抓手，高起点谋篇布局、高要求落实责任、高标准建章立制、高强度挂图作战的具体做法。从乡村环境面貌、城镇空间发展、干部精神作风、社会共治共建、村居民感受度等五个方面总结了取得的成效，同时提出三点工作启示，旨在通过探索实践，把河长制真正落到实处，实现河长治。

一、背景情况

2016年12月11日，中共中央办公厅、国务院办公厅印发的《关于全面推行河长制的意见》（厅字〔2016〕42号）指出，全面推行河长制是落实绿色发展理念、推进生态文明建设的内在要求，是解决中国复杂水问题、维护河湖健康生命的有效举措，是完善水治理体系、保障国家水安全的制度创新。2017年1月20日，上海市结合实际制定了《关于本市全面推行河长制的实施方案》（沪委办发〔2017〕2号），进一步加强本市

---

* 上海市浦东新区祝桥镇河长办供稿。

水污染防治和水环境治理、河湖水面积控制、河湖水域岸线管理保护、水资源保护、水生态保护等工作。围绕“见河长、见行动、见成效”的工作目标，全面建立市—区—街镇—村居四级河长体系。河长巡河有序开展，全民治水不断深化，全社会爱水、护水、治水的良好格局初步形成，河湖管理保护合力不断增强。

祝桥镇位于浦东新区中部，区域面积160.19平方公里，下辖5个社区、74个村（居），是典型的江南水乡。全镇共有河道（水体）1227条（段），其中：市管河道1条（浦东运河），区管河道15条，镇管河道75条，村管河道870条，其他水体266条（段）。2017年4月，祝桥镇成立河长制办公室，按照市、区河长办工作要求，让每条河道有了河长，河长治水取得了阶段性成效。2017—2019年连续三年在新区河长制工作考核中获得优秀，2019年成功创建首批上海市河长制标准化街镇。

二、主要做法

祝桥作为浦东国际机场、铁路上海东站、自贸区临港新片区、中国商飞四大国家战略的核心承载区，迎来了大动迁、大开发、大建设、大发展的新阶段，水治理、水生态建设将奠定航空城发展的环境基础，需要持续发力，久久为功。河长制推行初期，我们在水环境综合治理中遇到了一些难点。一是河道整治，难在岸上截污。“问题在水里，根子在岸上”，一方面污染源是动态发生的，另一方面截除污染源有时会面临“牵一发而动全身”的情况。二是基层河长，难在统筹推进。“上面千条线，下面一根针”，大量工作压在河长尤其是村（居）级河长身上，任务繁重、情况复杂，统筹难度大。三是长效管理，难在源头监管。“反复治、治反复”的现象提醒我们源头监管至关重要。为此，祝桥镇从四个方面着手，探索如何以河长制推动水环境面貌有效改善。

（一）高起点谋篇布局，统筹“水环境”

水环境是生态环境的重要组成部分，良好的水环境是最普惠的民生福祉。祝桥镇成立了生态环境综合治理联合指挥部及美丽祝桥建设工作领导小组，把水环境综合治理统筹到区域环境综合整治及美丽乡村、美丽家园、美丽道路等工作中，通过顶层设计、整合资源，合力绘就碧水环绕航空城的美丽祝桥新蓝图。

水环境的打造既是难点，也是亮点。“难”在河道整治需要综合治理。河道整治项目正式启动前，首先要啃的“硬骨头”是整治沿河违建，完成清障工作，但这大量的工作，往往不是一蹴而就的。“亮”在河道整治好了，水环境改善了，群众看得见，有最直观的感受。星火村在2017年上海市美丽乡村示范村创建中拆除11万平方米违法建筑，这其中就包括大量的沿河违建。星光村在2018年上海市美丽乡村示范村创建中充分挖掘潜力，将一个原有小池塘进行开挖，打造了约287平方米的星光湖，成为村民休闲休憩的好去处。

河长制全面推行以来，镇河长办也将过去河道传统的“建、管、养”更紧密地结合到了一起，充分发挥参谋部、司令部、指挥部作用，围绕目标任务，抓好上海市河长制标准化街镇创建等工作，不断深化“整、建、管、创”四步走。作为浦东新区“治水管河先锋”示范服务点，推行党建引领河长制，落实河道共治、支部共建、管养共谋、先锋共创，机关处室、事业单位、社区等28个党组织与村居党（总）支部结对，推动水环境治理。

（二）高要求落实责任，推动河长制

河长制不是挂挂牌子、走走形式的“冠名制”，而是实实在在、精耕细作的“责任田”。祝桥镇建立推行四级河长工作体系，压实河长责任。第一级：由镇党委书记担任第一总河长，党委副书记、镇长担任总河长，分管副镇长担任副总河长；第二级：由镇党委、政府相关班子领导担任一级河长；第三级：由全体处级干部担任一级副河长，具体落实协调和指导工作，这也是祝桥镇结合全镇河道面广量大的实际情况创新设立的河长层级；第四级：由河道所属村居书记或单位负责人担任二级河长。四级河长的设立，凝聚了全镇干部的力量，打破了条线部门的局限，资源得到整合，河长们用脚步丈量河情，通过一级抓一级、层层抓落实，全镇实现“百名河长推动千余条河道治管护”。

河长认真履职，是河长制发挥效用的关键。2017年3月21日，施湾社区东菜场河边一栋5层高楼、近4000平方米的违建被顺利拆除，河长发挥了重要的作用。该河道两侧违法建筑多，居民生活污水乱排放，造成河道黑臭，周边商铺摊贩多，占道经营、乱停车等违法违规现象严重。整治前期，相关河长按照河道整治方案做了大量的底数摸排及群众、商户的协调工作。整治期间，一级河长坐镇现场担任指挥，公安、城管、消防、安监、社区等联合行动，直至违建拆除。当天，一级河长还组织各社区负责人、全镇二级河长召开现场会，动员各单位、各部门全面完成中小河道综合整治任务。至3月底，该河道两侧33个点位、7700平方米违法建筑全部拆除，营造了全镇上下攻坚作战的强劲势头。

（三）高标准建章立制，实现河长治

祝桥镇通过“四制并举”，建立发现、处置、养护和考核四项机制。发现机制突出全员参与。组建了河道专职巡查员队伍，作为河长办延伸到社区、村居的触角，分片包干负责全镇水环境巡查。处置机制突出快速反应。河长办根据问题性质，建立分类处置机制，细化了八大责任主体、18个问题类别、28项具体内容，明确处置路径，强化时效性。养护机制突出常态长效。建立了广覆盖的河道养护机制，由河道养护单位负责水面保洁和陆域养护，巡查员负责微小问题的衔接处置，各村（居）将河道长效管理纳入村规民约及居民公约，河长办负责对河道实行动态监管。考核机制突出严督重考。积极发挥考核指挥棒的作用，提高河长制工作在村（居）年度绩效考核中的权重。建立专项考核小组，实施问责机制。

2017年6月6日，祝桥镇召开中小河道长效管理巡查员培训会，为全镇新上任的43位河道专职巡查员开展业务培训。当天，镇第一总河长、党委书记指出，“思想务虚，培训打基，责任到人，行动务实！这是我们工作的基本经验和普遍规律”，字里行间既是鼓舞，更是鞭策。组建祝桥镇河道专职巡查员队伍是为落实河长制的创新举措，实现了“最后一公里”的无缝衔接。

（四）高强度挂图作战，攻克“水治理”

水环境治理既是攻坚战，也是持久战，更是立体战。祝桥镇突破“就水论水”的思路，为攻克“水问题”制定“任务书”，打好“组合拳”，推行“4＋5＋3＋X”工作法。“4”项任务：即环境综合整治、中小河道整治、美丽乡村建设以及环保督察四项整治任务联动推进；“5”个平台：即市场监督、劳动监察、安全监察、环境监察以及城管执法，联

合施压，形成整治合力；“3”项政策：即用好动迁、减量化、产业结构调整三项政策；“X”是其他配套措施，如畜禽退养、体制内人员带头拆违，点名考核机制等。河长办按照“拆违、疏浚、清障、面洁、岸绿、截污、水达标”的要求，全面铺开河道“三清”和“七无”整治，三年多来累计拆除河道两侧违法建筑2500余个、31余万平方米，完成12145户农村生活污水治理工程，完成181条黑臭河道、197条劣Ⅴ类河道、62条断头河综合整治工程及151条河道轮疏工程，消黑消劣735余条河道，水面积只增不减。

营前15号河（营前村三组宅河）是“水治理”成效尤为显著的点位。该河道是祝桥镇2017年黑臭河道整治项目，目前已消黑消劣，水质达到Ⅲ类。旧貌换新颜的鲜明对比是祝桥镇近年来推进水环境综合治理的一个缩影：一条由东向西的河道环绕而过，通向骨干河道东横港，贯通了营前14号河、17号河等七条河道，使这些河道的“死水”变成了活水，两座精致美观的崭新农桥飞架河上，沿河有仿木栏杆、亲水步道和草坪、灌木组成的绿化。看到这一变化，在这里居住生活了70多年的一位蒋姓村民高兴地说：桥通路通水通的水乡风景又回来了！

三、取得成效

一是改善了祝桥的村容村貌和人居环境。依托河长制，美丽河道点亮水环境，水环境衬托村容村貌。在上海市第二届“最美河道”系列创建评选活动中，西引河获评“最美河道”；营前15号河获评“最佳河道整治成果”。营前村、星光村等打造了水环境治理样板村，全镇4个村成功创建上海市美丽乡村示范村，数量位居新区第一。

二是助推了空间的优化利用和“腾笼换鸟”。在河道整治中，协调难度大的也有部分沿河建造的企业，在镇“4＋5＋3＋X”工作法保障下，这些企业基于“调、减、腾、转”的基本策略，通过产业结构调整、工业用地减量化，一方面通过清拆厂房整治污水直排、恢复水面积，另一方面整体通过转移得到更多发展空间，为全镇土地的二次发展积极实践“走出去”的道路。

三是提振了领导干部干事创业的精气神。全镇干部在河长治水中得到锤炼，强化了责任感、使命感和紧迫感，通过“5+2、白+黑”，发扬了吃苦耐劳、无私奉献的精神，统筹工作、解决难题的能力也得到了进一步提高，各级河长有信心、有能力当好水生态“护旗手”、水环境“守门员”。

四是构筑了全社会共治共建共享新格局。祝桥镇积极营造治水氛围，在“航空祝桥”微信公众号定期推送河道整治情况，在“领航先锋 感动祝桥”专栏报导典型事迹，多次通过东方城乡报、浦东时报、浦东党建网、浦东电视台等平台传递正能量，让治河管河护河意识入脑入心，实现共治共建共享。

五是提高了人民群众获得感、幸福感和安全感。河长治水这场攻坚战、持久战不断改善着水环境面貌，推动城乡高质量发展，创造高品质生活环境，全面营造水更清、岸更绿、河更畅、景更美的水生态环境。群众在共治共建共享中提高了获得感、幸福感和安全感，还将在参与中获得更多更高的感受度。

四、经验启示

河长制，从制度本身来说，只依靠行政手段而不是法律，生命力大打折扣，长效的成本也相应提高。所以，如何让河长制真正落地生根、长久取得实效，启示如下：

要进一步深化完善河长制，落实执行制度。完善河长制，要抓好河长办能力建设，提高河长履职实效。同时好的制度需要好的执行制度，要把考核工作深入到河长制全过程中，体现“赏罚分明”，在对街镇、村居考核中加大权重，在对干部综合评价中体现实实在在的作用；在实施问责时不走过场、不流于形式，真正推动河长制全面见效。

要进一步抓好乡村振兴合力，统筹各项工作。河长制是深入贯彻习近平生态文明思想和习近平总书记对上海工作指示要求的一个方面，要进一步联动各项工作，完善配套服务。当下，水环境治理已经历消除黑臭水体和消除劣Ⅴ类水体两个阶段，目前正在跨入生态清洁小流域建设阶段，要积极打造更多“幸福河”，为推动乡村振兴战略落地开花、为民谋求更多福祉而持续努力。

要进一步倡导公众参与，形成共治共享格局。外源控污、内源治污是河道整治的基本途径，其中外源控污要积极倡导公众参与，通过市场化运作，把长效管养落到实处；要加快推进村（居）河长工作站建设，全面打通河长制工作“最后一公里”，把群众参与补充到河长制中；要通过人大代表视察履职、新闻媒体宣传报道、群众满意度调查等，接受各方监督；要通过科技手段、信息化、网格化来支撑巡河、水质检测、河道监管等，多措并举，为推动水生态持续向好而共同努力。

北界河整治前

北界河整治后（拆除沿河违建 27981 平方米，增加水面积 1.3 万平方米，落实林地建设 35.5 亩）

营前 15 号河整治前

营前 15 号河整治后（落实环境综合整治，恢复填堵水面积，沟通 7 条河道水系）

（执笔人：陆颖婷）

全民护水　村民自治

——崇明区建设镇界东村探索村级河道治管新模式*

【摘　要】 崇明区认真贯彻落实中共中央办公厅、国务院办公厅《关于构建现代环境治理体系的指导意见》关于“着力建立健全环境治理全民行动体系”的要求，立足面广量大的村级河道治理问题，发动群众、依靠群众、引领群众，建队伍、强阵地、做氛围，积极鼓励全区、镇、村探索村级河道治管“全民护水、村民自治”新模式，先后出台了《崇明区村级河道长效管理“村民自治”指导意见》《2020 年“水美崇明·绿映花博”“万、千、百”宣传体系建设方案》。为挖掘民间智慧和力量，助力农村水环境的提升，区水务局下属崇明区农村水利管理所，在建设镇界东村先行试点开展“全民护水、村民自治”实践与探索，形成了一套高效率、低投入、可持续、可复制的治水新模式。

【关键词】 村民自治　民间河长　全民治水

【引　言】 “治水护水没有局外人”。针对崇明区面广量大、情况复杂的村级河道管养问题，仅仅依靠主管部门以及各乡镇人民政府实施治理工作缺口明显，且往往陷入“治反复、反复治”的窘境。故崇明区结合村民本身对美好家园的殷切盼望，探索推广“村民自治”模式，给予村民管河护河名分，形成民间爱河护河氛围，致力于发动民间智慧与力量解决村级河道管养问题，提升农村地区水环境综合面貌。

一、背景情况

崇明位于长江入海口，是世界上最大的河口冲积岛和中国第三大岛，是上海重要的生态屏障，对长三角、长江流域乃至全国的生态环境和生态安全具有重要的意义。

---

* 上海市崇明区水务局供稿。

崇明境内水系发达，河网交织，共有河湖16232条（个），水域面积116多平方公里，水面率为9.81%。其中市级河道2条，区级河道28条，镇（乡）级河道702条，村级河道15152条。面广量大的村级河道是崇明水环境治理的重点和难点，据2018年上海市河道数据监测，崇明区共检测到劣Ⅴ类河道6363条段（黑臭1595条段），其中村级河道6181条段，占全区劣Ⅴ类河道数的97.1%，分布在全区267个行政村，是黑臭、劣Ⅴ类河道的“主力军”。崇明村级河道形成于20世纪七八十年代，普遍存在个体规模小、总体数量大、空间分布广、堵点断点多、水体流动性弱等特点。间距一般在80～120米，底宽1米，底高程1.5～1.8米（吴淞高程），坡比1∶1～1∶1.2。经多年水流冲刷，现有河道断面已呈口杯形。

二、主要做法

崇明区建设镇界东村位于崇明岛中部，国家级东平森林公园西南5公里左右。村域总面积3.6平方公里，可耕地面积2314亩，下辖29个村民小组。全村总户数887户，总人口1880人。共有村级泯沟41条段，32.6公里。其中名录内河道37条段。

界东村认真落实河长治水理念，积极探索“责任河长＋民间河长”合力管河治水模式，尝试了以村委会为责任主体的村级河道整治和以村民为责任主体的村级河道长效护养两个方向的“村民自治”治水管河探索，形成了高效率、低投入、可持续、可复制的界东治水管河模式。

（一）搭建“八个一”工作框架，为村级河道治管“村民自治”筑牢基础

界东村根据自己的村域特点和水系特点，立足长远治理和常态管理，制定了村级河道治管“村民自治”“八个一”工作框架，为村级河道治管工作的开展提供了保障。

1. 一个管理网络

按照村行政区域特点，建立了“村—片区—生产队—农户”四级管理网络，分别由三级河长、民间河长、护河志愿者、家庭河长落实各自责任。

2. 一套管理职责

制定三级河长（村委主任）、片长（村委成员、民间河长）、生产队长（民间河长）、农户（家庭河长、护河志愿者）职责，各级护河责任人员按照职责开展工作。

3. 一张责任总图

将全村所有村级河道的治管责任人、民间河长、家庭河长、护河志愿者名单全部落到水系图上，做到人员、河段一目了然。

4. 一份责任清单

结合责任总体，建立治管责任人、民间河长、家庭河长、护河志愿者具体责任清单，明确治管河道名称、长度、治管要求等。

5. 一份“三包”责任书

村委会与河段责任人签订“三包”责任书，明晰河段责任人治河管河的相关责任，给予村民治水管河“名分权”。

6. 一张承诺书

依据“三包”责任书，河段责任人向村委会承诺在履责期间，保护河道，不做任何有损河道管护的行为。

7. 一个奖补办法

对河段责任人、民间河长、护河志愿者进行经济、物质、精神奖励或劳动补偿，办法由村民代表大会通过。

8. 一份奖补明细

所有涉及村级浜沟考核成绩，经济、物质、精神奖励或劳动补偿的内容以明细表的形式予以公示，接受监督。

（二）探索“五沟”模式，为村级河道治理“村民自治”开辟新路

界东村根据村域内村级河道的不同特点，对田间、林间、宅间、路旁等村级河道采取了“抽水清沟、固水养沟、补水活沟、生物护沟、疏堵通沟”等不同的治理方式，这些方法既可单独实施，又可组合实施，简单经济，生态环保，为村级河道治理“村民自治”开辟新路。

1. 抽水清沟

将河道内宿水肥水用于农业生产，把来自农田的过剩氮磷、有机物还回农田，一来可以清洁河道；二来可以增加农田营养，减少农田化肥

使用量。

2. 固水养沟

对于河床较高、水深较浅的河道，在河道的两端出口处设置可拆卸溢流设施，平时用于控制河道水位，保持河道生态需水，防止河道水体变质，汛期可开启排涝，保证防涝需求。

3. 补水活沟

利用村灌溉系统或移动水泵，对水体流动性差、引排不畅的河道适时进行补水，以增强河道的流动性和水体量，维护村级河道生态环境。

4. 生物护沟

通过整坡清坡，在河坡、河道青坎种植竹柳、杞柳、竹篙、箬竹、马兰头等固土植物；水位变动区搭建种植坎，种植芦苇、茭白、再力花等挺水植物，以防止水体流失、河坡坍塌，保护现状河道水土，营造河道生态环境。

5. 疏堵通沟

对田间、宅间、路下的河道坝埂、老旧涵管实施疏堵畅通工程，拆坝改桥，扩涵通沟，打通阻水点，沟通水系。

（三）落实“二十字”考核奖补机制，为村级河道长效管理“村民自治”提供制度保证

河道如何实现长效管护？界东村探索了“分段到户，整体考核、捆绑奖补、整改有效、一票否决”的“二十字”考核奖补机制，为村级河道长效管理推行“村民自治”提供了制度保障。

1. 分段到户

按照“六个跟着走”，即宅间河道跟宅走、田间河道跟田走、林间河道跟林走、鱼塘河道跟塘走、园区（合作社）河道跟人走、其他河湖跟队走的责任段划分原则，将河道划分给相关责任人。

2. 整体考核

河道实行整条段养护成效考核，涉及诸多责任对象，只有全部责任段达到养护要求，该河道方可认定为养护合格。

3. 捆绑奖补

对责任人的奖补实行整条河道全达标奖补，旨在创导村民之间相互监督，相互制约，共同做好各自责任河段的养护工作。

4. 整改有效

对河段养护中存在的问题，村委会考核小组以整改单的形式通知责任人限期整改，只要在规定时间内完成整改的，不作扣奖处理。

5. 一票否决

对非法填堵河道、使用化学除草剂除草等严重违法行为和破坏生态环境的行为，一旦查实，该河道养护全年不予奖补，并追究违法违规者的责任。

（四）建立“民间河长”队伍，为村级河道“村民自治”提供丰富内涵

全村动员，全民参与，全村建立一支由53名老村干部、老党员、老队长为骨干组成的“民间河长”队伍，在村、队两级建立活动阵地，赋予“一看二劝三报告”职责，定期开展巡河护河活动，鼓励“民间河长”们当好河道日常巡查员、爱水护河宣传员，承诺履行监督员、管河治河示范员、信息传输联络员的职责。

三、取得成效

（一）全村河道面貌明显提升，水活河畅，劣Ⅴ消失

河道治理后整体水环境面貌得到提升，水质情况良好。全村共整治河道41条段，打通断点77处，改涵57座、种绿4万多平方米，水面积增加30余亩，河道两岸“绿丝带”基本形成，为该村后续的示范村建设打下了良好的水环境基础。

（二）村委成员治水业务明显提高，探索创新，担当有为

界东村村委成员在此过程中，主动作为，好学好问，在区水务局部门的业务指导下，对河道治理、水生态修复、水土保持以及河道的日常养护等相关专业知识有了普遍的了解和掌握。他们敢于作为，勇于担当，积极化解矛盾，把河道整治养护和村庄改造、美丽庭院、拆除五棚以及农田合理施肥有机结合起来，用整治成果和先进典型引导村民支持和参与河道整治和长效管理。他们在提升全村水环境面貌的同时，丰富和充实了自己治河管河专业知识。

（三）村民群众护水意识明显增强，热情参与，献计献策

村级河道整治、养护的“村民自治”，村民在参与中得到了经济实惠，改善了自己的人居环境，体会到了这项惠民政策的现实意义，有更多的村民们自发地参与到民间河长队伍中，主动想办法、出主意、做宣传，树立起了“自家的河道自己治，自家的河道自己爱，自家的河道自己管”的治水管河主人翁意识。

（四）社会引领“辐射效果”明显体现，抛砖引玉，百花齐放

界东村河道整治与管护“村民自治”模式，通过召开现场推进会、乡镇组织实地参观学习、各类媒体进行宣传报道、行业部门专题下乡宣讲等形式，让全区镇、村全面了解村级河道整治管护“村民自治”的政策内涵和具体实施要素，激发了全区各镇、村结合自身特点探索各自治水之路的热情，形成了诸多富有特色的村级泯沟整治管护模式。

四、经验启示

（一）“村民自治”离不开政府的主导和引领

崇明区政府结合世界级生态岛建设，瞄准生态环境中村级河道这一短板，出台了相关村级河道整治、养护政策，落实专项资金。全区启动“万、千、百”宣传体系，提出了“三年造氛围，十年磨一剑”的村级河道治理战略，为全区彻底改变村级河道水环境质量奠定了基调，为全区农村百姓长期治理管护河道树立了信心。各乡镇积极响应，组织落实，配套资金，使这项工作的推进有了坚强的组织保证。

（二）“村民自治”离不开行业的指导和服务

在村级河道整治养护“村民自治”推进过程中，崇明区水务局专门组织了一批具有一定具体工作实践、知晓农村河道特点的“土专家”，又邀请了一批对水环境治理具有专业知识的行业专家，深入基层，实地调研，现场辅导，引进了竹篱、竹柳、杞柳、马兰头等既能保持水土，又能绿化环境，还具有经济收益的河道治理方式。这种方式不仅生态效益好，而且村民乐意接受，面上易于推广。

（三）“村民自治”离不开村委的组织和作为

区、镇乡两级政府充分利用村委会这个组织群众、联系群众的平台，把政策精髓宣贯到村委会、把治理的要义传授到村委会、把相关的治理权下放到村委会、把相关的资金下沉到村委会，充分调动村委会的工作积极性、主动性，用有限的资金办成更多的事情。

（四）“村民自治”离不开村民的参与和支持

河道水环境整治和长效管理，最大的受益者是广大的村民，在村民中广泛宣传爱河护水理念，鼓励村民积极参与河道整治和长效管理，让村民在参与中有获得感、有成就感，调动村民积极参与爱河治水的热情，逐步形成水美生活美、水好村庄好的水环境保护氛围，把爱水护河变成村民的自觉行动，让“村民自治”真正落到河边，落在村民的心头。

“远看风貌近看水”，崇明区建设世界级生态岛，水环境是一项硬指标。崇明区生于水，兴于水，美于水，目前面广量大的村级河道，是崇明区水环境治理的一个软肋。崇明区积极探索“村民自治”治水管河新路子，为世界级生态岛建设提供了与之匹配的优美宜人的水环境。

（执笔人：张晨娇）

打破省际行政壁垒　创新治水“五联”机制

——苏鲁边界共建共享生态美丽微山湖的实践探索*

【摘　要】微山湖位于徐州市北部、苏鲁两省交界处，涉及插花地段点多线长，边界矛盾一度十分激烈，河湖“四乱”等历史遗留问题突出，管护薄弱环节凸显。自全面推行河长制湖长制以来，两地本着共创安全和谐、共保边界稳定、共建生态美丽河湖的原则，主动打破行政区域壁垒，召开联席会议、开展联合行动、实行联防联控，在全国率先建立了信息情况联通、矛盾纠纷联调、非法行为联打、河湖污染联治、防汛安全联保的边界河湖“五联”机制，成功破解了非法圈圩、非法建设、非法采砂等一系列历史难题，构建了省际边界齐抓共管立体治水的新格局，用生动的实践诠释了河长制湖长制的强大力量。

【关键词】省际边界　合力治水　创新机制　共建共享

【引　言】行政有界，流水无边，两地合作，才能共享生态美丽幸福河湖。结合多年来边界河湖管护情况看，若是水的自然属性受行政区域制约，治水主体划地而治、各自为政、互不配合，就会出现“这边按下葫芦，那边浮起瓢”的情况，到头来，两地都花费了不少精力，治水的效果却大打折扣。如何打破行政区域之间的壁垒，实现联动共治，是边界河湖治理管护工作必须面对的一大难题。江苏省徐州市和山东省济宁市以全面推行河长制湖长制为契机，创新建立了苏鲁边界治水“五联”机制，通过3年多的实践和探索，取得了阶段性成效，为跨区域联动治水积累了可行性经验。

一、背景情况

微山湖南北长125公里，东西宽6～25公里，流域面积3.17万平方

* 江苏省徐州市河长湖长制工作办公室、沛县河长制办公室供稿。

公里，湖面面积约1280平方公里，是我国第六大淡水湖泊。微山湖既是南水北调东线工程的主要调蓄湖泊，也是江淮生态大走廊的北大门，具有调节洪水、蓄水灌溉、航运交通、生态旅游等多种功能。微山湖徐州段面积约400余平方公里，徐州市沛县与济宁市微山县在微山湖等省际边界河湖插花地段多达90余处，共计110余公里。历史上由于上下游、左右岸属地不同，出现各自为政、各行其是的现象，造成一系列河湖“四乱”问题：有的镇、村往河道倾倒垃圾、排放污水，造成水体污染；有的企业在湖堤建设临时厂房、仓库，危及堤防安全；有的渔民在湖内圈圩、养殖，破坏生态环境；有的入湖支流水面漂有垃圾、杂物，影响水源地健康。两地政府屡次出击整治乱象，然而问题点多、线路长、环境复杂，且涉事人长期在苏鲁两地来回“躲猫猫”，江苏打击严就躲到山东，山东打击严就藏到江苏，使得两地护水治水都显得鞭长莫及、有心无力，造成监管难、执法难、长效管护更难的“三难”局面。

为进一步强化省际边界区域河湖管护力度，推进河湖插花地段乱建、乱占、乱排等历史遗留问题得到根本解决，经市河长办积极协调推进，2017年年底，沛县与微山县签订了《沛微水利工作边界联动机制协议书》，构建了联通、联调、联打、联保、联治“五联机制”雏形。2018年年初，由县级河长湖长牵头组织，成立边界治水联动工作领导小组，将维护边界安全和谐的责任明确到岗，落实到人；由河长湖长制办公室协调督促，建立联席会议机制，探讨交流边界河湖“四乱”整治问题，拟定行动方案、明确时间节点、开展联合行动，取得了初步成效。2019年，为彻底根除微山湖沿线“四乱”问题，徐州、济宁市级河湖长牵头，从市级层面对“五联机制”提档升级，进一步拓展联动范围、提升联动内涵、强化联动措施，做到“三个同步”（同步谋划、同步部署、同步落实）和“四个统一”（统一时间、统一标准、统一行动、统一验收），合力强化省际边界区域河湖治理管护力度，推进河湖插花地段乱建、乱占、乱排等历史遗留问题得到全面有效解决。

二、主要做法

（一）创新建立信息情况联通机制

两地充分发挥信息资源共享的积极性和主动性，加强沟通、密切联系、互通有无，实现行政资源的优化配置。一是加强组织领导。两地河长湖长组织成立了边界联动治水工作领导小组，主动发挥好指导、协调、督促作用，定期通报工作进展。二是拓宽联系渠道。两地河长办编印了边界联动治水成员单位通信录，组建了河湖治理管护工作群，开通了24小时专线联系电话，保障信息情况及时准确传递。三是召开联席会议。每季度召开一次由河长湖长牵头、河长办组织、相关成员单位及流域管理机构共同参加的边界联动治水会议。沟通交流水域岸线管理保护规划、生态河湖综合整治和水行政执法等工作开展情况，研究部署河湖“清四乱”等重点工作。自2018年3月至今，两地共召开联席会议10次，通报涉水重大违法问题26起，拟定专项行动方案5个，有效解决了一批陈年积案和疑难问题。

（二）创新建立矛盾纠纷联调机制

两地加大宣传引导力度，合作处理边界涉水纠纷，主动把问题向群众解释清楚，力争把矛盾解决在萌芽状态。一是舆情引导先行。两地以群众喜闻乐见的形式，在广场、宣传栏、村庄墙体等处设置河长制湖长制宣传图片标语；通过村、社区广播连续播放“绿水青山就是金山银山”等生态理念；在交通比较便利、人流相对集中、方便群众阅知的位置规范设立河长湖长公示牌，形成了多角度、全方位的宣传格局。二是坚持以人为本。两地联合开展河长制湖长制进村入户活动，由镇河长办主任带队深入渔村民居，走访边界村组210余户，发放宣传资料、宣传手册、倡议书1000余份，提高了群众对河长制湖长制的知晓率。结合精准扶贫工作，聘请32名建档立卡的扶贫对象担任河湖保洁员或巡护员，赢得人民群众对河湖长制的理念认同、情感认同和行动认同。三是调处纠纷做细。苏鲁边界湖西大堤刘香庄段违建码头群共10处15万平方米，被水利部列入清“四乱”范围。此处形成原因复杂，涉及两省插花地段，码头主既有山东居民，也有江苏居民，实施拆除难度较大。为防止矛盾激化，事态扩大，两地联合挨家挨户上门做好思想工作，把拆违的意义讲透彻、把道理讲明白、把政策讲清楚，将法律法规原原本本讲给群众，让他们正确理解，主动配合开展工作。2019年，两地联合成立专项工作组，对码头群进行集中拆除并整平复绿，困扰两省边界数十年的疑难问题得到稳妥有效解决。

（三）创新建立非法行为联打机制

2018年以来，两地联手开展河湖清“四乱”专项行动，共拆除违建码头15处20万平方米；清理捕鱼设施3700余处3400余亩，清除微山湖违规圈圩11处4000余亩，省际边界河湖面貌得到持续改善。一是联手解决违规圈圩。微山湖圈圩大体形成于1994年以前，系两地渔民在干湖期以渔网范围为界筑堤养鱼。为解决这一历史遗留问题，两地联手对圈圩展开调查摸底，逐一锁定退养鱼塘位置及范围，列表上图、建立清单并制订整治方案。2019年8月，两地组织公安、城管、水政等部门100余人组成联合执法队伍，抽调执法艇5艘、水上挖机6台，进行集中彻底整治，11处圈圩全部退圩还湖。二是联手打击非法采砂。为实现微山湖“零采砂船、零盗采”双清零目标，两地联动重拳出击，让违法采砂者无所遁形。两年来已开展联合巡查180余次、联合打击14次，捣毁涉案船只39艘，抓捕涉案嫌疑人33名，真正实现禁得住、管得好。三是联手开展巡护行动。为建立长效管护机制，保障边界河湖长治久安，两地定期组织河湖巡护行动，由河长湖长带队、河长办召集、成员单位派人参加，每到一处，看边界、记地标、拍照片、访群众、查隐患，重点查看河长公示牌、河湖“清四乱”及水质达标等情况；同时对群众反映的问题，落实“一事一办”，实行交办督办查办“三单制”，确保事事有着落，件件有回音。

（四）创新建立河湖污染联治机制

微山湖2015年入选首批“中国好水”水源地，为共建共护共享一湖好水，两地密切合作、联防联控、协同治理。一是划定保护区。双方规范设立保护设施、界碑、警示标志和宣传牌，对照完善管理保护制度，全面落实水源地达标方案和管护要求。二是设置监测站。两地分别设立水质预警监测站点，共同构建环保和供水部门两套水源地水质监测体系，实施数据共享，增强水质预警能力。三是联手促达标。建立部门联动的水源地巡查制度和应急响应机制，联合开展河湖专项整治行动11次，集中对入湖的京杭运河、大沙河、顺堤河等插花地段开展排污口封堵、有害水草打捞、捕鱼设施拆除等，累计封堵排污口70余处、清理水花生等14万平方米、拆除鱼罾、鱼簖等捕鱼设施500余处，确保水源地水质稳定达标。

（五）创新建立防汛安全联保机制

微山湖承接苏鲁豫皖4省32县（市）53条河流来水，共同的防汛职责促使两地联手建立边界防汛“共同体”，共保河湖安澜。一是共同汛前巡查。两地建立边界防洪工程巡查机制，汛前对边界河湖插花地段细致开展排查工作。2020年4月，联合对湖西大堤姚桥矿采煤塌陷地等8处险工险段开展汛前检查，查看防汛块石、编织袋、防浪布等物资储备情况，制定完善防洪、防台、工程调度等应急预案。二是共筑安全屏障。两地成立联合指挥部，汛前开展为期10天的防汛应急演练，切实提高应急抢险处置能力和专业化水平；针对湖西大堤穿堤涵闸挖工庄东闸、大屯闸采煤深陷等险工险段，提前做好应急抢险预案和抢险准备。三是共享信息资源。两地建立汛期安全预警及调度系统，及时传递水情、雨情等实时信息；防汛单位实行24小时值班，随时互通汛情。一旦发生险情，立即通知相关部门，共同配合抢险，力争将灾害损失降到最低限度。

三、经验启示

2018年以来，苏鲁边界治水“五联”机制先后被中央电视台、学习强国、《新华日报》、江苏电视台等20余家新闻媒体宣传报道；水利部编发简报向全国宣介，省河长办印发《边界河湖协调共治典型做法》向全省推广。总结三年来边界治水工作的实践与探索，有以下经验和启示。

（一）谋划边界治水任务要统一思想认识，发挥河长制湖长制的关键作用

两地在深入贯彻习近平生态文明思想的过程中，切实把思想和行动统一到中央决策部署上，以全面推行河长制湖长制为契机，创新建立“五联”机制，破除边界行政壁垒，实现跨区域联动治水，形成上下游、左右岸、干支流联防联控联治的工作合力。通过实践证明，全面推进河长制湖长制既是解决复杂水问题、维护河湖健康生命的有效举措，也是完善水治理体系、保障水安全的制度创新，具有鲜明的时代特征和中国特色。

（二）实施边界治水工作要强化组织领导，突出联动共治的核心力量

河湖流动性特征决定了治水工作不能单打独斗、孤军奋战，必须坚持区域联合，协同并进。两地通过构建边界治水“五联”机制，成立了边界治水联动工作领导小组，明确了各自职责；制定了联席会议制度，厘清了工作思路；开展了联合执法行动，凝聚了行政力量；形成河长湖长牵头、河长办协调、相关成员单位会同流域机构联动配合的河湖管理保护新格局，一方面促进了河湖岸线保护利用与整个地区总体发展规划相结合，另一方面解决了长期以来多个涉水部门及责任人联防联控难的问题，从一定程度上协调了专项行动相关的人力、设备及经费等资源，顺利推进河湖“四乱”等历史遗留问题得到全面有效解决，体现了党委、政府集中力量办大事的显著优势。

（三）巩固边界治水成果要持续深入推进，保障一方水土的长治久安

边界河湖治理是系统性工程，在建章立制的基础上，要继续把制度落细、把责任落实，推动“五联”机制持续取得新突破。要规范工作运作，推进跨界河湖建设标准化、河湖管护市场化、联合监管法治化；要突出示范引领，携手重点打造一批跨界河湖治理的示范区、示范段；要引导全民共治，及时总结推广工作中的好经验、好做法，引导公众积极参与河湖治理，共同营造全民参与、齐抓共管的良好氛围。

（执笔人：徐良格　王磊）

水懂我心　自然淮安

——江苏淮安创新推行河长制湖长制　打造全域生态美丽幸福河湖品牌*

【摘　要】2017年以来，江苏省淮安市创新“一河长两助理”“三长一体”“河长制＋检长制”“民间河长”“五位一体”“样本河道”等系列举措，构建权责明晰、运行高效的河长制湖长制体系，做好系统治理、精细管护、示范引领三篇文章，初步形成了“水懂我心、自然淮安”全域生态美丽幸福河湖品牌。河长制湖长制的淮安实践，亮点在于整合各级各方力量、推动河长制湖长制体系化实体化运行、发挥典型示范作用等方面。

【关键词】生态河湖建设　河长制湖长制　系统治理　精细管护　示范引领

【引　言】全面推行河长制是以习近平同志为核心的党中央从人与自然和谐共生、加快推进生态文明建设的战略高度作出的重大决策部署，是破解我国新老水问题、保障国家水安全的重大制度创新。本文全面总结2017年以来江苏省淮安市推行河长制湖长制的成功实践，着力从体制机制层面梳理淮安的创新经验，以期为高质量推行河长制湖长制、高水平建设生态河湖提供有益借鉴。

一、背景情况

江苏省淮安市位于淮河流域中下游，境内水网密布，水面占市域面积的1/4，被誉为“漂浮在水上的城市”。改革开放以来，淮安工业化、城镇化快速推进，“水问题”也日益凸显。一是河湖水面占用严重。例如白马湖原有150平方公里水域面积，因随意圈圩减少近1/4。二是河湖水质下降明显。2013年，全市48个参评断面全年期水质Ⅳ类及以下占比达35.4%。三是河湖管理养护乏力。针对各类涉水涉湖乱象，虽然开展过

---

* 江苏省淮安市河长制办公室供稿。

各类整治，但离管得住、管得好还有相当距离，导致群众对河湖生态问题有意见，贯彻新发展理念、推进高质量发展也因此受到影响。

淮安市深入贯彻习近平生态文明思想，以构筑“水懂我心、自然淮安”全域生态美丽幸福河湖品牌为目标，全力打好碧水保卫战、河湖保护战。淮安市河长制湖长制工作满分通过国家总结评估，在2019年度省级评估中知晓率第一、满意度第二，今年6月受到江苏省政府真抓实干、鼓励激励通报表扬，2019年淮安市获评全国水生态文明城市。

二、主要做法

（一）构筑河长制湖长制体系，实现“部门管”到“党政抓”的飞跃

围绕“谁来管”问题，淮安市创新构建河长制湖长制主体架构：一是市县乡全面实行双总河长，由各级党政主要负责同志担任，共落实市级河长14名、县级河长159名、乡级河长1211名、村级河长4121名，形成自上而下、全面覆盖的河长体系。二是探索建立河长湖长、网格长、断面长“三长一体”机制，全面夯实河长湖长认河巡河管河责任。三是在江苏首创“一河长两助理”机制，每名市级河长各配一名技术助理、行政助理。河长助理协助河长开展巡河、调研等工作，提出治河建议。四是推进“党员河长+企业河长”探索实践，招募500余名党员和企业家担任民间河长，履行河段巡查员、宣传员、参谋员、联络员、示范员职责，开启社会力量参与河湖治理新局面。

在成功构建多方共同参与的责任主体架构基础上，淮安市还创新组织领导和工作推进机制。一是建立了“领导小组+河长办”领导机制，全面领导全市河长制湖长制工作，统筹推进具体巡河管河工作落实。二是在江苏首创同级河长向总河长述职制度，既夯实了各级河长湖长主体责任，又强化了总河长总湖长的抓总责任。三是配套出台了《淮安市市级河长助理及联络员十项职责》以及年度考核细则等文件，从制度层面健全了河长制湖长制体系。四是全面实施“河长制+检长制”工作探索，充分发挥检察机关公益诉讼职能，强化水生态资源司法保护，有力促进全市河湖治理与管护。

系列顶层设计和制度安排，明确了河长湖长工作职责，拓展了巡河

管河力量，细化了工作流程，实现了“部门管”到“党政抓”的飞跃。三年来，市、县、乡、村四级河长湖长累计巡河 13.2 万人次，交办、整改问题 2.1 万余件，集中解决了一批涉河涉湖“疑难杂症”，形成了治河治湖新常态。

（二）推行系统治理举措，实现从“分散治”到“系统治”的飞跃

淮安市把源头治理作为河长制湖长制工作的“先手棋”，以水生态文明城市创建为契机，精心谋划实施“四线管理”“八大工程”“十大示范工程”，突出源头治理、系统治理，实际完成投资 120 亿元，构建起河湖健康的水生态体系。

开展黑臭水体整治攻坚战，按照方案设计、工程招投标、进场施工、竣工验收、长效管理路径，系统推进全市 51 条黑臭水体治理，成功入选全国黑臭水体治理示范城市，是江苏省唯一一个。

打造白马湖系统治理样板。一方面，把入湖河道治理作为重中之重。白马湖上游 9 条中小河道整治及生态修复工程总投资 15 亿元，综合实施筑堤防、清淤、清杂、护岸、绿化等工程，打造出拥有自我修复、净化功能的河道，逐步恢复“河畅、水清、岸绿、景美”的河道面貌。另一方面，实施退渔还湖、退圩（围）清淤等工程，着力改善白马湖湖区水环境。通过实施总投资 50.7 亿元、7 大类 36 项生态环保项目，白马湖湖区净水面从治理前的 42.1 平方公里扩大到 82.7 平方公里，防洪库容增加了 3 倍，水质总体维持在Ⅲ类水标准，并获批国家湿地公园试点。

在推进系统治理中，淮安市还创新“水利＋”理念。萧湖、勺湖、月湖“三湖”位于淮安历史文化名城核心区。通过实施系列水系连通及水生态整治工程，实现“三湖”、桃花埌与里运河的水系连通，并布局启动御码头、状元楼、吴承恩广场、漕运遗址公园等项目，以“水利＋生态”“水利＋文旅”理念培育发展新动能。据估算，“三湖”连通可年增旅游收益超亿元。

（三）创新精细管护机制，实现从“管得住”到“管得好”的飞跃

完善河湖长效管护体制机制，是河长制湖长制实践的重要组成部分。淮安市创新实施“大数据＋网格化＋铁脚板”管理、“五位一体”长效管护机制、县乡村三级跨界河道精准管护试点等举措，形成特色鲜明、内涵丰富的河湖管护淮安经验。

淮安市以智慧河长信息化平台为依托，在省管湖泊中率先实行网格化管理，实现“大数据＋网格化＋铁脚板”三步齐抓。从2017年起，洪泽湖非敞水区域共划分网格62个、网格员50人、网格长19人，形成“全面覆盖、层层履职、网格到边、人员入格、责任定格”的管理网络体系。该做法在白马湖、宝应湖、高邮湖、里下河湖荡4个省管湖泊管理中推广，实现河湖管护全天候、全方位、全覆盖。

针对河湖管护中“多龙管水”现象，淮安市以小型水利工程管理体制改革为引领，整合小型水利工程管护和农村环卫、交通设施、公共绿化设施、公共活动场所管护力量，构建农村公共服务运行维护机制建设体系，实现经费“打包”、人员整合，形成了“五位一体”管护模式。“五位一体”长效管护与河长制工作深度融合。管护人员兼具河长制巡查职责，每天上岗保洁的同时，对乱建、乱排、乱占等较大问题及时向相应河长汇报，由河长进行处理，形成巡、护一体化长效机制。“小水改”淮安经验在全国农村改革试验区工作汇报会上交流。

针对“县区、镇街、村居”三级跨界河道管护工作量大、矛盾多、资金少等问题，淮安市创新开展三级跨界河道精准管护试点工作，明确河长湖长统筹责任，明晰跨界河道管护责任，打破行政壁垒，“跨界”整合河道管护人员、设备、资金，实行统一管理调度。在具体运行中，围绕“河畅、水清、岸绿、景美”现代化河湖管护目标，建立源头控制、系统治理、协调联合、综合保障、监督反馈的河湖管护五大工作机制，加强河湖巡查、监测、维护、保洁，初步形成三级跨界河道联防联控、共治共享的“315”精准管护模式。

（四）打造生态样本河道，实现从“管得好”到“升级版”的飞跃

在全面推行河长制湖长制工作中，淮安市探索“一河一策＋样本河道”的创新做法，打造生态样本河道，为河湖治理树立标杆示范，推动生态河湖从“管得好”向“升级版”持续提升。

2018年，淮安市提出两年内建设100条生态样本河道，并出台考核办法，明确生态样本河道“五有”“六无”“四个目标”的建设标准。市级总河长多次召开样本河道建设推进会，多次深入一线推进项目实施；

各级河长湖长纷纷履职尽责，查办、会办、督办；各县区投入大量人力、财力、物力，推进生态样本河道建设。截至2019年年底，全市100条生态样本河道基本完成，淮安生态文旅水城风貌焕然一新。

洪新河是浔河的上段，总长约3.6公里。数年以前，洪新河、浔河是洪泽区城区尾水通道，直入白马湖，严重影响白马湖水质和岸边居民生活环境。淮安市通过源头截污、生态修复、生态清淤、水环境整治等措施对洪新河水生态进行修复治理，同时对两岸进行景观提升打造，有效地改善了河道沿线的水生态环境，建成了洪新河样本河道，还成功打造了浔河景区。

2020年，淮安市又启动生态美丽幸福河湖“111”工程巩固提升计划，努力建成100条（座）生态美丽幸福河湖、1000公里生态美丽幸福河湖岸线、1000平方公里生态美丽自由水面，让生态河湖串起美丽城镇、美丽乡村、美丽田园，并且通过加强智慧河湖信息化平台建设，利用无人机、“天眼”、互联网等技术手段，实现对河湖24小时全天候守护，基本形成“水懂我心、自然淮安”全域生态美丽幸福河湖品牌。

三、经验启示

（一）推行河长制湖长制，必须着力构建多方共治格局

全面推行河长制湖长制是国家生态文明建设的重要战略举措。河长湖长是生态河湖建设的“关键少数”，推行河长制湖长制，必须落实到“河湖长治”。淮安市围绕认河巡河治河护河，出台系列制度文件，明确了河长湖长履职要求、考核办法，有效压实了河长湖长责任。但也要清醒认识到，依靠个别人、管好一条河是不现实的，何况河长湖长是各级党政领导，工作繁多，在河湖上只能投入部分精力，只有以河长制湖长制为抓手，调动更多力量资源，才能把河湖管起来。淮安市“一河长两助理”、“五位一体”管护机制、“民间河长”等创新，配套行政力量、技术力量、社会力量，共同配合河长湖长开展工作，形成体系化、实体化运行的多方共治格局，有效推动了河长制湖长制落地落细落实。

（二）推行河长制湖长制，必须着力完善综合保障机制

彻底破解“九龙治水”难题，形成治水力量“拧成一股绳，劲往一

处使”局面，除了要构建多方共治格局等举措外，还必须完善“河长抓、抓河长，强责任、强监管”的综合保障机制。淮安市出台系列工作制度，创新“五大工作机制”等举措，强化河长湖长“抓”的责任；坚持监测、监控、监管“三监”跟进，充分发挥纪委监委平台和“河长制＋检长制”机制的倒逼作用，强化监管力度，为河长制湖长制工作提供了有力保障。

（三）推行河长制湖长制，必须坚持典型引路、持续升级

生态河湖建设是一项长期系统工程，也是造福民生、服务发展的战略工程。生态修复有指标，生态河湖服务发展却无止境。淮安市河长制湖长制工作本着眼于解决发展遗留的“水问题”，但随着工作纵深推进，进一步升级目标，提出了打造“水懂我心 自然淮安”全域生态美丽幸福河湖品牌的新愿景，并以100条生态样本河道建设为引领，起到了典型引路作用，有力促进了生态河湖建设。

（执笔人：牟汉书　胥照　周洋）

“张家港精神”铺就人水和谐之路

——江苏张家港市以河长制湖长制为抓手推动生态美丽河湖建设实践*

【摘　要】 近年来，张家港市以全面推行河长制湖长制为抓手，设立党政河长湖长，以“张家港精神”为内在动能，突出河长主帅负总责作用，坚持全域系统治理，通过管好盛水的盆、护好盆里的水、凝聚岸边的人，助推河长制湖长制“有名有实”。张家港河湖生态环境明显改善，长江张家港岸线再现清澈秀美景象，水生态文明城市典范日益凸显，人民群众的获得感、幸福感、安全感明显增强。

【关键词】 河长制湖长制　张家港精神　系统化治理　公众参与

【引　言】 党的十八大以来，习近平总书记就建设生态文明、完善治水体系、加强河湖管理保护多次发表重要论述，明确提出“节水优先、空间均衡、系统治理、两手发力”的新时期水利工作方针。张家港市深入贯彻落实习总书记治水工作方针，主动扛起生态文明建设和环境保护的政治责任，以全面推行河长制为抓手，以“水清河畅、河湖安澜、生态健康、水润港城”为目标，深入践行“团结拼搏、负重奋进、自加压力、敢于争先”的张家港精神。以壮士断腕的决心，做好污染防治的“减法”；以只争朝夕的状态，做好生态建设的“加法”；以改革创新为动力，做好绿色发展的“乘法”。以实际行动书写了港城水环境治理保护的新篇章。

一、背景情况

苏州张家港市境内水网纵横交织，共有大小河湖7300余条，内陆水域面积63.28平方公里，长江水域195.67平方公里，水域面积占总面积

---

* 江苏省张家港市全面深化河长制改革工作领导小组办公室供稿。

的 26%。

改革开放 40 多年来，张家港市经济从“苏南垫底”闯入全国百强县（市）前三甲，在改革开放的洪流中树起一个醒目的标杆，这座标杆上，“张家港精神”无疑是最为醒目的标签。然而，在曾“以 GDP 论英雄”的发展模式下，张家港市一度出现了开发与保护失衡的局面，侵占河湖、超标排污等现象突出，河湖生态环境负担不断加重。

负重就要奋进，负重必须争先。早在 2004 年，张家港市就率先编制完成县级水资源综合规划，根据规划逐步构建了东、中、西“三大水循环体系”，形成北水南引、西进东出、大引大排新格局。2017 年张家港市以深化落实河长制湖长制为抓手，站在执政为民、造福子孙的高度上来推动水环境的治理与管护，建立健全河长湖长工作机制，各级河长湖长坚决扛起责任，聚力攻坚，加压争先，集中力量啃下了一批河湖管理保护中的“硬骨头”，以水美“画卷”交治水“答卷”，赢得群众称赞。

二、主要做法

张家港市抓牢河长制湖长制这个治水“牛鼻子”，用“责任担当”护“城市血脉”，通过全域推进系统治理，全民爱水护河，实现一泓碧波焕新机，一江清水向东流。

（一）抓牢治水牛鼻子，用“责任担当”护“城乡血脉”

突出河长在治河工作中的主帅作用，高起点建立河长体系。张家港市实行市委书记任市第一总河长、市长任市总河长的双总河长制，市四套班子领导担任 29 条骨干河道（湖泊）的河长（湖长），按照分级管理、属地负责的原则，设置镇村河道河长。全市所有河湖实现河长全覆盖。各级河长主动当好“施工队长”，认真研究谋划好河湖治理的“施工图”，确定好“施工任务”“施工标准”和“施工目标”，安排好“施工进度”，推动河湖治理。截至 2019 年年底，全市 410 名河长累计巡河 3 万余次，全面落实“一事一办”清单任务 3405 项，一批河湖管治重点难点问题得以解决。

河长湖长绝不仅仅是一个挂名，重要的是履职。在总河长的推动下，张家港先后制定出台《张家港市高质量推进城乡生活污水治理三年行动计划（2018—2020 年）》《张家港市清理整顿沿江环境污染攻坚行动计划（2018—2020 年）》《张家港市河湖违法圈圩和违法建设专项整治行动方案》等，河长制湖长制各项工作稳步实施，全市河湖水质明显提升。

为促进基层河长湖长履职尽责，张家港把生态环境质量作为党委政府的责任红线，将河长制湖长制纳入绩效考核，考核结果与“官帽子”“钱袋子”挂钩，倒逼各级河长湖长积极履职，推动区域河湖管理保护取得实实在在的成效。

北横套是张家港市大新镇南部贯穿东西的一条镇级河道，沿河违建连墙接栋、污水直排比比皆是。由于缺少有效抓手，群众不配合，部门怕惹事，拆违工作成了河道治理的“肠梗阻”。全面推行河长制以来，市、镇、村三级河长充分发扬“张家港精神”，合力解决这一“顽疾”。刚开始，群众对“河道沿岸空出 5 米”争论不休，有的甚至有怨愤情绪。中山村村书记、镇二级河长主动到村民家中开展“三会三解”（民情恳谈会、政策解读会、矛盾化解会，为村民解政策、解矛盾、解民生），耐心做群众思想工作，针对一户 80 岁的老夫妻不同意拆除做饭的屋棚，十多次到这户人家做工作，老人最终心悦诚服地在协议上签了字。整治完成后，北横套面貌焕然一新，形成了美丽乡村、特色农业、乡村旅游融合发展的良好局面。北横套的典型案例由此入选中组部生态文明建设案例。

（二）全域系统治理，以“水岸同治”促“标本兼治”

污染在河里，根子在岸上。近年来，张家港市在全面推行河长制湖长制工作实践中，不断创新工作机制，用“三招”实现了从治标向标本兼治、从水中向水岸同治、从末端向源头的转变。

第一招，以壮士断腕的决心，做好污染防治的“减法”。

针对入河污染总量偏高的问题，大力推进工业污染、农业污染、生活污染、船舶污染减排治理工作。持续加大“减煤、减化”力度，2017 年以来，全市消减煤炭消费总量 110 万吨，关停化工企业 66 家，张家港东沙化工园成为江苏省第一个整建制关闭的化工园区。依法关停取缔“散乱污”企业 2326 家、整治提升 5234 家。新建、改造污水主次及控源截污管网长度 250 多公里，集镇区雨污分流改造 14000 余户，农村截污纳管 9 万余户。依法开展码头整治，取缔码头 151 家，保留 66 家，船舶污染物实现闭环管理。2019年年底，全市水功能区水质达标率92.5%，较2015年提高21.9%，4个省考断面和19条通江支河年均水质全部达到Ⅲ类标准。

第二招，以只争朝夕的状态，做好生态建设的“加法”。

针对生态岸线占比相对偏低、自然生态湿地面积占比偏少等问题，大力推进河道岸线生态修复，构建长江、内河绿色廊道。张家港市自觉扛起“长江大保护”的责任，坚决打好长江生态保护修复攻坚战，投资37.6亿元，着力实施“堤坡覆绿、还滩于江、植树造林”三大工程，重塑“生态长廊”，精心打造长江入海口“最美江堤、最美江村、最美江湾、最美江滩”四个最美建设，积极打造美丽江海交汇第一湾——张家港湾。2018年，以“水清、岸绿、景美、无违、适宜休闲游憩”为目标，全域推进美丽河道建设，深入推进“清洁家河”行动，两年建设50余条美丽河道，2020年更是自加压力，计划完成105条生态美丽河道建设。

第三招，以改革创新为动力，做好绿色发展的“乘法”。

作为沿江工业城市，张家港市始终把加快产业转型升级作为长江大保护的核心关键，大力发展绿色经济。在全国县域城市中首家推行镇（区）党政主要领导生态环境责任审计制度。深化完善“绿色发展领跑者”计划，健全企业环保信用评价，探索运用“碳积分”管理，促进支柱行业和规模企业加快绿色转型。在润英联（中国）、东渡集团等11家首批“绿色发展领跑企业”的示范带动下，越来越多的企业主动加入“绿色军团”，成为了张家港一道靓丽的风景线。大力开展节水型社会建设，推动沙钢集团2.5万吨每日中水回用等重点节水项目建设，不断提高水资源利用效率。坚持“绿色GDP”考核机制，实施经济指标和生态环境指标“双重考核”，倒逼镇（区）在发展决策中增加“绿色考量”。

（三）治水释放清水红利，让“旁观者”变“参与者”

河湖管护不仅在于政府的主动作为，更在于社会公众的充分参与。张家港市组织发动社会公众和社会组织全方位参与治水，助力水环境保护。建成全省首个河长制主题公园，让市民在休闲时培养河长制“大局观”。依托张家港市水资源科普教育馆开展水情科普教育工作，促进越来越多的群众增强“知水、爱水、节水、护水”的意识。

张家港建立了多维民间河长体系，形成了“人人都是河长”的良好氛围。2019年聘请12名政协委员、人大代表担任河长制工作社会监督员，对河湖治理保护工作进行监督。公开招募民间河长200余名，主动巡河，成为发现河道问题的“前哨”。团市委、水务局、环保局等单位联合开展“河小志”青年党团员志愿服务行动，组建了志愿服务队伍107支，共有2736名“河小志”参与，累计开展巡河护河工作3000余次，并评选出“最美青年河长”“最美先锋护河队”“最佳青年党团员护河岗”。

张家港金港镇长江村，穿村而流的小河清澈如镜，水中不时有鱼群穿梭。这得益于保税区（金港镇）创新试点的网格化治河新模式，让村民担任河长，通过镇村河道村民自治，实现了河道长效治理。这里的村民河长，多由村中老党员和村民组长中有河道管理经验的人担任，每天早晚巡河各一次，对于河坡、河面零星垃圾，村民河长自行解决，对于不能解决的河道问题，报告党政河长协调处理。河道问题群众反映，治理过程群众参与，治理效果群众监督，群众成为治河生力军，也成为美好生活环境的受益者。

三、经验启示

（一）“团结拼搏”，党群齐发力推动河湖治理

张家港市各级党政河长湖长切实将责任河湖当成自己的责任田精心耕耘，把治水工程打造成群众认可的民心工程。公众积极参与，当好宣传员、巡查员、监督员，全市上下一条心，形成全民治水护河的良好氛围。

（二）“负重奋进”，断腕重生之力推动河湖治理

张家港市以壮士断腕之决心加快淘汰落后产能企业，关停取缔“散乱污”企业，构建资源节约、环境友好的绿色制造体系，以河湖治理倒逼产业转型升级。

（三）“自加压力”，“一把手”负总责层层压实

张家港市“一把手”始终把河长制湖长制工作放在重要位置，带头践行新时代“张家港精神”，层层传导压力，动真格地考核与问责，在河

长制湖长制推进过程中充分体现出“再出发、再突破、再引领”。

（四）“敢于争先”，示范引领构建人水和谐

张家港市始终以“样样事情争第一”的冲劲，开拓创新，示范推进生态美丽河湖、开展“清洁家河”行动、建设滨水生态湿地等，提高人民群众的幸福感、获得感。

（执笔人：方芳　刘祺　俞强）

新时代河湖治理生态观

——湖州市德清县河湖长效管护机制的探索与实践*

【摘　要】 随着我国经济发展从高速增长阶段转向高质量发展阶段，工业化和城市化进程加快，给德清县域河流和湖泊带来了不同程度的干扰和破坏，河湖管理保护压力大、生态与经济发展之间不平衡等矛盾困扰着基层治水人。初期河湖治理成效，伴随着水体反弹、小微河道治理难以维系等问题，不能得到有效保障，对生态环境的威胁日益加大。为防止治理后的水体反弹，提高河湖综合管理水平，德清县数次开创全国之先河，率先提出“生态绿币”、河湖健康体检等多项治水举措，破解河湖长效管护难题，全面推进生态文明建设。

【关键词】 河湖长效管护机制　生态绿币　河湖健康体检

【引　言】 2020年是“两山”理念发表15周年，是全面建成小康社会之年，也是打好污染防治攻坚战的决胜之年。3月30日，习近平在浙江安吉县考察时强调，经济发展不能以破坏生态为代价，要牢固树立绿水青山就是金山银山的理念，确保人与自然和谐、人与人和谐、人与经济发展的和谐。河湖长效管护机制是河长制湖长制工作健康发展的关键，构建以“生态绿币”与河湖健康体检为主导的河湖长效管护机制，是保护水资源、防治水污染、改善水环境、修复水生态的重要保障。

一、背景情况

德清县地处浙江省北部，杭嘉湖平原西部，全县境内共有大小河道1211条、总长1706公里，水库山塘260座，圩区76个，小池塘、小沟渠、浜兜、零星湿地等小微水体2300多个，水域面积79.9平方公里。宋代诗人葛应龙曾在《左顾亭记》中写道“县因溪而尚其清，溪亦因人而

---

* 浙江省德清县五水共治工作领导小组（河长制）办公室供稿。

增其美，故号德清”，德清便因水得名、因水而兴。

以先进装备制造、生物医药、绿色家居三大产业主导的德清，地理信息、人工智能、通航制造等新经济产业不断壮大，先后多次入选全国中小城市综合实力百强县。县域总面积936平方公里，户籍人口44万，常住人口65万。

20世纪80年代末，德清旅游经济发展，传统产业亟待转型升级，一度出现经济发展与生态保护失衡的局面。根据调查显示，河湖突出问题主要表现在：一是河湖水质受到威胁。工业废水偷排、漏排污染河道现象突出。2013年以前，监测断面Ⅲ类水以上比例只有29.4%，Ⅴ类水和劣Ⅴ类水达到37.5%；二是为了片面追求高产出，渔业养殖多采用高密度养殖，养殖尾水的直接排放导致河道经常爆发蓝绿藻，河道水质变差严重影响了老百姓的生产、生活，群众对水质改善的愿望十分强烈。河湖生态功能退化，使得溪清岸美的场景一度隐退。为破解河湖综合管理难题，德清县以河长制湖长制为主抓手，统筹工作部署，明确河长湖长职责，落实属地责任和部门责任，有力推动了水环境综合治理。但河湖治理时间跨度长，部分河长湖长存在思想松懈、形式主义等现象，影响着河长制湖长制工作的健康发展。河湖治理非一日之功，既要治本治源，又要美水兴水，迫切需要一套行之有效的机制来管护。

习近平总书记指出，生态兴则文明兴，生态衰则文明衰，保护生态环境就是保护生产力，改善生态环境就是发展生产力。德清是践行“两山”理念的样板地、模范生，坚持“争当高质量发展排头兵”，以河湖生态治理倒逼淘汰落后产能，切实推进现代化经济体系建设与高质量绿色发展。

德清县委县政府深入贯彻落实习近平生态文明思想，按照中央和省、市的决策部署，坚持从德清河湖现状和长效管护实际出发，坚持问题导向和目标导向，不断总结经验、开拓创新，探索生态绿币与全民治水的绿币生态圈，引导公众践行绿色生活理念，推动河湖共治共享。同时在全县范围内推广河湖健康体检，通过河湖健康的智能化管护，积极稳妥推进生态修复，巩固提升水质、保护河湖堤岸，河湖面貌得到改善，群众获得感、满意度不断提升。

二、主要做法

德清县为加强河湖长效管护，一手抓“生态绿币”激励举措，营造全民参与治水的氛围，实现良性互动和可持续发展；一手将河湖健康体检项目作为全面提升德清水环境的科学支撑，不断补齐水环境治理短板。

（一）构建可持续发展的绿币生态圈，实现善于放

2018年德清县启用了全省首创的公众参与治水便捷通道——公众护水平台，引入巡河众包模式，打破河长身份观念、降低参与门槛，任何人通过扫二维码都可以成为民间“河长”“渠长”“塘长”，通过“抢单”完成巡河任务或将水环境问题反馈到该平台，都能获得一定“生态绿币”作为奖励。截至7月底，平台注册人数累计突破5.7万人，活跃度保持在60%以上，发放绿币累计900万余枚，兑换绿币535万余枚，实现了人人都可当“河长”。

为拓展“生态绿币”应用，德清县不断总结经验、发挥先发优势，探索打造参与方式更灵活、绿色服务更快捷、绿色行为更多元、参与主体更广泛、奖励方式更有效的绿币生态圈，基本形成了“1＋N”的生态绿币机制，“1”是“我德清”数字生活平台，“N”是村居绿币生态圈、镇街生态绿币、民宿生态房券三种模式。

在微信小程序上建立“我德清”数字生活平台。通过我要巡河、志愿行、公共服务等绿色治水活动的开展，创新绿币产生、消费机制，以绿币的形式对市民的文明行为给予奖励，通过绿币积分商城兑换消费，实现绿币从产生、流通、消费的良性循环。

村居绿币生态圈助力乡村治理。率先启动“生态绿币机制”示范点建设，结合“五水共治”、河道保洁、参与巡河等多项工作，对全体村民绿色行为进行具体量化并奖励“生态绿币”，特别是发动村民小组长、党员做好河道和小微水体的日常巡检、参与公益服务等，引导村民向典型示范看齐，提升乡村治理水平，探索打造整村全员参与、有生命力的“生态绿币机制”生态圈。

镇街绿币基金助力环境保护。在首创“护水e站”基础上，更新升级成“公众护水平台”，成立“生态绿币基金”账户，形成了“护水平台”

+“生态绿币”、“企业冠名”+“生态绿币”、“社会治理”+“生态绿币”三种模式，将群众的治水热情转换成可量化的实际收益，鼓励企业和居民参与宣传水知识、水文化，加强对水资源、水生态的保护，开启长效管护新模式。

民宿生态房券助力产业发展。联合旅游度假区，将18种爱水护水绿色行为列在一个清单上面，游客入住时就会向他们介绍清单内容，他们可以通过清单上所列的项目赚取绿币，累计的绿币可用于兑换民宿提供的个性化实体物品，或者民宿生态房券。形成覆盖整个县内的、完整的绿币生态圈所构成的“面”。

（二）开展精细化美丽河湖健康体检，实现敢于收

德清县首批选取200条美丽河湖作为体检对象，以基础、水文、水质、生态、管理、病史等6大类18个指标对河湖进行全面体检，让水体健康状况量化显示。

“问诊”，进行“专业化”知病查源。如何对河湖进行“望、闻、问、切”？德清县全面收集河湖属性的基础资料、历史管护档案，对河湖的各种污染病变、治理措施和水生态修复履历深入了解。同时引进第三方评测机构开始对河湖水体指标进行实地踏勘，建立科学的指标体系设置和定量评分机制，综合单项指标测定结果逐级加权综合评分、测定值与参考状况或预期目标差异性大小等因素，精准地给予河湖“健康、亚健康、不健康”的体检报告，开出“诊断结果”。

“配药”，提出“个性化”治疗方案。河湖健康体检结果出来了，摆在各级河长湖长面前的难题是如何给出治疗方案。县河长办将体检档案统一汇总，依据健康报告的指标数据、诊断结果以及第三方给出的专业建议，告知各级河长湖长其所负责河湖的实际健康状态和存在短板，会同相关部门、镇（街道）河长湖长，科学制定河湖生态修复、提升岸坡完整度和利用率、强化污染隐患监管等系列方案，并指明下一步的工作重点，因河施策，精准治理。德清县根据体检情况，综合河长制平台、公众护水平台、水行德清、河湖健康体检等子系统数据应用，在平台上以“绿色、橙色、红色”生成系统“雷达图”，同时以地理信息一张图平台为基础，提供数据浏览、查询和管理功能。

"治病"，进行"全方位"河湖治理。德清县坚持以水岸同治的思路不断加大污染源头治理力度，延伸河湖健康体检成效，实施"一把扫帚扫到底"。一是推进"污水零直排区"建设。通过全面规范完善雨污管网及污水处理设施、探索推行"一企一表一测一阀"和企业排污"奖优罚劣"机制，"三管齐下"把住污水排放总量及浓度"总开关"，倒逼企业由他律向自律转变。二是加强农业面源污染整治。在全国率先实施养殖尾水全域治理模式，根据养殖需要设置"四池三坝""四池两坝"尾水处理设施，全县完成治理18.9万亩，开启了淡水鱼绿色生态养殖的新路径。三是健全污水管网、合流管网、老旧管网"三张网"。全县累计建成城镇污水管网749公里、污水处理厂10家，城市污水处理率超97%。深入推进农村生活污水治理，首创涵盖县、镇、村、农户及第三方"五位一体"的长效运维管理模式，累计投入4.25亿元，农户受益率90%以上。

三、经验启示

（一）全民参与，不断增强公众绿色生活的内生动力

新时代，青山绿水的生态文明观，是引领全社会走向绿色发展的理论之基。建立健全全社会参与机制，将人民群众对幸福河湖建设的认同感、参与度和获得感逐步纳入日常生活行为中，在全社会形成相互独立又相互关联的绿币生态圈，让广大人民群众和社会各界共享幸福河湖建设的成果，全力实现幸福河湖建设。德清县创新"生态绿币"机制，以水环境保护、美丽乡村建设以及民宿经济低碳环保为突破口，不断激发群众的节约意识、环保意识、生态意识，在全县范围营造了一种爱护生态环境的良好氛围，用一枚小小的"绿币"，撬动了群众的生态自觉意识。

（二）科学分析，逐步拓展河湖系统保护的外向支援

河湖是最重要的地表水体，是关系百姓生活、地区发展最重要水资源。开展河湖健康体检是对河湖生态系统、社会服务功能以及它们之间的协调性进行评估，系统地描述河湖健康状况，准确反映河湖健康变化趋势，是掌握水资源动态变化的重要依据。德清县河湖众多、水系串联，河湖作为得天独厚的自然资源，承担着提供水资源、保护生物多样性、

丰富休闲旅游等功能。创新河湖健康“一年一检”，形成“一河一档”，实现河湖健康状态“看得见、说得出、讲得明、记得住”，有利于开展河湖系统保护与生态修复工作，维护河湖健康生命、保障河湖系统所提供的生态环境能够满足和维持经济社会可持续发展的条件。

（三）两手抓、两手赢，长效管护机制助推河湖治理新模式

保护河湖水生态环境，实现河畅水清、岸绿景美、人水和谐，是习近平生态文明思想的重要实践。德清县充分认识水问题治理的系统性和整体性，深入把握水治理过程的长期性和阶段性，以区域为整体，统筹“生态绿币”与河湖健康体检两措并举，制定治理规划技术方案，把各项措施落到实处。创新群众参与幸福河湖治理新模式，把生活、生产、生态三方面结合起来，让治水管水的成效长期巩固、长久惠民。

（执笔人：姚旭丽）

浙赣两地河长联手
卅二都溪重现“梦里水乡”

——浙江江山市以水岸线党建联盟推动河长制提档升级的实践*

【摘　要】卅二都溪属钱塘江水系，发源于江西大岭坞，流经江西省广丰区东阳乡和浙江省江山市凤林镇汇入江山港，流域全长25公里，滋养3万多居民和5000亩农田。粗放型发展，曾导致河道脏乱、生态退化等，江南水乡只剩“梦里背影”。2013年，江山市建立河长制，县、乡、村三级河长上岗履职，全面推进“五水共治”。2014年以来，江山市凤林镇联合江西省广丰区东阳乡、玉山县仙岩镇建立水岸线党建联盟，探索“一溪水、两省治、三县共享”治水新模式。坚持党建引领，强化基层治理，以河长制为纽带，联合治水，水质从Ⅴ类水变为Ⅱ类水，重现卅二都溪的“江南梦里水乡”。联合治水，治出了美丽的区域风景，治出了坚强的基层组织，治出了满满的群众幸福感。
【关键词】河长制　浙赣跨省合作治水　党建联盟机制
【引　言】全面推行河长制湖长制，是党中央的重大战略决策。各级河长湖长应当积极践行习近平生态文明思想，主动担当，依岗履职，做到守河有责、守河担责、守河尽责。跨行政区域的河湖管护工作更复杂、更具挑战性，需要各地联心合力、务实攻坚、久久为功。在合作治水中探索机制，锻造队伍，团结群众，实现共建共享。

一、背景情况

江山市凤林镇位于浙江省西部边际，与江西省广丰区东阳乡、玉山县仙岩镇毗邻。浙江境内的卅二都溪上游段即是江西境内的龙溪，发源

---

* 浙江省江山市水利局供稿。

于广丰区东阳乡，汇入钱塘江源头支流江山港，全长 25 公里。粗放型发展，曾导致河道脏乱、生态退化等，致使周边 3 万多名居民的生产生活和 5000 多亩农田灌溉受到严重影响。

2013 年，江山市建立河长制，县、乡、村三级河长上岗履职。2014 年，“五水共治”、河长制工作全市域推进，连续开展了砂石资源集中整治、生猪养殖污染集中整治、“清三河”大会战等攻坚行动，河道面貌焕然一新。凤林镇境内的卅二都溪却因跨省治理不同步，遇到了困难。特别是一到下雨天，成堆垃圾顺流而下，平时的河道保洁成果瞬间成了泡影。时任凤林镇桃源村村委主任、卅二都溪桃源村段村级河长徐登高，主动对接江西省东阳乡龙溪村党支部书记周季花，提出两地联手治水建议。娘家本是江山市凤林镇的周季花，当即表示“一家人不说两家话，凤林干在先，龙溪紧跟上”。两地一干就是七年，成了上下游共治共享的跨省合作治水典型。

二、主要做法

凤林镇全面深化河长制，主动对接广丰区东阳乡、玉山县仙岩镇，成立水岸线党建联盟，开展跨省合作治水，治出了美丽的区域风景，治出了坚强的基层组织，治出了满满的群众幸福感，也治出了上下游人民的深情厚谊。2018 年，江西省龙溪村书记周季花，给时任浙江省委书记车俊写来了感谢信，介绍了跨省合作治水成果，对浙江治水走在全国前列表达敬意。

（一）凝聚“一个共识”，促成治水合作

跨省合作治水面临两个困难：一是行政管辖自成体系。交界镇村分属不同“上级”，镇村干部之间行政上疏于往来，政务协调的程序多、效果差。二是发展理念存在差距。浙江上下已经形成共识，以壮士断腕的霹雳手段倒逼经济转型发展。江西东部地区转型的速度、力度不及浙江西部地区。龙溪村还走在脱贫攻坚的路上，实质性推进工作的难度很大。

凤林镇先谋而后动，主动上门对接，打好“三张牌”：一是亲情牌。龙溪村是以血缘关系聚族而居形成的，祖宗在江山。据载，祝氏族人于

600多年前从江郎山迁徙至龙溪古村，俗称“江郎山发脉”。龙溪村民也讲江山方言，两地可谓血脉相连、山水相接。二是融合牌。江山市是浙江的欠发达地区，发展方向是“融衢接杭”。龙溪村与江山毗邻，盯牢“融江接浙”，可在江西探索一条借力发展之路。三是互动牌。创造交流机遇，增强互动效果。邀请龙溪村干部来江考察“五水共治”“河长制”，也积极参加龙溪村主办的乡村旅游节。

2014年，在江山市的主导下，凤林镇与东阳乡签订了《建立全面友好合作关系协议书》，跨省合作治水全面启动。

卅二都溪桃源村和广丰县东阳乡龙溪村河长合影

（二）坚持“两个联合”，开展治水行动

以河长制为纽带，党建联盟、河长联手、行动联合，对两省三县跨界交叉管理节点进行联管共治，形成上下游同心、左右岸共治、多辖区齐管的闭环治水链。

1. 联合整治水污染

围绕生猪养殖、工业排污等污染源开展跨界联合执法行动，有效打击边界环境违法行为，清除河道污染源。

凤林镇关停了卅二都溪沿线的104家猪场，与东阳乡联手关停了迁建到龙溪沿线的4家江山籍猪场，大幅削减了污染源。保留猪场落实工程化治理和生态化改造，实现“零排放”。东阳乡也借鉴江山生猪养殖

“4＋1”监管模式，取得良好效果。

东阳乡的华龙化工厂，在江山和广丰境内都设有排污口。利用两地交界行政监管上的盲点，经常偷排未经处理的废水。跨省治水机制建立后，两地河长多次协商，分头汇报，促成联合执法。江山环保、检察等部门主动对接，联合广丰环保等，组织跨省联合执法20多次，几经曲折，予以关停。并于2017年完成了所有化工原料与废渣的处置，彻底切除了卅二都溪的污染痼疾。

两地河长联合行政执法部门关停华龙化工厂

江西境内龙溪岸边曾有一个砂场，不仅影响了下游卅二都溪水环境，还严重损坏上游龙溪村道路。凤林镇桃源村网格员将水体污染信息上传到“凤林-东阳跨省治水微信群”，引起高度关注。凤林镇领导多次带队前往龙溪村协调，推动跨省联合执法，于2017年予以取缔，又切除了一个重大污染源。

2.联合提升水环境

跨省合作治水得到了各级领导重视，推动了两地项目建设，让两地路相通、道更畅，岸相通、水更美，心相通、情更浓。

2014年，江西省广丰区实施了龙溪改造工程，投资1600万元。修堤岸、造水景、建广场、融古迹，建成了龙溪村“水乡旅游小品”。

2016年，浙江省江山市开启了总投资22.3亿元江山港流域综合治理工程建设。作为重要支流的卅二都溪是其“一轴六廊”中的“一廊”，投资约4254万元，建堤防、修堰坝、铺绿道。因跨省合作治水提前实施，现已完工，成为衢州诗话风光带的一部分。

2017年，在“八村八段共护河”基础上，全面友好合作机制扩大到玉山县仙岩镇，形成镇党委、村支部、组网格“三地三级联盟”“一溪两省三县共治共享”新格局。进一步完善了跨省治水机制，使沟通交流、隐患排查、会商研判更为顺畅。组建了跨省治水队伍9支共54人，设立“塘小二”和“渠小二”106名。凤林镇牵头召开了边界村干部、村民代表座谈会，凝聚共识，推进合作治水。桃源村、龙溪村分别把参与治水写入了《村规民约》，组织沿岸村民签订《河道卫生保洁承诺书》。经过整顿教育、规范提升，边界水域沿岸居民明显改变了卫生习惯，向河道乱倒垃圾、乱排污水现象得到遏制，河道保洁获得全民支持。

2019年，江山市作为浙江省7个河长制“多通融合”试点县市之一，强力推进“基层治理四平台”建设，村级河长改用“掌上基层”APP巡河，河长制信息化迈上了新台阶。2020年，江山市实施河长制提档升级，河长履职从“有名”向“有实”、“有效”转变。全市围绕“出境水达Ⅱ类水”目标，打响“河长先行、治水有我”水质保卫战。市委书记、县级总河长带头巡河履职，天天关注出境水水质动态数据。30位县级河长每月巡河晒时间、晒照片、晒交办。乡、村两级河长落实整改，限时报结。实行公众治水“绿水币”制度，积分兑换奖品，激励市民举报问题，参与治水。

先进的理念、扎实的作风、科学的举措，通过跨省合作治水机制，迅速渗透到江西省毗邻乡镇，成为带动区域治水的正能量。两地河长联合履职更为频繁，上下游沟通也更为快捷。卅二都溪沿岸江西籍的村民，

跨境河长共同巡河履职

也可加入浙江公众治水队伍，一起享受江山市“绿水币”奖励。借助现成的跨省合作治水机制，年初两地联合抗疫，边界卡点链接、信息传递十分顺畅，成效显著。

（三）推动“三个振兴”，共享治水成果

村庄因水而美，产业因水而兴，党建因水而红。跨省合作治水促进产业发展，提升文化交融，夯实基层治理，助力乡村振兴。

1. 产业振兴促发展

以龙溪—卅二都溪为主轴，山水型休闲农业集聚区已初步形成。区域内中华绒螯蟹、稻米等6项农产品获得有机产品认证。凤林镇有桃源清水稻蟹种养百亩基地、花山茶叶千亩观光园；东阳乡有龙溪马家柚休闲农业园、龙溪蓝莓采摘体验园。凤林镇建成稻鱼共生基地4个1000多亩，稻鱼虾共生示范区500多亩，集农业生产和乡村休闲旅游于一体。龙溪村种植马家柚1000亩、茶叶400多亩、蓝莓1080亩，全村人均收入突破万元，成功摘掉“省级贫困村”贫困帽。

2. 文化振兴促繁荣

以挖掘古建筑文化为切入点，凤林镇以南坞杨氏宗祠为轴心，创建了南坞3A景区。东阳乡凭借龙溪祝氏宗祠以及文昌阁、江浙社、水仙阁

清水稻蟹种养基地的大闸蟹丰收了

等古迹，创建了龙溪 4A 景区。两个景区，融入江山市江郎山 5A 级风景区，推出了江郎山—龙溪旅游线路，年接待游客 5 万多人。

凤林镇向东阳乡和仙岩镇赠送彩色稻艺图

2018 年，凤林镇以“南坞三月三”民俗文化节为桥梁，举办第二届浙赣边界乡镇合作交流会，向东阳乡和仙岩镇赠送了以凤林图标为主题的彩色稻艺图。在凤林镇首届“乡音咏流传”村歌大赛上，东阳乡龙溪村表演了健身腰鼓，仙岩镇官田村带来了舞蹈“中国美”。

3. 组织振兴促融合

以党建为引领，强化水岸线党建联盟，形成乡级党委联盟、村级支部联盟、网格党员联盟，推行“干部组团联网格、党员组团联农户”，构建三地红色网格服务带，增强边界党组织的战斗力。组建边界党员志愿服务队 4 支，适时开展志愿服务。联合开展主题党日活动，共过组织生活，互帮民生实事。凤林镇苗青头旱改水项目涉及东阳乡部分插花地，存在界址矛盾。两地党员紧密合作，并肩入户，通过土地调剂，成功化解矛盾。25 亩历史纠纷地按时交付，为项目顺利推进保驾护航。

三、经验启示

江山市凤林镇以水岸线党建联盟推动河长制提档升级，坚持以党建为引领、以河长制为纽带、以治水为载体，解决了治水难题，深化了河长制，夯实了基层治理。既是生态治理的典型，又是社会治理的典型。

（一）党建联盟　跨省治水

浙江省凤林镇党委与江西省广丰区东阳乡、玉山县仙岩镇党委缔结为“水岸线党建联盟”，以合作治水为契机，共同签订《浙赣边界交流合作协议》，共谋乡村振兴，务实开拓，担当有为。又把党建联盟延伸到 8 个沿溪村党支部及支部下面的网格，形成了党建联盟的闭合体系。打破了行政管辖的壁垒，有效形成了两省边界区域的领导核心。党建联盟，是两地治水获得巨大成功的组织创新。

（二）以河长制　促河常治

2013 年年初，针对多地环保局局长被“邀请”下河游泳事件，浙江省以重整山河的雄心和壮士断腕的决心，全面推行河长制，以“五水共治”为突破口打好经济转型升级“组合拳”，走在了全国前列。浙江的河长制，也走向了大江南北。与浙江省江山市凤林镇毗邻的江西省东阳乡，可谓近水楼台先得月，跟上了浙江步伐，较早付出了“共治”的努力，也更早地实现了“共享”。河长制，是两地治水获得巨大成功的机制创新。

（三）恒于为政　治在基层

始于治水，恒于为政；以水试政，治在基层。浙赣两地合作治水，始于浙江一位村级河长的“跨省求援”。求援的是村民委员会主任，应援的是村党支部书记，两位都是基层组织的主事人。治水，只是具体的工作；为政，才是永恒的主题。党建引领，在引领中锻造党性，培养能力；基层治理，在治理中成就事业，赢得民心。基层治理，是两地治水成功的路径创新。

（执笔人：封兴中）

创新工作机制　发挥职能作用　在河湖沟塘管理保护中彰显检察力量

——安徽省蚌埠市固镇县"河长制＋检察"新模式探索公益诉讼之路*

【摘　要】 为推深做实河长制湖长制工作，固镇县河长办代表24家成员单位与检察院签订了《关于共同建立水资源、水环境、水生态保护工作机制》的文件，创新推出"河长制＋检察"工作模式，并在全省推广。工作中，县河长办汇总上级检查、河长湖长和成员单位提供的河湖巡查问题信息及时与检察院会商梳理、分类建档，突出重点和代表性案件进行现场调查取证，下发检察建议书，督促办理，严重的提起公益诉讼，并深入镇、村通过以案说法、发放宣传画册和制作抖音视频等多种方式加大对河湖管理公益宣传力度，引导社会群体共同关注、关心河湖管理工作。"河长制＋检察"工作模式促进了检察机关在河长制工作中的司法介入和助推机制，彰显了行政机关管理职能与检察机关公益保护职能的合力作用，解决了乡镇政府没有执法权、职能部门权力分散的现实困难和河湖沟塘管理保护瓶颈问题。"河长制＋检察"机制建立以来，共发出检察建议书54件，推动部门清理河道围网3.72万亩，网箱26万平方米，违章码头26座，拆除非法养殖点、违章建筑等1000余处，建立了河湖水面专业化常态化保洁机制。

【关键词】 河长制＋检察　公益诉讼　合力作用

【引　言】 2016年4月，习近平总书记在视察安徽时希望安徽敢于做一些领跑的事情，从现有层次的梯队中往上走，加强改革创新，努力闯出新路。这是对安徽发展寄予的厚望，更是蚌埠努力的方向。2018年10月，《淮河生态经济带发展规划》经国务院批准颁布，蚌埠作为淮河流域区域性中心城市赫然在列。至此，淮畔明珠——蚌埠，被赋予"两个中心"的清晰定位，写入了省级规划，

---

* 安徽省固镇县水利局供稿。

上升为国家战略。这既是蚌埠发展的难得机遇、强大动力，更是全市上下的政治任务和历史责任。如何才能走出一条创新之路？身处蚌埠市北部的固镇县积极探索“河长制＋检察”模式，破除屏障，解放思想，用绿色发展的新理念，展现出了“勇于争先、敢于担当、干在实处、走在前列”的新时代固镇精神。

一、背景情况

固镇县位于淮北平原南部，总面积1363平方公里，人口65.2万人，耕地面积132.8万亩。包浍河、怀洪新河、澥河、沱河贯穿全境，河流长度150公里，堤防长度200公里，钓鱼台湖、香涧湖、张家湖3座湖泊，大沟124条，各类水面面积约8万亩。

固镇县河湖管理存在的难题较多：一是河湖岸线长，管理人员少，日常巡河巡湖难度大，问题发现不及时；二是违法主体点散面广；三是违法案例复杂多样。违法水事案件涉及范围广，有违法在河道滩地乱搭乱堆乱占乱建，违法破坏饮用水源地、违法私设入河排污口、违法水产养殖、非法捕捞鱼类、破坏湿地等，涉事案例复杂多样，社会影响恶劣；四是违法案件查处较难。境内4条河、3座湖泊、124条大沟交错纵横，部分河湖上下游属跨境河湖，查处案件需要多部门上下游联动解决，县水利部门执法力量不足，执法程序周期长，终止违法行为难以即时见效。部分河段水质不达标，年缴水生态补偿金1350万元。

综上所述，“河长制＋检察”机制的形成主要基于以下4方面：一是本地水域特点为机制形成创造了客观条件；二是河长制的出台为机制形成搭建了对接载体；三是公益诉讼新要求为机制形成提供了法律支撑；四是群众意愿诉求为机制形成注入了压力动力。因此，为改善人居环境，强化河湖水环境治理，提升河湖管理能力势在必行，势在强行。

二、主要做法及取得成效

（一）“河长制＋检察”的探索过程

为切实解决河长制工作中遇到的困难，固镇县河长办积极探索尝试，加大与检察院的沟通对接，破除查处违法案件过程中的专业瓶颈，理顺联合执法诉讼的渠道，提出了将固镇县全面推行河长制工作与公益诉讼有机结合的想法。2018年5月，在经过前期巡视河道、摸排问题、走访协调的基础上，经县委政府研究同意，县河长制办公室代表24家河长制成员单位与检察院会签了《关于共同建立水资源、水环境、水生态保护工作机制》文件，建立起“河长制＋检察”长效工作机制，充分发挥了行政机关管理职能与检察机关公益保护职能的合力作用。

（二）主要做法和措施

1. 构建沟通联系互动机制

（1）构建联席会议机制。县检察院在河长办设立检察联络室，指派检察人员以观察员身份参与河长制工作，积极运用公益诉讼职能加强对涉河涉水违法案件的监督与惩处。每月一次联席会议，河长办定期通报涉河涉水执法检查及阶段性河湖沟塘治理与保护的整治重点难点等情况，检察院定期通报涉河涉水案件办理情况，实现信息共享，形成公益合力。

（2）完善“两法衔接”机制建设。完善线索通报、案件移送、联动执法、重大案件协商等工作机制，强化监督，坚决杜绝“以罚代刑”等现象的发生。检察机关及时介入案件调查，发现涉嫌犯罪的行为，及时督促公安机关立案侦查。

（3）建立健全检察监督机制。检察机关及时掌握涉河涉水违法行为的查处情况，与河长办联合开展监督检查。同时完善公益诉讼、行政违法行为监督和犯罪案件线索移送机制，建立健全“立案监督，批准逮捕、审查起诉、执行监督”一体化犯罪案件办理模式和“线索发现、调查取证、督促履职（检察建议）、公益诉讼”公益保护机制，开辟涉河涉水案件的控告、举报、申诉“绿色通道”。

2. 加大联动打击惩治力度

一是组织执法监督专题调研。二是开展检察监督专项行动。从群众反映强烈、涉及民生民利的事情入手，聚焦社会关注的突出问题，监督公安机关立案查处涉嫌破坏生态环境资源犯罪案件，同时加强与纪检监察机关工作衔接及线索移送。结合涉河涉水生态违法犯罪的发展动态及群众关注的焦点问题，适时开展专项联合打击行动，及时遏制违法犯罪行为的高发态势。

3. 强化水生态水环境资源修复

（1）推进生态修复和保护。按照“谁污染，谁治理，谁损害，谁赔偿”的原则，依法督促当事人通过拆除阻水障碍，补植复绿、清理污染等方式恢复河湖沟塘水域面积、资源功能和生态功能，最大程度降低受侵损失。对恢复成本高、难度大的案件，探索采取赔偿费用、委托修复、设立基金等方式修复。建立认罪认罚从宽与生态修复相结合的工作机制，破解生态修复难题。

（2）加强赔偿追付监督。加强对行政机关怠于追讨生态修复赔偿款和行政处罚罚款的监督，确保赔偿款及时到位并用于生态修复，避免出现“僵尸资金”。强化对审判机关涉河涉水生态赔偿款的执行监督，及时督促未履行赔付的钱款和缴纳罚金，并作为提请减刑、假释的重要考量情节，避免“以关押避赔偿”的现象发生。

4. 抓好五步工作法，形成环链相扣，一抓到底

（1）排查摸底，调查取证。充分发挥检察机关调查取证的优势，利用无人机等先进技术，从多方面、多角度调查搜集固定证据，做实水事违法案件。

（2）分类统计，一案一策。检察院根据水事违法种类进行分类统计，并根据违法特性提出检察建议，重点分为河湖四乱、河湖水面养殖、滩地和护堤地养殖、面源污染等四大类。

（3）限时交办，跟踪督查。坚持四监督原则（文件接收、批转办理、方案制定、整改效果），每份检察建议书都有明确的时限要求。

（4）提起诉讼，履职尽责。针对未按时办结检察建议书要求的，检察院提起公诉，通过法律监督和强制其履职尽责，问责追究。

（5）纳入考核，兑现奖惩。县河长办依据自身检查和检察院建议书的落实情况统一纳入考核，进入县委政府目标考核体系。

5. 加大宣传教育力度

通过以案释法及法制宣讲等工作，定期公布破坏水生态环境资源的典型案例，不断提高公众生态维权意识，引导人民群众形成环境法治观、生态文明观和可持续发展观，营造生态文明建设良好氛围。

（三）“河长制＋检察”模式成效初显

检察机关运用公益诉讼职能、两法衔接等手段与河长制湖长制对接工作，全面构建沟通联系互动、加大联动打击惩治力度、强化生态环境资源修复等相关工作机制。累计下发各类检察建议书54份，有效促进河长制湖长制工作的顺利开展。

（1）汛期治污有新招。2018年夏初，固镇连降暴雨，考虑到长时间、高强度的降水可能会引发河流、沟渠水污染和内涝，检察院对全县重点河湖沟塘进行了集中巡查，针对发现的水域污染和堵塞问题，迅速调查取证，向多家责任单位发出检察建议，督促清理垃圾，消除污染。在下发建议书10日后的回访中，沟河堵坝没有了、乱堆垃圾不见了、漂浮的水草及杂物清净了，问题沟渠已恢复了往日的水清岸绿。

（2）湿地保护有实效。2019年张家湖水面围网养殖被水利部暗访交办后，县河长办和检察院及时到现场查处，检察建议书下达后，县农业农村局编制了水面养殖清理方案，县水利局划定了湖泊管理界限，刘集镇召开了清理围网动员会，明确专班人员入湖测量登记，投入240万元完成清理后及时向社会公开发包，进行大水面低密度禁投饵无害化养殖与管理。目前已呈现水清岸绿鸟聚集的自然“湿地”风貌。

（3）河道清理有保障。针对河湖违规拦网养殖、乱建码头、水污染等问题，检察院不仅向“河长制”的牵头责任单位——各乡镇政府发出检察建议，同时也向农业、环保等职能部门发出了检察建议，有效解决了乡镇政府没有执法权、职能部门权力分散的现实困难，促进各部门形成合力，发挥各自所长，共同推动了水域整治工作。县政府制定了水域集中整治方案，在2018年年底前全面完成了所有河道全面清网工作，累计投入资金4000多万元。不仅取缔了违规经营的餐厅、占堤养殖场，还清理围网3.72万亩，周长60万米，网箱26万平方米。为了保障河湖水面常年清洁，县河长办编制了《固镇县河湖水面保洁方案》，每年投入300万元，聘请了河道水面专业保洁公司，进行常态化管理，从而实现了行政巡河与专业管河的有机结合，真正做到了既有名又有实。

三、经验启示

“河长制＋检察”作为推进河湖沟塘管护的一种创新模式，充分展现了公益诉讼在河长制工作中的合力、高效作用。

（1）紧扣社会主要矛盾变化。从群众反映强烈、涉及民生的事情入手，聚焦社会关注的突出水环境问题，这是建立“河长制＋检察”工作模式的出发点。

（2）加大联合巡查力度。与河长制成员单位共同组建稳定的巡查队伍，发挥无人机等科技装备巡查作用，实现全时段动态监管巡查，并由“面上”巡查向“内在”巡查延伸。

（3）强化问题导向。围绕巡查搜集各类问题，进行梳理分析，分类施策。

（4）发挥公益诉讼作用。建立重大问题联防联控机制，出重拳、下猛药，发挥公益诉讼的震慑、督促作用，严厉打击破坏生态环境资源犯罪，依法推动河湖沟塘管理保护工作走向规范化、法制化、常态化。

（执笔人：王胜）

疏堵结合　破解堤顶建房历史难题

——安徽省安庆市潜山市以河长制湖长制为抓手探索堤顶民房退出新路径*

【摘　要】长期以来，农耕经济是农村、农民收入的主要来源，因特殊的地理条件和历史原因，沿江圩畈地区单一的农耕经济使得农户只能选择就近择高而居，利用河道堤顶等高地建房曾是农民唯一经济安全的选择。随着深入贯彻习近平总书记生态文明思想，河道堤顶建房的弊端日益凸显，与当下经济社会高质量发展、建设生态河湖、幸福河湖的美好需求已不相适应。全面推行河长制湖长制、水利部部署河湖"清四乱"专项行动开展以来，安庆潜山市主动摸排河道堤顶历史违规建房数量，按照"节水优先、空间均衡、系统治理、两手发力"的治水总要求，多措并举，在引导沿河沿湖群众依法有序退出堤顶祖居房方面进行了有效探索，取得了一定的进展，为最终实现堤顶民房全面退出提供一些初步经验，仅供参考。

【关键词】堤顶建房　河长制湖长制　生态保护

【引　言】潜山市深入调查剖析水利强监管的短板，围绕堤顶建房这一历史顽疾，总结出潜山市杜绝新建、减少存量、疏堵结合的做法，为新时期解决历史群体违法行为提供了参考路径。

一、背景情况

安庆市潜山市位于长江下游北岸，因紧靠长江干流，水系发达，近年来，该地以打造国家生态文明建设示范区为契机，以全面推行河长制湖长制为抓手，以潜水为主战场，通过实施拆违、禁采、截污、护鱼、亲鸟五项管理保护措施，固堤、蓄水、畅路、绿岸四项建设工程，系统

---

* 安徽省安庆市水利局等供稿。

推进河流治理管护，实现了“河水清回来、鸟儿飞回来、鱼儿游回来”的目标。近期，又在重要支流皖水打造1333.3平方公里的生态河流景观带，全面提升了潜山市人居环境，广受社会赞誉。

根据河湖管理范围划界和问题大排查、大起底情况分析，因历史原因，造成该地沿江沿湖外滩圩坝基数较大，河湖遗留问题较多，特别是堤顶建房问题尤为突出。堤顶建房不仅影响堤防的安全和管理，而且靠河直接排污、挤占生态空间、损害生态环境，管理无序将影响经济社会可持续发展。随着河长制湖长制加快“有名”到“有实”转变，水生态文明建设及河湖强监管工作向纵深推进，潜山市以建设幸福河湖为抓手，摸索出解决堤顶建房问题的有效途径，破解河湖管护历史难题。

二、主要做法

（一）学习法规，明确界限

《中华人民共和国河道管理条例》《安徽省水工程管理和保护条例》等有关法律法规对河道范围内建房作了明确的禁止性规定。由于种种原因，一直未能得到有效落实。纠正人们的错误行为，着力解决农村河湖管理中存在的堤顶建房等突出问题，是当前“水利工程补短板、水利行业强监管”新形势下的迫切需要。2019年12月16日，潜山市委组织部、市委党校、市河长办联合举办了河湖管理法规培训班，重点讲授学习《中华人民共和国水法》《中华人民共和国防洪法》《中华人民共和国河道管理条例》等法律法规，针对堤防管理范围内建房突出问题整治进行了座谈交流，详解了潜山市政府境内主要河流湖泊管理范围划界成果，明确了境内河道、堤防管理范围的具体界限。据统计，近年来，共举办河湖管理专题培训班12次，镇村级河长、有关部门等500余人参加了培训。

（二）摸清底数，建立台账

以《中华人民共和国水法》实施时间为准，按照“法不溯及既往”的原则，潜山市对1988年7月1日以后河道及堤防历史违规建房进行了深入调查摸底，建立台账。其中，堤顶建房户约7000户共143万平方米，户均占地约200平方米。堤顶建房主要集中分布在圩畈区的8个乡镇，王河镇、油坝乡较多，其中王河镇共有2173户41万平方米，占该乡镇总户数的17%；油坝乡堤顶建房户有1525户24.7万平方米，占该乡镇总户数的28%。上述堤顶民房从建设年代上分析，主要是八九十年代重建、扩建居多，现有居住人口多数为中老年人；从建设方式上分析，既有在原址重建的，又有选址后重建的，还有一部分在原址进行了扩建；从履行手续上看，多数居户向相关乡镇及部门进行报备，得到了审批。

（三）加强管理，杜绝新建

一方面，充分运用好河湖岸线保护利用规划成果，下好“先手棋”。水利部河湖“清四乱”专项行动开展后，为了纠正沿河沿湖群众错误行为，潜山市政府编制了《潜山市水域岸线保护利用规划》，完成了潜水、皖水等主要河湖及水工程管理范围的划定，并经政府批准公示；组织开展城区和周边水域及水工程管理保护范围界桩布设，实施潜水白马潭至茅岭河口两岸75.16公里，皖水乌石堰至怀宁县界30.34公里，梅河皖国路上至梅河口两侧20公里，茅岭河高速路桥下20公里，共145.5公里岸线设置界桩、标志牌，确保城区及周边规划管控。要求相关乡镇对此范围内堤顶建房户一律不予审批，杜绝新建；对发现的强行建房户一律交办辖区责任河长和相关部门牵头处理，按照违法建筑予以拆除，杜绝重建。2019年底，潜山市部分乡镇因堤顶房屋鉴定为D级危房，曾批准群众原址拆除重建，潜山市自然资源与规划局当即要求劝阻改正，潜山市纪委会同市河长办实地现场督办，共劝阻原址拆除重建房10多户。

另一方面，分类建立执法队伍，实现民房问题“有人管”。2020年年初，潜山市编制部门批准成立了城区潜水河道管理局，明确副科级事业单位，全额事业编制人员8人，其他编制20多人，还聘用一批熟悉基层情况的人员，加强城区河道的管理。按照潜山市市级总河长、市长的指示，市财政、编办、人社、水利四部门联合对基层河湖及水管单位相关情况进行了深入调研，制定了财政对河湖及国有水管单位补助的方案，鼓励乡镇开发公益岗位；按工程等级、数量核定管理人员员额，30～50年一遇、20～10年一遇堤防分别按1人每5公里、1人每10公里确定人数，无堤防区域主要河道、其他河道岸线分别按1人每20公里、1人每40公里确定人数，由属地乡镇政府按核定的员额以劳务派遣方式落实。据了解，潜山市财政拟每年补助河湖及国有水工程运行维护管理费 1000 余万元，实现主要河湖及国有水利工程管理全覆盖。

（四）规划引领，减少存量

引导村民搬迁是一个长期的任务。经测算，如对现有堤顶民房全部征迁，需建设用地 1700 亩，需迁建房屋 143 万平方米，建设用地费用按 4.5 万元每亩、新建住房按 1400 元每平方米（含道路配套，不含装修）考虑，现价估算总投资约 21 亿元。2019 年年底，潜山市市级总河长会议明确，由分管副市长牵头，组织自然资源和规划、生态环境保护、水利等部门，在调研摸底的基础上，确定 2020 年 9 月底前制定堤顶民房迁建规划。与此同时，潜山市政府部署将迁建工作与棚户区改造、异地扶贫搬迁、美丽乡村建设等行动相结合，加快减少存量；为确保迁建工作顺利进行，部署自然资源和规划局在国土空间规划编制中，结合乡镇和村庄的规划布局预留足够空间，科学布局，就近安排，优先使用存量用地；对于用地紧张的地区，谋划试点集中居住点，探索建设新农村。截至目前，潜山市所涉 8 个乡镇已有 4 个乡镇制定了堤顶民房迁建规划，拟报送市政府网站进行公示。

（五）规范审批，政策引导

在调查论证的基础上，按照政府主导、部门主责的工作原则，针对迁建农户，农业农村局负责农村宅基地改革和管理工作，建立健全宅基地分配、使用、流转、违法用地查处等管理制度，组织开展农村宅基地现状和需求情况统计调查，及时将农民建房新增建设用地需求通报自然资源和规划局。自然资源和规划局负责国土空间规划、土地利用计划和规划许可等工作，在国土空间规划中统筹安排宅基地用地规模和布局，满足合理的宅基地需求，依法办理农用地转用审批和规划许可等相关手续。首先，实施分类补偿。以《中华人民共和国水法》实施为节点，对于此前批准建设的堤顶民房，由县级人民政府参照相关标准，给予一定的赔偿；对此后批准建设的堤项民房，根据建设时间长短、与河道堤防相邻的位置等因素，依法分类界定责任，制定补偿标准，鼓励农民自行迁建。其次，组织分期实施。比照相关政策规定，按照“统一制定方案、整体搬迁清除、分阶段实施”的基本原则，通过自主拆除和依法治理相结合的方式，先迁建严重影响堤防防洪安全、D级危房户、重要河段、水源保护区的堤顶建房，后迁建一般河湖的违规建房。近两年来，结合皖水治理、梅河治理项目实施，拆除了群众堤坝民房18处。再次，鼓励自主购房。比照补偿政策，积极制定村民主动退出河湖堤防护堤地范围内宅基地政策，鼓励有条件的村民到城镇自主采购商品房，给予适当补偿。在调查中发现，部分堤顶民房已形成“空巢”，长久无人居住，在做耐心细致的思想工作基础上，当地群众愿意接受数额很小的补偿并进行搬迁。2020年，潜山市遭遇特大洪水灾害，经专家认证，位于潜山市长河5处堤顶民房存在严重水安全隐患，当地政府向群众及时履行告之义务，群众接受一定数量补偿后，自行前往城镇购买了商品房。

三、经验启示

潜山市在生态文明建设的创新实践中，充分认识到河长制湖长制是破解水环境治理难题的一剂“良药”，在引导堤顶民房有序迁建上取得一定成效。

（一）推进河长制湖长制“有名”向“有实”转变，是解决堤顶建房问题的重要抓手

推行河长制湖长制以来，潜山市始终将解决疑难问题作为各级河长湖长履职尽责考量依据之一，形成主要领导亲自抓、责任河长湖长具体抓的压力传导机制，对堤顶民房迁建这类历史难题，积极发挥党政主要负责同志牵头优势，推动各方力量解决历史疑难问题。

（二）实现“单一”向多部门“协作”转变，是加强河湖生态修复的关键

堤顶民房迁建工作是一项复杂工程，单个部门无法解决，从横向上看，主要涉及自然资源与规划、农业农村、水利、生态环境等部门，同时还涉及民政、人社、编制等部门；从纵向上看，涉及县、镇政府，村民自治组织。必须上下“一盘棋”，按照水岸同治、上下游共治、综合治理的理念，统筹好水资源保护与水环境治理，统筹好河湖生态空间管控与水污染防治。

（三）引导群众由“传统”向“新型”发展模式转变，是解决沿河沿湖民生问题的前提

让沿河沿湖群众从堤顶走下来，在解决居住问题的基础上，还要解决生存的问题，各级河长湖长要帮助沿河湖群众破除“择水而居、靠水吃水”的传统观念，既要做耐心细致的思想工作，又要政策引领、引导他们走高质量发展路子，创新发展思路，调整经济发展方式和产业结构，从根本上转变发展模式、破解堤顶民房的难题。

（执笔人：胡友华　刘和平　韩志虎）

“生态美超市”换出时尚美丽新环境

——安徽省黄山市河长制工作以“生态美超市”为切入点破解农村生活垃圾处理难问题*

【摘　要】 为破解农村乱倒垃圾影响生态环境这一难题，黄山市成功探索出“生态美超市”这一新举措，即村民将废旧电池、包装袋瓶等生活垃圾分类，到“生态美超市”兑换食盐、牙刷、肥皂等日用品，深受群众欢迎。现已推广设立“生态美超市”172家，初步实现了垃圾整治“末端清理为源头减量”“从‘要我收集’向‘我要收集’转变”和“从‘要我分类’向‘我要分类’转变”的目标，有效解决农村垃圾收集分类回收难的问题。“生态美超市”的生态效益、经济效益、社会效益明显，平均每个超市每年回收各类废旧瓶罐6万多个、塑料袋8万多只，有效减少了垃圾污染。2019年休宁县流口镇流口村的“生态美超市”荣获全国第九届母亲河奖中的“绿色项目奖”。

【关键词】 生态美超市　垃圾兑换　农村人居水环境整治

【引　言】 黄山市在推进河长制过程中发现农村存在乱丢乱倒垃圾的陋习，少数群众将垃圾就近直接倾倒入河，不仅影响村容村貌，还污染河流水环境。为此，黄山市在河长制工作中积极探索，找到了“生态美超市”这条有效解决途径，通过垃圾兑换生活用品的措施，引导群众自觉收集和分类垃圾，集中无害化处理，有效改善了城乡面貌和水域环境，不仅提升了公众的参与意识，还让沿江沿河群众收获了实实在在的幸福感。

一、背景情况

2017年，黄山市全面建立起市县乡村四级河长制体系，全市共设立河长湖长1645名。全面推行河长制工作以来，各级河长积极履职，同时

---

* 安徽省黄山市河长制工作科供稿。

引领全社会积极参与共同推进水岸同治，成效不断显现。

随着经济的快速发展和人民生活水平的提高，产生的生活垃圾也越来越多，但群众的环保意识却没能同步提升，特别是在农村，垃圾导致人居环境下降，对水域生态环境的影响也日益加剧。为破解这一难题，休宁县流口镇流口村试点创办“垃圾兑换超市”，以垃圾兑换生活用品引导群众改变乱丢乱倒垃圾的陋习，村民可按收集的矿泉水瓶、烟蒂、塑料袋、农药包装物等垃圾的数量兑换食盐、黄酒、牙刷、肥皂等日用品，让群众通过变废为宝得实惠，极大改变了村民随手丢垃圾的不良习惯，有力地促进了乡村环境改善和良好风尚的形成。试点取得了很好的效果，得到了省委书记李锦斌的高度肯定，并亲切地称之为“生态美超市”。这是黄山市全面推行河长制工作中涌现出来的对习近平生态文明思想的生动实践，是“政府引导、市场补充、公众参与、生态共享、全民保护”的制度创新。为扩大“垃圾兑换”环境治理成效，在全市推广设立“生态美超市”172家，初步实现了垃圾整治“变末端清理为源头减量、变被动保护为主动参与、变利益驱动为自觉行为”的目标。

“生态美超市”产生了三大效益：一是生态效益，平均每个超市每年回收各类废旧瓶罐6万多个、塑料袋8万多只，还有数量不等的农药化肥包装物及其他垃圾，有效减少了农残、重金属和白色污染，强化了群众垃圾分类理念和主动参与环境保护的意识，以往洪水过后沿江两岸挂满“万国旗”景象一去不复返；二是扶贫效益，超市优先帮助贫困户销售农产品，增加贫困户收入，鼓励贫困户以志愿服务形式参与超市的日常运营管理，获取相应积分，鼓励党员干部将积分转赠给贫困户及弱势群体，贫困户可凭积分兑换实物补贴家用；三是经济效益，平均每个超市收集垃圾效率相当于3名农村保洁员工作成效，所需成本仅为1名保洁员的费用；四是社会效益，通过垃圾兑换物品，让村民主动参与环境保护，初步实现了村民从“要我收集”到“我要收集”的转变、从“要我分类”到“我要分类”的转变、从“末端清理”到“源头减量”的转变，形成了群众主动参与、自觉保护生态环境的良好氛围。

二、主要做法

黄山市河长制工作高度重视水岸同治，全面推广“生态美超市”，加快绿色生活方式理念的转变，形成“政府引导、市场补充、公众参与、生态共享”的全民保护创新机制。实行了农药废弃包装物回收网络和农村生活垃圾兑换渠道的整合，通过垃圾兑换，实现了垃圾分类化、减量化、无害化处理，换出了良好风尚，换出了经济实惠，换出了绿色发展，换出了美丽环境。

（一）深化制度创新，落实超市运行“新保障”

明确责任主体，市政府制定了推广“生态美超市”实施意见，使“生态美超市”的设置规范有序；各乡镇政府负责组织协助“生态美超市”的设置和监管，村委会负责“生态美超市”日常运行管理，由每个村当日坐班干部负责开展垃圾登记和物品兑换，乡镇财政所工作人员定期对超市物品进行盘点补充，“生态美超市”操作流程图、管理制度、兑换物品（积分）目录表等制度上墙公开公示，规范进货及供货台账等，日常接受村委会及村监会的共同管理监督。

（二）创新处理模式，走出环境保护“新路径”

按照垃圾分类相关规定，通过发放《致村民的一封信》和在村组公开栏张贴公告等方式，加大宣传垃圾分类回收知识和意义的力度，组织开展垃圾分类指导培训，提高村民垃圾初步分类水平，从源头上把好垃圾分类回收关。建立运营机制，实行垃圾回收兑换“会员制”“积分制”等制度，因地制宜制定兑换商品范围、品种、分值等，对于矿泉水瓶、塑料袋等易收集垃圾，可采取“10个矿泉水瓶兑换一袋黄酒”等合适的兑换标准，降低村民兑换难度，对于旧电池、农药包装物等对源头地区土壤和水环境污染危害较大的垃圾，则提高其兑换价格，如8节旧电池或15个农药包装物即可兑换一包食盐。实现功能延伸，立足于再生资源回收体系，按照可回收、不可回收垃圾简单分拣。对可回收垃圾，依托“再生资源回收利用体系”，与废旧商品分拣中心或回收站点达成协议，安排收购站点工作人员到场以市场价进行回收；对不可回收垃圾或有害垃圾由保洁公司转运至乡镇或县级垃圾处理中心统一作无害化处理；对一般生活垃圾依托已建成的生活垃圾PPP综合处理工程项目，将垃圾压缩转运至综合处理站用于焚烧发电。

（三）推行积分管理，攒出道德文明“新家底”

建立独立专卡账户，辖区内群众以户为单位，均可申请办理超市会员卡或建立“绿色账户”，作为储蓄积分、兑换物品、参与生态文明实践活动及享受“生态红利”的凭证。外延积分兑换项目，除按照“生态美超市”垃圾兑换物品价目（积分）表获得相应积分外，门前三包、庭院美化、志愿服务、护河禁渔等行为均可作为积分项目。灵活积分兑换使用，可随时进行物品兑换，也可采取零存整取方式累积积分换取价值较高的物品；积分排名还可作为“生态美之星”“生态卫士”“美丽庭院”“宜居人家”“文明示范户”等评比参考依据。

（四）实行生态奖励，奖出绿色发展“新福祉”

奖励“生态红包”，每季度由超市管理人员统计该季度积分情况，取前3名作为该季度“生态美之星”，并给予一定“生态红包”奖励；每年度取积分前6名为该年度“生态卫士”，分3个等次给予一定“生态红包”奖励，提升群众环境保护意识与参与积极性。助力脱贫攻坚，鼓励建档立卡贫困户以志愿服务形式参与超市的日常运营管理获取相应积分；鼓励党员干部转赠积分给贫困户及弱势群体，传递互助正能量；鼓励支持建档立卡贫困户参与超市内扶贫e站、土特产展销柜台管理运营，对生产制作出售土特产品的，在增加自身收入同时，还可获得一定积分奖励。

（五）加强运营保障，结出生态文明“新硕果”

据测算，每个“生态美超市”平均月采购额2000元，出售废弃物收入为每月170元，每月缺口资金1830元左右，为化解资金盈亏不对等问题，政府加大补助力度，整合新安江生态保护、美丽乡村建设、农村清洁工程、农村电商等项目资金补贴超市运行；鼓励集体投入补充，由村集体经济发展较好的村支付一定费用进行补充。通过荣誉榜激发村民维护村容村貌动力，唤起大众的社会责任意识，遵守村规民约，让保护环境成为一种自觉，让绿色生活成为一种习惯，助推习近平生态文明思想在新农村落地生根、开花结果。

三、经验启示和问题思考

（一）经验启示

1. 以人为本，打造美好的人居环境

河长制工作的推进与人居环境息息相关，黄山市河长制工作推行水岸同治，从解决生活垃圾为切入点建立"生态美超市"，让人们积极参与其中，从源头保护好水环境，让人居环境更美丽。

2. 积极创新，助推为水资源保护

水的问题根子在岸上，近年来生活垃圾污染环境的现象时有发生，水资源保护的压力不断增大，创新保护措施势在必行。黄山市积极探索出"生态美超市"这项新措施，不仅让人们得到了实惠，还解决了农村垃圾入河问题，使水资源得到了有效的保护，达到了双赢的效果。

（二）问题思考

1. 建立长效资金保障措施有待探索

目前黄山市开办的172家"生态美超市"均由政府出资开办，场所由村委会解决，管理人员由村委干部兼职或由超市中销售土特产的经营者兼职，对后续运行费用则采取政府补助、社会赞助和整合生态补偿资金等，从目前各地"生态美超市"运行情况看，有的运行资金有充足保障，有的面临后续资金危机。这就需要建立资金保障的长效机制，一是政府要加强资金补助；二是要扩大宣传让更多热衷于环保的爱心人士捐助；三是鼓励"生态经济反哺生态环境"，有关企业给予捐助；四是鼓励志愿者义务帮助超市管理以降低运行成本。

2. 管理制度有待进一步加强

在运行过程中曾出现过恶意兑换问题，如部分保洁员或环卫公司将正常工作中收集的垃圾来兑换谋取额外利益。对此要建立健全相关制度，一是要及时发现及时制止，对垃圾兑换量经常采取与横向纵向比较，发现兑换量"冒大数"一定要查明原因；二是发动群众监督举报，对举报查实的要给予奖励，同时对恶意兑换的给予处罚；三是强化村委职责，对发生恶意兑换的要追究有关人员的经济和纪律责任。

3. 管理手段有待提高

目前各“生态美超市”仍普遍使用人工登记管理，这就给统计汇总分析带来了不便，一是不能及时有效地发现问题；二是不利于总结经验；三是不利于账目远程管理。要充分利用电脑和网络，使其管理信息化。

（执笔人：陆根平　钱惠萍）

二十多年的“小黄河”是如何变清的

——龙岩市新罗区以河长制为抓手推动小流域治理的实践*

【摘　要】 随着工业化、城镇化的快速推进，新罗区河湖利用与保护失衡，超标排污、侵占河道等现象普遍，小溪河水体污染，是20多年来龙岩市民和市区领导的心头之痛。2017年以来，新罗区开始全面推行河长制工作，打响小溪河水环境污染整治攻坚战。经过一年艰苦卓绝奋战，治理工作取得明显成效，小溪河实现历史性转清——2018年全年流域功能达标率为100%，Ⅰ至Ⅲ类水质比例达88.9%，比2016年上升近50个百分点，这是自小溪河开启治理以来取得的最好成绩，而后小溪河水质持续稳定达标。2019年小溪河被龙岩市河长办评为市级“美丽河流”。

【关键词】 河长制　小流域治理

【引　言】 全面推行河长制是落实绿色发展理念、推进生态文明建设的内在要求，是解决我国复杂水问题、维护河湖健康生命的有效举措，是完善水治理体系、保障国家水安全的制度创新。

一、背景情况

小溪河是龙岩中心城市内河龙津河的主要支流之一，主要由中甲溪和马坑溪两条支流、27条径流汇集而成，河道长39.6公里，流域面积224平方公里，贯穿适中镇和曹溪、南城街道。

改革开放40年来，在快速发展的模式下，小溪河流域出现了开发与保护失衡的局面，主要污染源涉及采矿、选矿、尾矿库、在建工程以及村庄垃圾、污水等，视觉观感差。早在20世纪九十年代，龙岩市便开始整治小溪河，但效果不佳，久治不愈。

---

* 福建省龙岩市新罗区河长制办公室、新罗区龙津河综合整治中心供稿。

二、主要做法

（一）彻查源头“找病根”

1. 立下“军令状”，打出组合拳

面对民生之痛，市委、市政府高度重视，下达水污染整治军令状：“必须以最大的力度、最严的标准、最重的处罚来抓小溪河整治！”

（1）定目标。市、区总河长明确提出“2017年5月底前初见成效，6月底前水质明显改善，8月底前基本完成，12月底前建立长效管理机制”的整治目标。

（2）定方案。新罗区区委、区政府立即行动，根据前期各部门摸排的问题清单、整治目标等，印发《小溪河流域环境整治实施方案》，组建由区级第一总河长任组长、区级总河长任常务副组长、各区级流域河长任副组长的领导小组和“一办十组”，明确时限、职责以及具体工作措施，制定了6个细化执行方案。

（3）查源头。市政府联合闽西日报社、龙岩电视台记者组成调查组，深入小溪河流域马坑、中甲支流进行历时两个月的暗访调查，共发现30多个污染源线索。区直单位和流域属地对登记在册的污染源进行实地再排查，共排查8类160多个污染源。

2. 列出“三清单”，实行挂图作战

（1）建立治企防污清单。创建流域沿河企业“一企一档”分类造册管控方法；建立环境整治“一企一策”制度，制定分类整改措施。

（2）建立督政问责清单。根据整治实施方案中整治任务、整治措施和整治时限，形成督政问责清单，建立导向鲜明的奖惩机制。通报表扬成绩突出的2个单位、21人，问责7个单位、21名相关责任人员，其中效能问责20人，移送纪检监察机关处理1人。

（3）建立生态恢复清单。建立矿山治理清单，开发矿山企业GNSS系统，要求所有企业按规定将治理进展情况录入系统，未按规定执行的矿山企业将被列入黑名单；建立废弃矿山修复清单，全面推进废弃矿山的生态修复和综合利用，累计投入资金8464.5万元、完成125.6万平方米铁锰矿山生态恢复；建立流域内弃渣乱堆弃问题清单，以购买第三方服务方式开展生态复绿、投入140多万元对弃渣、弃土点进行清运复绿，完成小溪河沿线16块废弃矿渣点的清理整治。

（二）用好执法“双刃剑”

1.“剑锋”向外强监管

相关职能部门对违法企业，不查清不放过、不处理不放过、不整改不放过。2017年以来小溪河流域共行政处罚企业53家，提出限期整改81家，处罚金额合计205.22万元；关闭退出企业22家，取缔非法洗砂点26处；行政拘留9人，以污染环境罪判刑2人。

2.“利刃”向内以正纪

流域污染，监管不力也是重要原因，必须对失职监管者进行问责。效能办对7个单位的21名相关责任人进行问责，其中给予效能问责20人，移送纪检监察机关处理1人。严厉问责震慑教育效果显著，促成了治理形势的根本好转。

（三）宣传曝光造氛围

1.加大宣传曝光力度

在新罗区人民政府网设立小溪河流域治理专栏、印发《小溪河流域水环境治理工作简报》等，对小溪河治理过程中的工作动态等内容进行宣传报道。在e龙岩、闽西日报等新闻媒体设立曝光平台，对违法企业给予曝光，同时动员广大群众对身边的涉河涉水违法违规行为进行监督检举，形成共治的强大合力。

2.强化引导教育力度

充分利用电视、网络、微信、宣传车、宣传栏、横幅、村村响等形式宣传河长制。多次组织相关部门、爱心企业、志愿者等开展增殖放流活动，投放各种鱼苗30多万尾。在沿岸开展巾帼护河、青少年河长制宣教“四个一”、“河小禹”、“学雷锋、保护母亲河”、河长制“六进”等活动，利用“世界水日”“中国水周”等重要时间节点，发放倡议书、张贴宣传画报、标语，多渠道全方位宣传推广河长制工作，营造社会各界共同关心、支持、参与和监督河库（湖）保护管理的良好氛围。

（四）常态长效河长治

1. 建长效机制

取得初步成果后，市、区两级因势利导，及时研究完善常态长效机制，把执法的重心、责任的重心下放到基层，实行责权利统一。2017年11月，出台《小溪河流域水环境治理常态化工作方案》，提出五条治理原则，明确市、区、镇、村、企五级工作职责，力在“治本”，形成属地管理、党政同责、一岗双责，区直主管、市直同责、捆绑追责机制。

2. 建监管机构

由区龙津河综合整治管理委员会成立小溪河流域监管中心，具体负责小溪河流域治理的日常指挥、调度、监管和推进工作。建立健全小溪河巡查与监管制度、执法抄告制度、联席会议制度、施工备案制度、整改督办制度，推动小溪河流域水环境治理常态化，各项工作落到实处。

3. 建巡查机制

按照属地管理并结合行业职能管理，建立健全了属地巡查、行业巡查、联合巡河、日常督查、专项检查、突击检查的机制，做到巡查无“盲区”。

4. 建巡查队伍

小溪河流域监管中心组建以退伍军人为主的15人的专职队伍，开展日常督查工作；流域镇（街）、村聘请64名河道专管员负责日常巡查，形成严密高效的巡查、监管体系。

（五）疏堵结合，“三生融合”

市区两级政府在关闭污染企业的同时，树牢“绿水青山就是金山银山”发展理念，花大力气促进当地生产、生活、生态“三生融合”发展，有效激发了生态环境改善的经济社会效益，实现了“既要生态美，也要百姓富”。

1. 关闭一批、搬迁一批、引进一批

谋划编制《龙岩市新罗区矿产资源总体规划（2021—2025）》。流域内和城市一重山范围内不符合矿产资源规划的矿山原则上采矿证到期后关闭退出，对个别重点企业的矿山，以及被省级以上（含省级）评定为“绿色矿山”称号且环保持续稳定达标的矿山可申请延续及变更登记。强化技改，利用厂区现有地块进行配套改造，增加就业岗位，实现了生态保设、企业发展和群众就业的“三赢”。

2. 生态与旅游相结合

通过将流域综合治理项目与旅游项目相结合，统一规划设计、分头负责实施，政府抓“一河两岸”生态提升旅游项目品质，企业抓周围配套旅游设施建设保护生态环境，实现相促进、共发展。如流域内的黄洋村，成立盘龙生态农业发展有限公司，以绿色和有机为方向，发展生态农业，打造独具特色的近郊乡村游，村民收入稳步提升。黄坑村仅2019年，旅游收入500多万元。

3. 生态建设与人居环境治理相结合模式

市、区两级党委政府牢树发展理念，将资金和力量聚焦到农村人居环境改善上，重点推进农村生活污水设施恢复、黑臭河沟清淤、美丽小溪“一河两岸”建设。开展全流域的生态打造，建成了东山湿地公园、莲东片区滨河绿道景观工程、小溪河两岸滨河生活化片林公园等，让昔日“小黄河”变成了群众身边的幸福河。

三、经验启示

自全面推行河长制工作以来，小溪河水质发生喜人变化，实现历史性转变。小溪河在实效治理过程中形成了宝贵的、可复制的经验做法，对龙岩市其他环境污染治理具有深刻的启示，值得推广借鉴。

（一）高位推动，全员参与，智慧护河

领导高度重视、高位推动是根本。市、区两级党委政府狠下决心，“必须以最大的力度、最严的标准、最重的处罚来抓小溪河整治”，坚决、彻底打响治理攻坚战。从查找污染源、查处违法主体、问责单位干部，到舆论造势引导、制定长效机制、推动常态治理，每个环节，市、区总河长湖长亲自主导、真抓真督。

市区共建“线上指挥中心”——小溪河流域河长微信工作群，市、区、镇、村四级河长以及市、区相关职能部门一把手、“河小禹”、巾帼河长、企业河长、镇村级河道专管员等均能24小时在线交流，形成发现疑似水环境问题一键上传、河长一键交办、相关部门及乡镇限时整改并

反馈的四级联动治水高效作战平台。

同时，不断完善河长制管理平台功能，利用现代科技技术，把河湖基础数据、河长档案、巡河信息、管理制度等情况纳入信息管理平台，通过手机巡河APP河长通，设置随手拍，对接e龙岩，开通市、区河长制微信公众号，实现三个平台信息共享，方便群众了解河长制工作动态、投诉违法行为，同时方便河长办收集整理群众的建议及投诉，实现河湖问题随时发现、随时处理，时刻维护小溪河的良好生态环境。

（二）挂图作战，媒体监督，查清源头

摸清底数，查清源头是基础。新罗区河长办组织工作人员摸清河道流域的基本情况，并绘制一幅详细且具体的“小溪河流域污染源示意图”。同时《小溪河流域环境整治实施方案》明确了整治目标、时间节点、部门职责、整治措施等，做到摸清底数、心中有数、推进有力。市、区媒体组织调查组，多次深入小溪河流域上游的马坑、中甲两条支流进行暗访调查，对发现的污染源线索坚决给予曝光，形成良好的治水氛围。同时，根据线索，市、区两级迅即组织联合调查组，对小溪河流域沿途企业进行突击调查取证。经过提取检测水样、检查环保设施、约谈企业负责人等程序，锁定涉嫌环境违法违规企业。

（三）依法治水，形成合力，奖惩并行

依水治水、形成合力、奖惩并行是手段。新罗区坚持办事依法、遇事找法、解决问题用法、化解矛盾靠法，从治理一开始，便运用法治思维。建立健全市区两级河道警长、护河法官、河道检察官制度，推进生态综合执法机制衔接，加强行政执法与刑事司法协同执法，从严从重从快查处违法排污企业。对涉铁、锰企业环境污染问题，成立了4个专项整治小组挂钩各企业，实施“一企一档、一企一策”。同时充分发挥检察机关公益诉讼职能，护河法官对行政执法过程中存在的问题，有针对性地提出司法建议，对涉水违法案件形成打击效能。效能办对“不作为、慢作为”行为进行严肃问责，效果显著。同时对积极参与的单位和个人进行表扬和嘉奖。导向鲜明的奖惩机制，很好地激发了参战单位、干部投身小溪河治理的责任和热情。

（四）完善机制，常态长效，标本兼治

完善机制，形成常态长效，最终实现标本兼治是关键。小溪河整治是一项长期复杂的系统工程，需要建立长效管理机制。对此，市区共同研究，依托区龙津河综合整治管理委员会成立小溪河流域监管中心；印发治理常态化工作方案，明确市、区、镇、村、企五级工作职责，利用属地管理、党政同责、一岗双责，区直主管、市直同责、捆绑追责等手段，力在“治本”；建立属地巡查、行业检查、联合巡查、日常督查等常态化巡查机制；制定执法抄告、部门联席会议、巡查与监管等制度；坚持属地管理，重心下移，责权利统一；明确关闭到期矿山，不再新增涉水涉重企业。

（五）优化结构，提升效益，均衡发展

优化产业结构，全面提升生态效益和经济、社会效益，均衡发展，是实现发展和保护协同共生的新路径。绿水青山既是自然财富、生态财富，又是社会财富、经济财富。新罗区充分认识到保护生态环境就是保护自然价值和增值自然资本，就是保护经济社会发展潜力和后劲，对关停、搬迁企业研究好政策措施，做好后续安置工作。对保留的企业实行更严格的环保执法要求。同时，抢抓实施乡村振兴战略机遇，大力发展全域旅游，以实现全景式规划、全季节体验、全产业发展、全社会参与、全方位服务、全区域管理，全力打造旅游发展升级版，让农民口袋“鼓起来”，又让乡村“美起来”。

（执笔人：黄斯明）

以标准化建设为抓手 提升河湖管理能力与水平

——福建泉州河长制工作探索实践*

【摘　要】 泉州市地处东南沿海，是福建省的人口大市、制造业大市，连续21年经济总量居福建省第一，即将进入万亿城市圈。经济社会的快速发展不可避免地给生态环境带来较大负担，也给水资源管理带来较大挑战。自全面推行河长制以来，泉州市紧扣“水质向好”目标，探索、实践、总结出一套自上而下、覆盖市、县、乡三级的河长制标准化建设体系，做到“有人员、有场地、有制度、有经费、有记录、有实效”。水利部部长鄂竟平、副部长田学斌在泉州调研期间，对泉州河长制工作给予充分肯定，指出“能有人巡河、能发现问题、能找到责任人、能处理问题，整个模式很实在，成体系、成机制，让人放心”。

【关键词】 河长制　标准化

【引　言】 2017年元旦，习近平总书记发表新年贺词，明确提出“每条河流要有‘河长’了”。号令即出，动若风发，泉州治水历程开启了“全面推行河长制”篇章。三年多过去了，泉州河长制从“有名”到“有实”，连续三年考核均居福建省前列。其背后，是“泉州版河长制”标准、规范、实在的工作模式。

一、背景情况

泉州，地处东南沿海，境内河流纵横、溪流密布，共有大小河流426条，总长度5225公里；流域面积在100平方公里以上的河流有34条，总长度为1549公里。泉州又是福建省的人口大市、制造业大市，靠乡村工业化起家，起步阶段“村村点火、户户冒烟”。“全域工业化、就地城镇化”的发展模式导致城镇厂居混杂、生活污染和工业污染交织，沿海小

---

* 福建省泉州市河长制办公室等供稿。

流域污染问题比较突出，河道“四乱”现象时有发生，治理任务较为繁重。

自全面推行河长制以来，泉州市紧扣“水质向好”目标，以标准化建设为突破口、切入点，从能力建设、巡河履职、工作机制和管水治水等方面细化要求，以点带面、面点突破，推动河长制工作开展科学化、程序化和规范化，并在不断总结和完善标准中改进和提升河湖管理水平，取得良好成效。如今，河长制已经成为泉州市管水治水的重要抓手，成为改善提升生态环境的重要推手，全市流域水质总体稳定向好，2019年主要河流13个水质评价断面Ⅰ类～Ⅲ类水质比例为100%；省重点考核的59个小流域监测断面Ⅰ类～Ⅲ类水质达标率为93.1%，比2017年的79.7%提高了13.4个百分点；梧垵溪、郭厝溪、菱溪、淘溪、梅溪、檀溪、林辋溪等一批小流域得到有效整治，水质明显提升。

二、主要做法

（一）能力建设：配强队伍+做强河长办

1. 配强队伍

在市、县、乡三级双河长、河道专管员的基础上，泉州市在问题较突出的流域，增设流域双河长、流域分管领导、流域河长B岗，目前全市880名河长、222名湖长、1185名专管员分区域、分流域管护河湖。为确保河长“名实相副”，泉州从提升履职能力入手，明确“基层河长两年轮训一次，新任河长应及时接受培训”，努力打造一支既自觉践行生态文明、又懂业务能干事的队伍。市级河长康涛书记带头讲课，市、县、乡三级河长逐级培训，2018年康涛河长应邀在中组部、水利部举办的全国河长制研究班上做专题讲座。2019年，泉州成立福建省首个河长学院——泉州河长学院，常态化对全市河长开展河长制专题轮训。

此外，泉州市以绩效作尺，量化考评，对18个成员单位、12个县（市、区）、163个乡镇（街道）河长制工作全部纳入政府绩效考核体系；市委组织部、市河长办还联合开展水环境保护责任落实专项督察，采取综合手段压实基层河长工作职责。

2. 做强河长办

在市、县、乡三级河长办的基础上，增设流域河长办，并确定联系保障单位，挂靠水利、环保、农业、住建等部门，抽调骨干力量组成工作团队，服务保障流域河长办的日常运行。同时，按照有人员、有场地、有制度、有经费、有巡河交通工具、有水质监测设备“六有”标准建设基层河长办：在人员配备上，要求“河长办从成员单位选派科级及科级后备干部到市河长办挂职，挂职干部列入组织部门干部管理范围，挂职经历视同基层挂职锻炼。县级比照市级做法配置，县级河长办挂职干部不得少于7人，乡级河长办工作人员不得少于3人。各级河长办挂职干部由本级河长办负责日常考评和年度考核。”目前，市河长办抽调了水利、生态环境、农业等18个成员单位业务骨干20名工作人员到河长办集中办公；在办公场所上，要求“各级河长办应有独立的办公场所，不能拼间，县级河长办不少于50平方米，乡镇级河长办不少于20平方米”；在技术保障上，要求“市、县两级要设立技术支撑单位为河长办提供技术支撑保障”。

为使河长办标准化建设有样板、有参照，泉州先后打造了19个标准化示范试点，通过树典型，以点带面，推动全市基层河长办标准化建设。永春东关镇河长办作为基层河长办标准化建设样板被《中国水利报》撰文报道。该镇整合水利、环保、农业等工作人员到河长办集中办公。投资50万元在200平方米的空间里建成智慧河长指挥室、综合调度室、水质监测室、综合巡河队及资料室5个办公室，集日常办公、指挥调度、巡查监管、水质监测等于一体，既满足了基层河长制日常工作需要，又保障了东关镇治水管河的软硬件需求，大大提升河长办的战斗力。

永春东关镇河长办

（二）巡河履职：线下巡＋线上巡

1. 线下巡

泉州对河长巡河频次、巡河时间作明确要求“市级河长巡河每季度不少于1次，县级河长每个月不少于1次，乡级河长巡河每周不少于一次，专管员每天不少于一次。每次巡查原则上不少于1小时或河道长度的1/3。”在巡河程序上，严格遵循“巡前做功课—现场巡查—发现问题—派发问题清单—问题整改销号”工作流程，即巡河前，河长要做足功课，做到对河湖情况心中有数，具体是“各级河长办或流域河长办应提前一星期，将排污口分布、污染源清单、河道治理项目、河道问题清单等信息提交给河长，由河长确定巡查河段和巡查内容”；巡河时，按照《河长巡河工作制度》《巡河手册》规定，看九项内容，记录四个方面；巡河后，河长、相关部门立即梳理问题，形成清单，派发至相关责任单位、责任人抓整改落实，问题销号情况应在《巡河手册》中予以体现。

2. 线上巡

运用科技手段助力巡河更规范、更到位。一是智能巡。在重点河流重点河段建成自动水质监测点、视频监控点各600多个，委托第三方对3600公里河道定期开展无人机巡河。二是掌上巡。河长、专管员全员使用巡河APP打卡巡河，并通过巡河APP记录巡河轨迹、上报发现问题。三是“互联网＋”巡。构建市、县两级河长制信息系统，整合一河一档一策信息、视频监控系统、水质监测系统、巡河APP、河长制公众号投诉、内沟河信息管理平台等，实现河流基础数据查询、实时动态监控、巡河工作监督、督办事项闭环销号等。四是电视云平台巡。在市、县两级有线电视开机首页设置“河长制”模块，河长、市民在家就可查询河长制政策法规、工作动态、河流信息以及部分河段实时视频监控，还可进行监督举报，实现云监督。五是“微信@”巡。建立河长制微信工作群，河长应加入所负责流域的微信群，及时关注流域信息动态、回应处理突发问题，督促责任部门或下级河长落实整改。

晋江市是泉州市的一个县级市，经济总量连续20年位居全国百强县市前十。境内的梧垵溪连年水体黑臭、生态退化，2017年7月被中央环保督察组挂牌通报。三年多来，晋江市委常委、组织部部长、梧垵溪河长吴忠刘带领9个部门、5个镇（街道、开发区）共140多名干部组成的工作团队，以“一条河流、一位河长、一个团队、一个专户、一抓到底”的举措强力推进梧桉溪整治。自2019年8月至今，流域内各水质自动监测点位月平均水质均能稳定达到Ⅴ类标准，“河畅、水清、岸绿、景美”的景象正在重现。

晋江梧垵溪流域河长制工作微信群

（三）工作机制：清单管理+闭环管理

1. 清单管理

市级层面，每年编制全市河长制工作计划、六条市级流域河长制工作计划；各成员单位、各县（市、区）年度任务清单、项目清单、问题清单，并明确责任主体、责任人、时间节点；县（市、区）也配套实施清单式管理，做到目标明确、责任明晰。

2. 闭环管理

目标任务明确后，泉州以“督导检查—派发问题—执法联动—问责问效”环环相扣的工作机制抓落实。督导检查方面，在严格落实河长定期巡河督导、专管员一日一巡的基础上，实行周查、月查、季查工作制度，以“四不两直”考评为主，实现河湖监管常态化；派发问题方面，采取“一地一单”或“一事一单”方式，严格落实“分办、督办、查办”工作制度、“督查—整改—通报—销号”闭环管理流程，确保问题“整改不到位不收兵，落实不到位不销号”；执法联动方面，建立“河长办＋检察院、法院、公安局、司法局”司法联动机制，绘制实施涉河涉水损害事件联办流程图，依法、高效惩处涉河涉水违法行为；问责问效方面，在泉州电视台、《泉州晚报》等主流媒体上开辟河长制湖长制曝光栏，曝光河湖突出问题，直面问题促整改。此外，2017 年以来，先后约谈问责了 184 名相关责任人，其中县级河长 14 名，科级河长 85 名。

（四）管水治水：系统治理＋典型带动

1. 系统治理

在总结综合治水和生态水系建设经验的基础上，启动清新流域建设，探索管水治水标准化，即“规划一盘棋、河长一支笔、第三方助力，实现‘清新流域、生态两岸、富美乡村’的总体目标”。一是规划一盘棋。以“控源截污、水质向好”为落脚点，出台《清新流域规划编制纲要》《清新流域工程建设工作指南》，兼顾上下游左右岸，有机结合治水治山治林治田，打造各具特色、清新自然、富有野趣的流域环境生态样板，实现“污水不入河、垃圾不落地”。二是河长一支笔。创新升级河长制综合治水模式，通过河长“一支笔”整合涉水部门项目资金、政策，各部门优势互补、各计其功、形成合力，全方位综合施策，做到生态、经济、社会效益的协调统一。三是第三方助力。推广河湖管护第三方服务做法，依托第三方服务机构开展日常考评、水质监测、无人机巡查、污染源排查等工作，解决人员编制、技术、特殊装备等瓶颈约束，全市已有 6 个县（市、区）引入第三方开展河湖专业管养，管护河道长 1700 公里，水库湖泊 52 座。

2. 典型带动

一是实施流域整治样板工程。已投资 8.3 亿元建成德化蕉溪、永春霞陵溪和南星溪等示范工程 15 个，还有 8 个项目工程正在加快推进。二是评比星级河道。按照“河畅、水清、岸绿、景美、安全、生态”等标准评比“星级河道”，促进全市河流管护的“比学赶超”。2018 年以来，全市共打造 34 条“星级河道”，市财政下达 650 万元专项资金进行奖励。

德化县雷锋镇蕉溪流域通过创建清新流域、星级河道，以山、水、林、田、美丽乡村系统治理为建设理念，以景观要素整合、基础设施联动，整村连片推进，打造了一条“春看樱花、夏观竹海、秋赏稻浪、冬泡温泉”的乡村旅游精品线路，不仅改善了水生态环境，更给当地带来了蓬勃商机，乡村游客数量明显增多，村民收入大幅增加。

德化县蕉溪流域

三、经验启示

（一）标准化建设是河长制工作顺利开展的重要保障

推进河长制能力建设标准化，在组织体系、人员配备、教育培训、考核评价等方面统一标准要求，既能有效提升河长专业能力水平，又能实现河长履职可考核、可评价、可追责；按照有人员、有场地、有制度、有经费、有巡河交通工具、有水质监测设备“六有”标准建设基层河长办，坚持软硬件两手抓，保证了基层河长制日常工作开展需求。

（二）标准化建设是河长制工作高质量开展的重要推手

推进河长巡河履职标准化，将目标任务清单化、工作职责明晰化、工作制度体系化，工作程序规范化，一方面可让河长（专管员）、河长办（河长办成员单位）工作人员迅速掌握政策要求、缕清工作职责，做到履职有章可循、有据可依；另一方面可极大推动河长制工作科学规范运作，从而确保工作落深落细落实落效。

（三）标准化建设是管好水治好水的重要举措

推进河湖管治标准化，以“清新流域、生态两岸、富美乡村”为标准，在认识河流、巡查河流、管护河流和治理河流等方面细化标准要求，将河湖评价指标化、管水治水精准化，有力提升了河湖管护能力和水平；同时，建设一批标准化示范河湖，可以总结经验，形成可复制、可推广的管水治水模式，带动和促进更多清新流域、幸福河湖的创建。

（执笔人：王逸民　李丹蓉　林方亮　陈守珊）

打造数字八闽新样本

——建设福建省河长制湖长制综合管理平台，助力全面推进河长制湖长制*

【摘　要】随着河长制实施的推进及用户需求的不断深化，迫切需要利用信息化手段提升各级河长的认河、巡河、治河、护河能力，有效支撑河长制各项工作任务的监管、跟踪、考核，为各级河长、河道管理者、社会监督员、社会工作者提供及时公开透明的河道监管信息，确保河长制相关工作的开展。自2018年起，福建省水利厅组织中国联通福建省分公司开发建设了全省河长制湖长制综合管理平台（以下简称平台）。平台是根据《福建省全面推行河长制实施方案》，基于人、河湖、事三大元素拓展开发的一套河湖业务管理信息化系统，可满足河湖信息、河湖事务、人员履职、考核评估、督导评估、工程管理等水利业务需求，为服务河长从“有名”到“有实”转变提供了有力的信息化支撑。

【关键词】河长制湖长制　信息化　综合管理平台

【引　言】2000年12月23日，习近平（时任福建省省长）在福建省政府专题会议上提出，建设“数字福建”，攻占信息化的战略制高点，可以统揽我省信息化全局，发挥后发优势，实现社会生产力的跨越式发展，意义十分重大。2016年4月19日，习近平总书记在网络安全和信息化工作座谈会上指出，要以信息化推进国家治理体系和治理能力现代化，统筹发展电子政务，构建一体化在线服务平台。秉承习近平总书记数字福建和水利信息化的思想和理念，福建省自全面推进河长制湖长制以来，充分利用现代科技和信息化技术，打造了福建省河长制湖长制综合管理平台等一系列精品工程，着力提高河流管理科学化、精细化、智能化水平，数字河湖工作取得明显成效。

---

* 福建省河长制办公室等供稿。

一、背景情况

福建省地处我国东南沿海，山地丘陵面积占全省土地总面积的90%，地势呈西北高东南低。省内河流纵横交错，水量丰富，属山区性河流，水流湍急，暴涨暴落，多年平均年径流总量为1168亿立方米，主要河流有闽江、九龙江、敖江、晋江和木兰溪。

作为全国率先推行河长制的8个省份之一，福建省于2014年在全省全面实施河长制，于2016年开始按照中央决策部署全面推进河长制湖长制从“有名”走向“有实”、从全面建立到全面见效，总体工作走在全国前列，仅2019年福建省通过采取“更新理念、更实举措、更高标准、更好机制”全力推动河湖治理落地见效，涌现出了全国最美家乡河莆田木兰溪、福州闽都水城、泉州清新流域、漳州五湖四海等一大批美丽河湖治理样板。

随着河长制实施的推进及用户需求的不断深化，迫切需要利用信息化手段提升各级河长的认河、巡河、治河、护河能力，有效支撑河长制各项工作任务的监管、跟踪、考核，为各级河长、河道管理者、社会监督员、社会工作者提供及时公开透明的河道监管信息，确保河长制相关工作的开展。根据调查，福建省河长制湖长制信息化突出问题主要表现在以下几方面：一是现有数据无法满足河长制的管理需要。福建省涉河湖工程信息化基础比较好，为河长制信息化建设提供了一定的支撑。但还有相当数量的河湖对象信息缺失，不足以支撑河长制的管理需要。二是数据资源与业务系统有待进一步整合共享。河长制业务涉及多个部门，部门间的数据资源交换共享的例子少，因此在实际工作中存在缺乏对数据的有效分析和加工，对业务决策支撑能力不够强，难以满足新时期水利事业发展需求。三是现有软硬件支撑能力不足。水利信息化软硬件支撑环境目前已具备了较好的支撑能力，但对于系统并发数和数据量均非常大的项目建设，尚需根据设计需要在性能上、容量上加以补充，配套虚拟化软件、安全认证平台，升级扩充现有存储系统。四是现有技术标准无法有效支撑河长制工作。全面推行“河长制”是一项重要的制度创新。虽然结合自身工作需要制定了一些技术标准，但是这些技术标准距离在全省范围内的推广和应用仍有较大差距。五是河长制信息化建设观念有待进一步提高。部分地市缺乏河长制信息化建设观念，大部分地市缺少河长制信息化建设思路。

为进一步推进福建省河长制湖长制工作，提升河湖保护管理水平，2018年起，福建省水利厅组织中国联通福建省分公司开发建设了全省河长制湖长制综合管理平台。平台是根据《福建省全面推行河长制实施方案》，基于人、河湖、事三大元素拓展开发的一套河湖业务管理信息化系统。平台按照“省级部署、多级应用”的技术架构组织开发，充分利用了云计算、大数据、空间地理、物联网、“互联网＋”等新技术，将全省河长办、河长、湖长、河道专管员全部纳入管理体系，建立覆盖全省3700多条河流的分级名录，对全省河湖实行网格化管理，构建全省河流水系一张图，系统满足河湖信息、河湖事务、人员履职、考核评估、督导评估、工程管理等水利业务需求，为服务河长从“有名”到“有实”转变提供了有力的信息化支撑。

二、主要做法

福建河长制湖长制综合管理平台建设以“保护水资源、防治水污染、改善水环境、修复水生态”为主要任务，面向总河长、河长、河长办、河道专管员、河道监督员、河道观察员以及社会公众等提供信息化服务。

（一）建立健全河长制数据化管理

河长制业务涉及多个部门，部门间数据资源没有全面融合，不能有效支撑业务协同，与业务管理“用数据说话、用数据管理、用数据决策”的要求相比仍有一定差距。

福建河长制湖长制综合管理平台建设河湖管理监控指挥中心，为福建省河长制综合管理提供基础运行及演示环境。福建省河长办各成员单位已经建设和应用的涉河湖监测监控数据，通过政务信息资源共享交换平台整合到系统中，避免重复投资，通过大数据分析加以利用，完成全省21座大型水库数据和相片、123座中型水库数据、其余3000多座水库基础数据及部分水闸、排涝站信息的分类整理和入库工作，实现了水库基础数据信息的统计、分析和查询等功能。编制了740条河流的一河一档一策，设立了1.39万面河长湖长公示牌，开展了河道管理范围划定，全国率先建立了全域性河湖健康评估体系，对全省179条流域面积200平方公里以上的河流进行全覆盖评价；综合实现福建省流域面积大于等于10平方公里的河流、水面面积大于等于1平方公里的湖泊、小（2）型水库，按照省、市、县、乡生产分级初始名录及空间数据全部入库，为河湖综合管理提供数据支撑。

（二）各级河长湖长工作信息化

由于信息资源开发利用程度不高，各个业务系统之间存在一定的信息壁垒和孤岛效应，难以满足新时期水利事业发展需求。通过信息化手段将“河长制”业务与信息技术深度融合，将助力“河长制”更深入落地，以信息化来保证过程执行、结果反馈，确保信息及时、有效，提高工作效率以及管理水平。

福建省的河流数量多、战线长，在监管上存在很多难题，仅靠人力难以解决，智能化管河就是要让河湖自己“说话”，充分利用资源、实现共享。各级河长湖长、河道专管员通过福建巡河APP进行智能巡河，巡河后形成巡河轨迹，每日巡河数据上报平台，通过手机拍照结合文字输入的方式将巡河过程中的事件上传，利用平台解决所辖范围内需要上级主管部门协调解决的治水难题，当管辖区域发生问题时，各级河长可以通过手机查看管辖区域的即时情况，应急发挥、批示，一线工作人员会应声而动，作为第一责任人马上到位及时处理问题，问题处理完成后，还要在同一位置同一角度将治理后的情况拍照回传，实现任务派发、事件处理、信息报送数字化管理，为用户提供方便快捷的工作方式，加强各级河长之间的交流。基于福建省河长制湖长制综合管理平台，增设了河湖监控视频探头1330多个，可在调度中心实现24小时实时监控、及时预警，大大提高了工作效率，为河长制数据化管理提供技术支撑手段。对河湖动态实施监控，受理河湖治理事件，委派巡查任务，辅助应急决策整合，累计排查整改了河湖“四乱”问题2056个、拆除涉河建筑1.1万平方米，取缔采砂堆砂点544处，整治河道岸线667公里、县级水源地问题252个、河道“无人岛”125个；52条小流域水质跨类别提升，优化了水质交接断面2551处。

（三）全方位、全覆盖、多层级的河长制综合信息服务

如何实现省、市、县、乡四级河长、河道专管员等用户资源共享、协同办公？福建省河长制湖长制综合管理平台通过河道网格化管理，实现将福建省5829名河长、448名湖长、1182个河长办和12197名河道专管员全部纳入管理体系，形成流域河长树状图，面向各级领导、工作人员提供不同层次、不同维度、不同载体的查询、上报和管理系统，建立河道管理监督规范。河湖-张图模块通过电子地图，可看到全省所有河道总览情况，河道分行政区域、分等级呈现，账户分权限查看，显示辖区内河湖信息、水情、雨情、交接断面水质、污染源、公示牌、实时视频监控等多种数据信息。交接断面各地从Ⅰ类到劣Ⅴ类的河道水质以不同颜色标注，一目了然。首页展示总体描述福建省4000多条河流、1000多座水库，10余个湖泊的水质及水文总体概况，并在统计数据的基础上，以表格图片的形式展现福建省河湖库水质的总体变化趋势、河长专管员的综合排名等相关信息。

（四）河长制工作技术标准规范化

全面推行河长制，实现每一条河流都有河长的目标，如何建立统一的技术标准规定，确保全省河长制工作实施始终在统一的技术体系框架下进行，科学指导和支持地方规范化、系统化推进河长制工作？

福建省河长制湖长制综合管理平台包括统一的管理系统，消除信息孤岛，确保业务流程统一、数据完整，支持省、市、县、乡四级管理，为各级河长提供首页、河湖信息、事件清单、履职情况、资料情况、工作台等功能，支持网页访问。"河长制一张图"把重要的河湖管护基础信息通过一张电子地图的形式展现在各级河长面前，实现信息管理的可视化，达到河湖健康管理工作"挂图作战"的效果，实现与水利部上报系统的数据对接，全面提高工作效率。

（五）全民共治，实现河畅水清

以为人民谋幸福为初心，全力打造"幸福河"，人民群众的感受最直观地反映生态文明的成果。当前社会公众参与河湖治理的意识越来越强，福建省河长制湖长制综合管理平台通过与门户网站、公众服务微信平台

对接，多渠道面向公众提供河长制服务，展现河长制建设成果，并接受全社会监督。

通过开通全省96133河长制湖长制监督联络电话，全年全时段受理投诉举报，形成事件清单，纳入福建省河长制湖长制综合管理平台，实现任务派发、事件处理与反馈、信息报送的数字化管理，切实加强了社会监督力度。门户网站既是河长制的综合信息服务网站，也是政府面向社会公众提供信息服务的第一入口，又是政府展示形象、发布信息、与公众互动的网络窗口。公众通过扫描微信平台二维码可以关注福建河长制湖长制公众号，查看全省每条河流的基本信息、监测信息以及河长工作动态。同时公众号提供监督举报入口，引导公众参与河湖治理，通过审核的违法事项，将在门户网站进行发布，使公众成为各级河长湖长的“参谋助手”，形成一个河道信息发布、河道管护监督、工作成效展示、热点问题回应的良好互动平台。营造全社会共同治水的良好氛围，推进河长制信息化管理工作，切实提升河道管理效率，最终为提升水安全发挥重要作用。

三、经验启示

福建省河长制湖长制综合管理平台，旨在为各级领导、各级河长办、各级河长湖长、河道专管员、监督员、观察员、社会公众提供基于统一信息服务平台、统一业务管理平台和统一公众服务平台、统一监控演示管理的综合信息化环境，满足PC端、手机端、门户网站和微信公众号等多方式应用需求。总结项目建设历程，对于全面推行河长制湖长制工作，主要有以下几点经验启示。

（一）必须重视河湖管理信息化建设

按“十三五”水利信息化发展的总体思路中“以创新为动力，以需求为导向，以整合为手段，以应用为核心，以安全为保障，强化水利业务与信息技术深度融合，深化水利信息资源开发利用与共享，坚持公共服务与业务应用协同发展”的要求，通过信息化手段将河长制业务与信息技术深度融合，将助力河长制更深入落地，以信息化来保证过程执行、结果反馈，确保信息及时、有效，提高工作效率以及管理水平。

（二）必须强化各级部门业务协同

河湖管理保护是一项复杂的系统工程，涉及上下游、左右岸、不同行政区域和行业。具体执行由河长牵头协调，各部门紧密协作，通过加强河长与河长之间的沟通，区域与区域之间的沟通，实行一河（湖、库）一策来完成治理目标和任务；各部门明确责任、各司其职、统筹治污，缺一不可。所以，河长制业务开展纵向涉及省、市、县、乡不同行政级别河长、河长办，特别是跨行政区域流域，横向涉及多个部门业务联动和信息共享。在这种复杂的协同办公体系下，需要一个针对性的信息化系统支持上下级、上下游、部门间高效完成协同联动。

（三）必须实现全社会共同参与

河湖是全社会的河湖，河湖的管理保护需要全社会的共同参与。设立河长湖长公示牌，开通96133和微信公众服务号等监督窗口，让群众能够实时了解河湖基本情况、河长湖长信息及联系方式等，设置“投诉与意见”功能，引导群众动态参与河道监督，形成一个河湖信息发布、河湖管护监督、工作成效展示、热点问题回应的良好互动平台，营造全社会关注和保护河湖的良好氛围，切实增强人民群众的参与感和获得感。

（执笔人：陈吉明　丘轲昌　余煜航　任晓月　林铭　林晓梅　翁樱华）

攥指成拳抓执法　秀美生态展新颜

——宜黄县以生态综合执法为抓手实施河长制的做法与启示*

【摘　要】宜黄县自2016年实施河长制工作以来，积极推进相关工作，但在执法监管时，出现了职能重叠、执法分散、相互推诿等工作难题，从而导致水事违法现象频繁发生、屡禁不止。针对该类现象，宜黄县在抚州市率先推进生态综合执法改革，组建了县生态综合执法大队和乡镇中队，行使相对集中的生态行政处罚权，解决了以往在河湖领域执法监管中出现的权责不清、衔接不畅、执法力度不足等问题，走出了一条国家重点生态功能区创新生态治理的新路子，构建了一幅县域内“山清水秀鱼儿欢”的生态新画卷。

【关键词】生态执法　联合执法　专项行动　执法监管

【引　言】执法监管工作是河长制工作六大主要任务之一，本文通过对宜黄县在前期执法监管工作推进中存在的职责不清、执法权分散、部门衔接不畅等问题的分析探讨，研究出通过多部门抽调人员组成新执法机构，开展职权委托、统一指挥、联合执法，整合行政执法和刑事司法力量形成“五位一体”联动格局等方式，解决了以往推诿扯皮、衔接不畅等执法监管中存在的问题，期望通过本文的详细介绍为同类型问题的解决提供一定的借鉴参考，获得相关部门和人士的意见建议。

一、背景情况

宜黄县处于抚河临水上游，境内水系发达，溪流众多，分布均匀，宜黄河主要支流有宜水、黄水、曹水、梨水，在县境内组成独立完整的体系。从2016年5月开始，宜黄县以河长制为抓手，以“河畅、水清、

* 宜黄县人民政府供稿。

岸绿、景美、人欢、鱼跃”为目标全面打响了整治河流水域的行动，列入河长制管理范围的为宜黄河干流及其流域面积10平方公里以上的大小支流共47条河流，共涉及全县12个乡镇、82个行政村，人口108711人。

在河长制推行前期，山清水秀的宜黄，生态环境也曾面临严峻挑战。据该县时任发展改革委主任反映：“有一段时间，县里有近50家河道采砂场，宜黄河里处处是挖机。”时任环保局局长认为，基层生态保护工作的一个难点，就是生态保护力量与严峻的生态形势及日益凸显的生态价值并不相称。该局反映：“局里能够到一线执法的人员也就10个人，局里还有很多中心工作，也牵扯了大量精力。想干好基层生态保护工作，靠拖拉机车头拉火车是搞不赢的；而且，生态环境保护涉及部门多，执法时‘九龙治水’、交叉执法、尺度不一等问题也客观存在。”县河长办根据基层反馈和实地调研发现，在河长制执法监管工作推进中，出现了职能重叠、执法分散、相互推诿等关键难题，河湖水域监管执法困难较大，无法取得强有力的执法效果，难以形成长效监管，从而导致水事违法现象屡禁不止。通过原有的方式继续对河湖水域进行执法监管显然不能达到河长制制定的目标，急需凝聚执法合力，创新生态执法方式，走出一条生态治理的新路子。

二、主要做法和取得成效

（一）攥指成拳，破解“九龙治水”难题

宜黄县相继成立了县委、县政府主要领导任组长的县生态文明先行示范区建设领导小组和县生态综合执法工作领导小组，并组建全市首支生态综合执法大队，从农业、林业、水利、环保、国土、公安、法院、检察院等8个部门抽调了25名执法队员，由县森林公安局局长担任大队长，分为3个大队，一个机动大队、两个巡察大队，全天候、全域性开展生态巡查，实行“集中办公、统一指挥、统一管理、综合执法”。同时，将大队公用经费纳入财政预算，落实了办公场所、执法用车、执法取证器材等。大队依法接受农业、林业、水利、国土、环保部门部分行政处罚权委托，实行相对集中行政处罚权，包括水污染防治、河道管理、渔

业保护、畜禽养殖、水土保持、土地管理、森林采伐、矿产管理等8个方面。生态综合执法大队的成立，有效破解了宜黄县过去公安、农林水、国土、环保、森林公安、市场监管等部门对生态案件多头执法甚至相互推诿扯皮“九龙治水”的难题。

宜黄县生态综合执法大队办公大楼

（二）“五位一体”，构建联动执法格局

在前期执法过程中，曾经出现过部门单独执法而出现对不法分子威慑力不足的现象。例如县水利局反映，部门单独执法时，威慑力就远不如有公安参与。2016年曾有这样一个案子：在晚上12点后接到举报称在宜黄河流域有人偷采河砂，可当部门执法人员到了现场后，对方根本不把部门执法人员放在眼里，并且明目张胆地把挖机等设备全部拉走，但如果有公安干警在，他们就会收敛一点。针对单独执法威慑力不够等部门联动不足产生的问题，宜黄县创新方式，积极采取措施，整合行政执法和刑事司法力量，在全省创新设立了生态110、生态检察室、生态法庭、生态纪检室，与生态行政执法共同构成“五位一体”联动格局，并建立了办案协作、信息共享、案情通报、案件移送等制度，实现了行政处罚与刑事处罚无缝对接。

通过与法院、检察院的衔接，为执法过程中的量罚和量刑提供了可靠的司法依据，并对相关案件实行快立、快审、快结、快执；通过与公安部门的衔接，严厉打击阻碍妨碍执法、暴力抗法等各类河湖水域中违法犯罪行为；通过与纪检部门的衔接，对河湖水域执法过程中遇到的慢作为、不作为和为官不为等行为进行问责。“五位一体”的联动机制和有效衔接，为河湖水域综合执法提供了坚强保障，为全县河湖水域优美的生态戴上了“护身符”。同时，完善办案督查监督和责任追究制度，及时纠正、查处执法活动中的失职、违法行为，确保执法人员依法办案，坚决杜绝“关系执法”“人情执法”“选择性执法”。

（三）主动出击，亮剑生态违法行为

生态综合执法的实施，有力地推进了一个个专项行动，使生态执法从“被动等待”转变为“主动出击”，促进了水岸共治。例如：深入推进“清河行动”，合理划定“三区”，对禁养区内生猪规模养殖场全部关停拆除；实施水产养殖污染专项整治行动，对境内下南水库、观音山水库等五大水系上的水产养殖户开展专项巡查，严厉处罚污染水源行为；开展炸鱼、毒鱼、电鱼等渔业资源保护专项整治行动，在鱼类产卵繁殖期实施三个月禁渔期的基础上，在全县各乡镇固定河段设立禁渔区；深入推进河滨生态带恢复行动，投入2000余万元对县城宜水、黄水岸边菜地进行清除平整，种植水生生物、花草树木。深入开展生活饮用水源保护行动，对全县小（2）型以上水库基本实现“人放天养”。一系列专项行动的开展，有力地守护着县内河湖水域的秀美生态，全县水环境质量常年达到或优于国家Ⅱ类水质标准。

经过职能完善和一系列的综合执法行动后，全县生态环境不断修复和优化，先后被纳入国家重点生态功能区、省第二批省级生态文明先行示范县。目前，已创建了国家级生态乡镇4个、省级生态乡镇11个、省级生态村15个、市级生态村42个，娃娃鱼等“国宝级”野生动物频现。2018年8月31日，全省河长制工作培训班学员共计160多人到宜黄开展现场观摩教学，通过实地观摩，学员们对河长制工作给予肯定，高度称赞改善水生态环境提升水景观、加强生态执法实现山清水秀鱼儿欢等工作的经验做法。他们表示，宜黄河长制工作亮点突出、效果明显，对他们触动很大，值得好好学习借鉴。

自主创建的省级水生态文明村——桃陂歌坪

省级水利风景区——宜黄曹山水利风景区

绿水青山入画来——下南水库退养后的生态美景

三、经验启示

（一）刚柔并举，彰显生态执法新理念

充分发挥生态综合执法效能，实施严柔并举的执法理念，推进河湖水域生态修复，这是一条必由之路。刚，就是对河湖水域生态违法行为严厉打击。生态综合执法大队成立以来，充分利用队伍工作职权较为集中的优势，不断加大工作力度，制止了多起电鱼、河道非法采砂等案件，有的案件还通过县新闻媒体公开曝光，对不法分子起到了较大的教育和震慑作用。2017 年 4 月 1 日，县生态综合执法大队接到举报称位于圳口乡的下南水库水产场因养鱼涉嫌污染水源时，当即对业主进行调查核实，并立案移交司法部门，根据案件事实，有关部门依法对其处以巨额罚款。生态执法人员的这一次严厉打击后，因养鱼而造成水污染的事件在宜黄再也没有发生过。柔，就是秉持“修复性理念”审判河湖水域生态案件。对破坏河湖水域环境资源类案件不再一罚了之，而是由生态法庭专业团队审理，开展生态修复性司法，要求当事人就地修复，无法就地修复的则在基地内承担替代性补植复绿责任。这一理念，让当事人参与到生态修复、生态保护的队伍中，体现了法律的人性化和社会化，促进了法律效果、社会效果和生态效果的最大化，做到办结一起案、恢复一片绿、教育一群人。

（二）双轮驱动，实现高效监管新常态

一方面，推动全民监管。充分发挥群众力量，建立举报奖励制度，对举报破坏生态环境的违法行为予以 200～3000 元奖励，构建全民参与的生态环境保护监管体系，为群众提供了参与环保的平台，群众环保意识增强、环保热情高涨，多次主动向生态综合执法大队报告和举报生态违法事项。2017 年 4 月 28 日，一名县退休职工在宜黄河中钓到一条重达 3 斤 8 两的野生娃娃鱼，该职工通过宣传途径得知娃娃鱼是国家级保护动物，立即向县生态综合执法大队报告，执法人员迅速赶到现场，当场放生娃娃鱼，并给予该职工 600 元奖励。

另一方面，推动智慧监管。运用视频监控技术，对流域河道采砂、炸鱼电鱼、水源污染等重点部位进行监控，发现问题苗头及时出动执法，

有效掌握了各处的实时情况，遏制了生态违法现象的蔓延，促进了生态环境改善。

（三）完善机制，开创综合改革新局面

为进一步强化河湖领域生态执法监管工作，宜黄县将探讨通过两个方面深入完善生态综合执法工作的开展。一方面，设立宜黄县生态综合执法局。积极争取省里支持，在宜黄县先行先试设立县一级生态综合执法局，固定人员、编制、岗位，并建立起与相关部门工作联系机制，使生态综合执法大队这一“临时”机构“转正”。同时，向省法制部门申请执法权限，形成更为集中有效的执法体系。另一方面，建立健全执法考评机制。切实强化队伍内部管理，实行严格的考勤考核制度，并细化责任分工，把执法职责明确落实到具体岗位。同时，制定相应的奖惩工作机制，将各乡镇的生态执法工作成效纳入工作考评范围，推动生态领域的监管和执法更加规范、有序、高效运行。

（执笔人：叶峰）

河长发力　流域统筹　区域联动

——南四湖插花段法治拆违纪实*

【摘　要】南四湖为我国北方最大的淡水湖，承接鲁苏豫皖4省8地市客水，流域面积大、水污染防治任务重，行政边界水事矛盾纠纷多，部分地段至今没有明确的行政界线。济宁市在全面实行河长制中，针对南四湖清违清障工作，坚持依法依规，实事求是，创新工作联动、执法、监督、督查、管护及社会共治等体制机制，打破行政区域壁垒，河长牵头、流域统筹、共商共议、多方联动、整合资源、协调配合、法治整治，共推南四湖清违清障，形成了跨区域联动治水的良好格局，助推河长制湖长制工作落实，以期实现“河长治”。

【关键词】河长制湖长制　南四湖法治拆违　河长履职　流域统筹　区域联动

【引　言】2017年11月20日，习近平总书记主持召开十九届中央全面深化改革领导小组第一次会议，审议通过《关于在湖泊实施湖长制的指导意见》，在湖泊全面实行湖长制，维护河湖生命健康，对完善水治理体系、保护水生态环境进行重大制度创新，推动解决上下游、左右岸复杂水问题。2018年10月，水利部印发《关于推动河长制从“有名”到“有实”的实施意见的通知》，推动河长制实现名实相副，细化实化河长制六大任务，集中解决河湖乱占、乱采、乱堆、乱建等突出问题，将河湖“清四乱”常态化规范化作为纵深推进河长制“有名”“有实”的重要抓手，推动河湖面貌明显改善。

一、背景情况

南四湖为我国第六大淡水湖，是我国淮河以北地区面积最大、结构完整、保存较好的内陆大型淡水草型湖泊湿地。位于济宁市南部，由南阳、昭阳、独山、微山四湖连接而成，承接4省8地（市）34个县（市、

* 山东省济宁市河长制办公室供稿。

区）3.17万平方公里来水。南北长126公里，东西宽5～25公里，湖面面积1266平方公里，总库容41.21亿立方米，兴利库容18.82亿立方米，最大防洪库容54亿立方米，入湖河道53条（湖东28条，湖西25条）。1962年二级坝修建后，形成上、下级湖，上级湖面积602平方公里，下级湖面积664平方公里。同时也是国家南水北调东线重要调蓄水库，具有调节洪水、蓄水灌溉、水产养殖、航运交通、改善生态环境等多种功能。南四湖湿地生态系统典型、生物多样性丰富、自然景观独特、历史文化丰富。

1952年以前，南四湖由江苏、山东两省8县分管，在物资匮乏年代，湖区群众经常为争夺湖产引起纠纷或械斗，为统一管理南四湖，1953年国务院批准，“以微山、昭阳、独山、南阳四湖湖区为基础将湖内纯渔村及沿湖半渔村划设为微山县”，统一管理四湖。1956年国务院批复：“南四湖湖面由微山县统一管理。”南四湖区东与邹城市、枣庄滕州市、微山县毗邻，西南与江苏省沛县、铜山县接壤，西北与鱼台县、金乡县、任城区为邻，湖东济宁与枣庄插花，湖西、湖西南、微山与沛县、铜山插花，部分地段至今没有明确的行政界线，也为南四湖区域发展与管理带来不利。

南四湖湖泊资源丰富，享有“日出斗金”的盛誉，丰富的湖泊资源为湖区经济社会发展提供了长足动力。20世纪八九十年代，随着经济社会发展进程不断加快，由于监管力度不强、法制观念不够、长远战略和生态环境保护意识薄弱，南四湖资源过强度利用，忽视生态供需平衡，入不敷出致使南四湖经常连警戒水位都无法保证，在2001年、2002年还出现极端大湖干涸现象，沿湖群众大肆侵占湖面，围垦湖田，从事渔湖业养殖和种植，依湖岸兴建码头、圈地建厂，对湖泊无度、无序的开发利用导致了湖泊生态环境退化，湖面萎缩、自然面貌破坏、水生植被大量消失，湖泊丰富的资源日趋低值化、低龄化。

党的十八大以来，以习近平同志为核心的党中央高度重视生态文明建设，将其纳入“五位一体”总体布局，作出一系列重大部署。在2016年年底中央全面深化改革领导小组会议上，习总书记部署全面实行河长制，推动生态环境保护发生历史性、转折性、全局性变化。按照中央关于全面实行河长制的工作部署要求，及水利部“水利工程补短板、水利行业强监管”的发展总基调，山东省委省政府高度重视，以河湖“清四乱”为抓手，重拳出击，以决战决胜的姿态铁腕治乱，向河湖管理中的顽疾宣战。济宁市委市政府两位总河长签署5期总河长令动员推进，总河长会、现场会、专题会议进行落实，县、镇级总河长一线指挥，推动整改。2017—2019年“清河行动”3年攻坚期间，南四湖区域排查“四乱”问题600余项，涉及码头港口、光伏、违章管护房、酒店、违建厂房、居民唯一住房、鱼塘等。面对问题多、困难大、情况复杂的实际，济宁市坚持问题导向，实事求是，兼顾民生与发展，对问题进行区分对待，分类整治。其中在水利部暗访反馈微山湖鲁苏边界润生新材、万城铸造、李营建材3家违建企业整治上，提出流域机构牵头统筹、区域联动执法、法治清理整治的意见，按期啃下了这块硬骨头。

二、主要做法

济宁市委市政府在落实河长制湖长制上紧紧抓住“总河长负责制”的核心，通过河长的统筹协调推动上下游、左右岸的联防联治，协调解决突出重点难题，河长制的制度优势得到充分显现。

（一）各级总河长齐上阵

济宁市市、县、乡（镇）3级总河长均由党、政主要负责同志担任，在2019年度，市级河长履职情况纳入市级领导年度述廉述职工作内容。南四湖苏鲁插花段违建厂房问题涉及水利、国土、工商、公安、法院等多个单位部门，单靠水利一家业务部门协调能力远远不够，河长在打赢这场没有硝烟的战役中起到了决定性作用。市级总河长亲自调度，先后10余次批示，将南四湖违建厂房整改问题纳入济宁市重点攻坚年项目和挂图作战平台，实行蓝红黄标识，动态监管，向县级总河长致出一封信，召开专题会议进行研究落实，先后5次赴淮委、省厅进行汇报协调，争取国家部委、流域机构、省厅支持理解。县级总河长上阵一线，镇级总河长现场指挥清理整治，充分发挥出河长的龙头作用，也充分显现出河长制度优势，达到中央部署实行河长制的初衷期望。

（二）流域机构牵头统筹

2019年5月，水利部向江苏、山东下发了清理整治微山湖“四乱”

问题的函后，淮委流域机构以河长制为平台，统筹流域协调、形成工作合力，在协调山东微山、江苏铜山双方联合整治中起到关键性作用。2019 年 6 月，淮委流域机构不等不靠，对鲁苏插花段涉事企业水事违法事件立案查处，从反馈问题特殊的地理位置出发，组建督察组，调查涉事企业现状，摸清人员属地、土地管辖、税收缴纳等问题，经过多次实地调查核实，掌握了涉事企业的相关情况，多种方式向涉事企业做了调查笔录、勘验笔录，并送达相关法律文书。2019 年 10 月、11 月和 2020 年 3 月多次牵头召集山东微山、江苏铜山及相关乡镇座谈会商，根据查处情况，对违建案件三方进行会商分析，共商清理整治时间、方式、联合执法方案等，明确清理拆除内容、位置，形成《关于依法清理整治水利部暗访微山湖插花地段“四乱”问题的协调会会议纪要》，敲定了三方联合整改方案及联合行动方案，凝聚了跨行政区间的攻坚合力，也坚定了拿下清违清障攻坚战的信心和决心。

（三）地方区域联动整治

济宁市落实河长制湖长制过程中，在建立健全会议、部门联动、督察督办和考核问责等 9 项制度基础上，创新体制机制建立，针对南四湖流域面积广、跨区域治理难度大的实际情况，创新工作联动、执法、监督、督查、管护及社会共治等体制机制，打破行政区域壁垒，与江苏徐州探索建立边界水问题处理“情况信息联通、矛盾纠纷联调、河湖污染联治、防汛安全联保、非法行为联打”的“五联机制”，实现跨区域联动治水，在清理整治微山湖鲁苏插花段违建厂房问题上起到了保障性作用。2019 年 5 月、11 月，徐州市副市长、河长办主任及徐州市水利局一行先后来济宁市就河长制工作进行会谈交流，就打好碧水保卫战、河湖保卫战互商意见，共推河湖“清四乱”达成共识。2020 年 3 月 27 日，在执法主体淮委流域机构牵头下，济宁微山、徐州铜山河长办，微山韩庄镇政府、铜山利国镇政府集合就位，集结执法人员 130 余人，调集铲车、挖掘机等设备 10 余台，警戒、拆除、维稳、协调、后勤等各工作组各负其责、密切配合、联合行动，一天时间完成了违法建筑物、构筑物的依法拆除，实现了“流域＋区域”联合执法成功案例。

（四）严格程序法治执行

济宁市在处理微山湖鲁苏插花段违建厂房问题上坚持实事求是，坚持“法治”，杜绝“人治”，在多次向上汇报协调基础上，坚持严格执法程序，既保护了涉事各方合法权利，也维护了公平公正依法治国的根本要求。2019年6月10日至12日，流域机构水行政主管部门先后对该3家涉事企业水事案件进行立案，例如查处微山润生新材料有限公司，6月11日进行立案查处，6月13日向被调查法定代表人蒋超进行当面调查，现场勘验笔录纪实，双方签字认同，当面送达责令整改水事违法行为通知，告知自行清理拆除违法构筑物位置内容及时间期限，并告知当事人陈述、申辩权利；7月2日，涉事企业主体未履行，执法主体向润生新材料有限公司送达行政处罚告知书，7月18日，向润生新材料有限公司送达行政处罚决定书，并告知当事人申请行政复议或向法院起诉的期限、权利。2020年3月，水事行政处罚到期后，当事人在复议、诉讼期间未执行，也未提出申请，水行政主管部门向法院提请强制执行决定书，微山县人民法院作出“准予强制执行韩庄枢纽局作出的强制执行决定书”的裁定，实现了河湖“清四乱”法治化，为淮委流域机构与地方政府联合执法清理整治提供了法律保障。

润生新材、万城铸造、李营建材3家违建企业驻地、企业法人均在江苏铜山利国镇境内，但注册地在山东微山县，致使两县区无法进行有效管控，其目的就是打擦边球，逃避两地日常监管和打击，也是历史遗留下的顽疾。在处理该跨行政区整治问题过程中，济宁市始终坚持将两省之间矛盾冲突风险降到最低，采用河长牵头、流域统筹、区域联动、法治整治的做法，既维护社会稳定，又坚定对违法违规问题坚决整治的态度与决心。

三、经验启示

（一）河长履职是核心

河长制的实行，河长是“领队”，其领导决策、组织推动作用至关重要，也是推动河长制湖长制“有名”“有实”的关键。特别是在压力传导，协调解决流域间、跨行政区域间的重大问题，推动上下游、左右岸联防联治上起到非常有效的作用。河长湖长制度落地生根应进一步落实河长"治、管、保"责任，充分发挥河长的监督、协调作用，通过河长"中轴"，将地方政府、主管部门、成员单位有机整合，充分发挥主观能动性，合力提升治水管水整体成效。

（二）流域统筹是关键

山水林田湖草是一个生命共同体，江河湖泊是流动的生命系统，我市南四湖承接着4省34地市客水，53条入湖河流跨行政区域现象普遍，河长制推进中极易造成边界不清、权属不明、管护难度增加等客观问题，流域管理机构在统筹南四湖流域内上下游、左右岸协同联动上作用关键，既要平衡好上下游、左右岸不同地区涉益者间利益，又要统筹好流域内地方政府治理积极主动性。处理南四湖边界水问题应进一步建立完善信息联通、纠纷联调、污染联治、防汛联保、执法联合机制，形成治水合力，实现区域共治。

（三）区域联合是基础

河湖治理是一项系统工程，河湖源头到源尾跨越多个行政区域，应打破行政体制约束，破除条块分割局面，共同研究合作事宜，加强区域合作治理，拓展合作领域的深度、层次，建立协同共治模式。对于南四湖边界敏感水域可以通过组建河长制联合推进办公室，联合巡湖、联合监管、共同保洁，针对多年的跨界河湖治理难题联合监管、会商、执法，提高执行力，推动跨省河湖责任共担、问题共商、目标共治的联防联治格局。

（四）法治保障是根本

河长制这一治水创新制度的顺利实行，法治是根本性保障，也是推进河长制健康发展的基础。河长制的实施有效解决了过去"九龙治水"的局面，在治理水环境、保护水生态上取得了突出的成绩，通过考核、问责等方式最大限度的整合了党政机关执行力，符合中国社会国情特色。河长制实行过程中存在一定"人治"色彩，也是制约河长制长远发展的瓶颈。考虑到河长制的长远发展，应进一步推进各级立法完善河长制法律体系，将其法制化，通过立法方式加强保护，为河长制的实施提供坚实的法律保障，推进河长制健康发展。

（执笔人：王利）

打造精致河湖　建设精致城市

——山东省威海市以河长制湖长制为抓手推进精致城市建设实践样本*

【摘　要】 绿水青山就是金山银山，生态是威海的金名片。多年来，威海市坚持生态立市、环境优先，以全面推行河长制湖长制作为生态文明建设的重要抓手，有力促进了人与自然和谐共生。2019 年，成功入选第三批国家生态文明建设示范市县名单，位居中国城市绿色竞争力第 15 名。蓝天白云，繁星闪烁，清水绿岸，鱼翔浅底，已经成为威海的典型标志。

【关键词】 河长制湖长制　精致河湖　精致城市　威海

【引　言】 2018 年 6 月 12 日，习近平总书记亲临威海视察，作出“威海要向精致城市方向发展”的重要指示。威海市牢记总书记的殷切嘱托，把落实河长制湖长制作为“精致城市·幸福威海”建设的重要内容，按照节约水、广蓄水、引客水、淡海水、用中水、治污水“六水共治”的思路，以改革创新为动力，以责任落实为抓手，统筹施策，精准发力，实现河长制湖长制从“有名”向“有实有能”、从全面建立到见实见效转变，凸显了威海市一以贯之加强生态文明建设的坚定决心。

一、背景情况

山东威海地处胶东半岛最东端，三面环海、一面接陆，素有“千里海岸线·一幅山水画”“走遍四海·还是威海”之美誉。全域拥有河流 504 条、湖泊 426 个，其中流域面积 50 平方公里以上河流 31 条、入海河流 14 条，河流丰枯、水质优劣不仅关乎流域生态环境和水资源安全，而且直接影响海洋生态环境。2017 年以来，威海市深入贯彻落实习近平生

---

* 山东省威海市水务局供稿。

态文明思想，把落实河长制湖长制置于发展全局，坚持市域一体、陆海统筹，聚焦管好“盛水的盆”和“盆里的水”，全面做好水资源保护、水域岸线管理保护、水生态治理修复和涉河湖执法监管，河湖管理水平明显提升，呈现清水绿岸、鱼翔浅底的景象，赢得社会各界广泛赞誉。

二、主要做法

威海市把打造精致河湖作为提升精致城市品质的重要标准，不断夯实工作基础，持续加强综合治理，落实市、县、镇、村四级河长2576名、湖长932名，实现“河河有人看、湖湖有人管”，并通过建立健全联席会议、督察督办、考核问责、巡河巡湖等工作机制，形成河湖管理保护合力。

（一）坚持系统治理、科学兴水，变“缺水”为“有水”

威海市境内没有大江大河，水资源主要来自7、8月的天然降水，多年平均降水量770.6毫米，人均水资源占有量仅573立方米，不足全国平均水平的1/4，属严重缺水地区。同时，受降水分布不均、海岸线长等因素影响，每年约有70%的降水直排入海、成为“过路”水，仅母猪河、乳山河、黄垒河3条主要河流平水年弃水量就达4.75亿立方米。

为从根本上解决水资源短缺、河道季节断流、河湖生态退化等问题，威海市以全面推行河长制湖长制为抓手，把保障水资源安全同破解交通瓶颈、保护海岸线生态资源一起，摆在全市“三个力保”的战略高度，统筹做好节约水、广蓄水、引客水、淡海水、用中水、治污水等“六水共治”文章，走出一条具有滨海城市特色的科学兴水新路。一是大力实施河道拦蓄工程。投入40多亿元，实施米山水库增容、香水河拦蓄、黄垒河地下水库等11项水资源开发利用工程，恢复和新增水利库容2.5亿立方米。投入32亿元，高标准完成母猪河、乳山河等31条重点河流（段）和268条穿村过镇小河道修复保护609公里，最大限度保障生态流量，让河流常年有水。其中，黄垒河地下水库采取梯级开发拦蓄雨洪资源，年可新增蓄水能力4215万立方米，平均抬高地下水位1.5米，实现水资源开发利用与生态环境有效改善的双提升。二是加强区域水资源整合利用。依托南水北调工程在域内线路布局，统筹16座大中型水库、9

条重要河流，加快实施北、中、南三大骨干水系连通工程，构建起本地水、长江水、黄河水联合调度、丰枯调剂、余缺互补的水资源调配体系。目前，威海市区已将7座供水水库串联贯通，荣成、乳山局部水网相互贯通、互为备用，有效利用库容2.1亿立方米。三是拓展非常规水利用空间。针对过去中水直排入海、再生利用率不高的实际，重点加强非常规水利用，形成以用水大户回用为主、城市杂用为辅、兼顾城市生态补水的再生水利用格局，市区再生水回用率提至37%。注重发挥海滨城市优势，围绕热电、核电等工业用水大户和远洋渔船、海岛开展海水淡化，海水淡化能力达到1.7万立方米每日，利用海水直流冷却每年可替代淡水3000万立方米，有效节约宝贵的淡水资源。

（二）坚持精准施策、全域治水，变“有水”为“美水”

优美的生态环境是最普惠的民生福祉。威海市始终突出全域特色，坚持清违整治与环境优化两手抓两手硬，持续推进水生态治理和修复。一方面，突出全域统筹，大力实施河湖三年绿化整治行动。坚持全域覆盖与分类治理、统一规划与分步实施相结合，同步管护好“上下游、干支流、左右岸”，自2017年累计投入20亿元，对504条河流、16座大中型水库实施绿化整治，着力构建涵养水源、保持水土、防治污染的绿色天然保护屏障：①对16座大中型水库水源地，随地就势外延150米，划定200米范围实施绿化整治，种植抗病虫害、污染少的灌木类等水土保持林木或防护林；②对文登抱龙河、荣成樱花湖等城市内河湖，结合城市景观建设进行高标准打造，建成供市民休闲娱乐健身的亲水公园，形成碧波盈盈、绿水如带的美丽河湖景观；③对环翠羊亭河、经区逍遥河等城郊河道及穿村过镇小河道，结合乡村振兴战略和美丽乡村建设，采取清淤清障、绿化整治、景观打造等综合措施，全流域推进安全生态水系建设，建成宜居宜游宜业的经济社会发展产业带和生态长廊；④对乳山下石硼等农村偏远河道，通过改良修复河床河滩河岸，恢复滩地覆盖植被，尽量保护水质，保持河湖原生态，让人望山见水、乡愁可寄。另一方面，突出示范带动，样板引领河湖综合治理。河湖是一座城市的灵魂。威海市启动实施“精致河湖”评选建设行动，引领全市河湖建设管理提档升级，引导市民关注河湖治理、参与河湖保护，打造人水和谐的精致威海，目前已评选出乳山潮汐湖、临港区林泉河等首批精致河湖7条。其中，乳山投资2.5亿元，完成生态修复与海岸带整治兼顾的潮汐湖，为鸟类、鱼类提供丰富的食物和良好的生存繁衍庇护场所，实现人工修建与自然修复的完美契合。临港区林泉河湿地景观达118公顷，已成为鸟类栖息、群众亲水亲绿的重要平台。以此为样板标杆，坚持一河一策、一湖一策，精准治理、科学保护，力促全市504条河流、426个湖泊全部达到“河畅、水清、岸绿、景美、人和”的精致标准。2020年以来，按照创建省水利厅打造美丽示范河湖部署，已筛选申报省级美丽示范河湖13条，其中市级河道2条、县级9条、镇级2条。

（三）坚持科技助力、智慧管水，变“河长治”为“河长智”

针对河湖治理点多、面广、量大的实际，威海市充分发挥科技管水治水利器作用，运用智慧化手段加强河湖治理，打造全域“智慧河长”管理体系，保障河长制湖长制全面落实和水环境持续改善。一是促进河湖信息全域共享。结合智慧城市建设，探索建立“大数据＋河长制湖长制”管理新模式，将504条河流、16座大中型水库及382座小型水库信息全部纳入信息监管平台，实现对主要河湖及周边流域的全面展示、综合分析和立体监管。同时，设立246个专网光纤接入点，与水务、公安、自然资源、交通运输、林业、生态环境等29个部门政务系统整合，促进涉河工程、污染源排查、水域岸线管理等信息资源共享。二是开启“掌上治水”新格局。按照管理网格化、巡查智能化、参与全民化的原则，开发应用手机APP，将全市各级河长湖长以及监管、巡查、执法、管养人员全部绑定，实时监督相关人员巡河时间、状态、轨迹等情况，定期启用无人机巡河巡湖，并接受群众监督举报，及时发现、解决、验收问题，实现“点一点检查河长履职，拍一拍上传河道问题，扫一扫查看治水动态”。三是实施智慧化监督管理。坚持把监管问责作为工作落实的关键，借助信息监管平台自动记录并通报各级河长湖长履职巡查、问题处置、任务完成等数据信息，变“人考”为“机考”，有效规避人为干预和人情因素。通过智慧化考核评价，有效激发各级河长湖长履职尽责的主动性，提高河长制湖长制成员单位协调联动的积极性，提升河管员巡河的规范性，增强保洁员清洁的时效性，形成协调联动的工作合力。

（四）坚持高位推动、多元共治，变“政府治”为“全民治”

全面推行河长制湖长制，建立健全以党政领导负责制为核心的责任体系和联动机制，为统筹加强河湖管理保护提供了有力保障。威海市在全省率先建立市、县、镇、村四级河长体系，组建了市、县、镇三级河长办，全面落实各级河长湖长责任，河长制湖长制考核结果纳入对领导干部自然资源资产离任审计及党政领导干部综合考核评价等重要参考依据，督促各级河长守河有责、守河担责、守河尽责。推动荣成先行先试，将分散在各个部门的河长制、湖长制、湾长制“三长合一”，在全省率先成立县级生态文明建设协调中心，形成生态工作统抓统管合力。同时，采取向社会招聘公益性岗位、购买服务等方式，组建河管员、湖管员队伍 1137 名，建立起网格化的巡护机制。在重点河湖引入新生力量共同参与，构建起“河长湖长＋河湖检察长＋河湖警长＋民间河长＋专职巡河员＋河道保洁员＋护河志愿者”的全方位护水管水工作体系，形成河湖治理保护共建共治共享新局面，绿色低碳生活理念已成为广大市民的思想共识和自觉行动。

三、经验启示

威海市坚持全域治水、打造精致河湖、建设精致城市，有效改善了水生态环境，相关工作经验得到上级认可和推广，也让我们得到了一些有益启示。

（一）以人为本是做好河长制湖长制工作的基础

推行河长制湖长制，表象是加强河湖治理，根子在改善生态环境，以更好地满足人民群众对日益增长的美好生活需要。威海市坚持把河湖治理与市民亲水，与维稳、扶贫、就业等相结合，不仅使河湖成为市民休闲娱乐的好去处，而且解决了部分退役军人、贫困村民就业难题，得到基层群众的认同。

（二）因地制宜是做好河长制湖长制工作的根本

威海市把保障水资源安全、保证河湖生态流量摆在全市“三个力保”的战略高度，作为全面推行河长制湖长制的首要前提，综合施策，六水共治，实现了从“缺水”到“有水”再到“美水”的发展嬗变，走出了一条具有北方滨海城市特色的科学兴水新路，值得各地立足区域特点学习借鉴。

（三）履职尽责是做好河长制湖长制工作的关键

无论河长制还是湖长制，其核心都是责任制。压紧压实各级河长湖长“关键少数”责任，细化实化责任范围，硬化实化监督考核，才能层层传导压力、凝聚合力，确保绿水长流。

（四）完善机制是做好河长制湖长制工作的保障

出台系列规章制度，建立健全专项督查、常态巡查、定期“回头看”相结合的工作机制，完善日常暗访、媒体曝光、群众举报等监督机制，使各项工作有部署、有调度、有督导、有考核，才能确保河长湖长守责尽责，提高社会公众参与河湖保护的积极性和主动性。

（执笔人：董晓阳）

从“臭水沟”到“幸福河”的蝶变之路

——河南焦作市推行河长制建设幸福大沙河的生动实践*

【摘　要】大沙河是海河的源头，除汛期外长年无天然来水，多年来主要承泄沿线工业和生活排水，污水横流、滩地荒芜，水生态环境曾遭受严重破坏。2017年以来，焦作市全面推行河长制，建立了市、县、乡、村四级河长体系，1826名河长上岗履职，河湖治理进入新阶段。顺应人民群众期盼，以河长制为抓手，启动了大沙河生态治理工作，市级河长高位推动，县、乡、村三级河长狠抓落实，仅用了三年时间，就将大沙河由过去的“臭水沟”蝶变为现在的“生态河”“幸福河”，受到水利部部长鄂竞平、河南省委书记王国生等十余位省部级领导的高度肯定和认可。大沙河的华彩蝶变，见证了焦作市践行习近平生态文明思想的生动实践、全面推行河长制带来的巨大变化。

【关键词】河长　履职　河道　蝶变

【引　言】2017年习近平总书记在新年贺词中说“每条河流要有‘河长’了”，拉开了全国全面推行河长制的大幕。各地积极推进，建立了严密的河长体系，形成了党政主导、高位推动、部门联动、社会参与的工作格局。在各级河长带领下，构建责任明确、协调有序、监管严格、保护有力的河湖管理保护机制，落实水资源保护、水域岸线管理、水污染防治、水环境治理、水生态修复、执法监管等六项河长制主要任务，改善了河湖生态环境，维护了河湖健康生命，实现了河湖功能永续利用。

一、背景情况

大沙河属海河流域卫河水系，发源于山西省陵川县夺火镇，流经焦作市博爱县、中站区、解放区、示范区和修武县，在新乡县汇入共产主

* 河南省焦作市水利局供稿。

义渠。干流全长115.5公里，焦作境内长74公里，分别有蒋沟河、新河、山门河等多条支流汇入，是焦作市辖海河流域的最大河流。控制流域面积2688平方公里，其中焦作出境断面以上流域面积1623平方公里。大沙河具有以下特点：

（1）天然来水少。控制流域范围内降雨量少且地表岩性以奥陶系灰岩为主，降雨极易入渗，除汛期外基本无天然来水，属典型季节性泄洪河道。

（2）汛期洪水来猛去速。上游在崇山峻岭之中，出山后南北10公里落差达100余米，每遇山洪暴发，洪水裹挟着沙石滚流而下，因无左堤，在左岸自然溢洪，历史洪水断面最宽曾达800余米，严重威胁人民群众生命财产安全。

（3）河流水质差。大沙河多年来承接了焦作市城区以及博爱县、修武县的工业和生活污水，成了一条排污河。

（4）河道环境差。受上述因素影响，河道滩区面积大又极宜遭受洪灾，难以正常开展生产生活活动，河道内垃圾乱堆、荒草丛生、满目疮痍、臭气熏天，生态环境极差。

昔日大沙河

党的十八大以来，特别是全面推行河长制以来，焦作市以习近平生态文明思想为指导，加快推进生态文明建设，积极谋划推进大沙河生态治理，系统修复大沙河水生态环境，实施了防洪治理、水系连通、黑臭水体治理等工程，改善了大沙河的生态条件。

2017年，焦作市全面推行河长制改革，新一届市委领导从全面落实河长制，大力推进生态文明建设，加大自然生态系统和环境保护力度，构建防洪减灾体系，建设“精致城市、品质焦作”的战略高度出发，提出了全面实施大沙河生态治理，打造河湖治理样板，推动城市转型发展的战略构想。各级河长积极履行河长职责，加强部门联动，形成工作合力，高标准推进项目建设。经过三年多的努力，大沙河生态治理工程已完成投资32亿元，新增绿地、水面各5000亩，大沙河城区段七星园、体育公园、文体广场、银杏长廊等节点公园已对外开放，每天游人如织，成了“精致城市、品质焦作”的一张亮丽名片。大沙河已从老百姓提起就摇头兴叹的“臭水沟”，蝶变成环境优美、水体优良、绿树成荫的生态之河，成为城市转型发展新引擎、城市公共活动的大舞台。

今日大沙河

2019年3月27日，水利部部长鄂竟平视察大沙河时，对焦作市治理大沙河的决心和成效表示赞赏。同年4月3日，河南省委书记王国生在视察大沙河后说：“焦作的大沙河非常漂亮，规划和绿化得都挺好，老百姓在这里能够‘看得见山水，记得住乡愁’，这个地方将来是一条非常好的生态带。”2020年3月26日，央视“朝闻天下”以“三月好风光，赏春大沙河”对焦作市大沙河的生态美景进行了报道。

二、主要做法

焦作市委市政府牢牢扭住河长制这个“牛鼻子”，把推进大沙河生态治理作为民生工程、民心工程，市级河长亲自抓，县级河长分片包，基层河长日常管，说了算，定了干，再大困难也不变，使昔日“臭水沟”变成了“幸福河”。

（一）编制规划抓好顶层设计是基础

治理大沙河，焦作市委书记、第一总河长王小平提出要以“城市会客厅”的理念打造大沙河；市委副书记、市长、总河长徐衣显要求要将大沙河建成“四水同治的样板工程”；市委常委、政法委书记、大沙河市级河长胡小平在多方征求基层河长和社会各界意见后，聘请国内高水平团队规划设计，突出生态治理、系统治理，最大限度满足人民群众对美丽河湖的需要，确定了以“建设怀州林水特色的中原名河，集生态体验、环境教育和健康养生于一体的城市公共生活舞台”为大沙河生态治理的功能定位，通过提高防洪标准、优化滨水环境等措施，打造生态沙河、开放沙河、文化沙河和活力沙河。规划治理全长35公里，上游12公里重点建设拦河堰、种植水生植物和两侧50米绿化带，打造带状湿地；中游13公里重点建设6座拦河坝及河道两侧生态绿化、城市配套服务设施等，打造高标准带状城市水生态公园；下游10公里重点建设3座拦河坝、潜流及表流湿地等工程，净化蒋沟河、新河等汇入大沙河的水源，保障大沙河下游水体质量，为建设大沙河绘就了蓝图。

（二）压实责任推进措施落实是重点

大沙河生态治理涉及多部门、多县（区），由大沙河市级河长牵头，按照市河长办成员单位工作职责，明确各部门工作任务、时间节点和工作要求。水利部门牵头，负责项目前期、指导项目建设管理工作；发改部门负责项目立项和审批工作；自然资源和规划部门负责项目规划选址、用地手续办理工作；林业、园林部门负责生物多样性营造，指导河道绿

市第一总河长、总河长调研项目建设情况

化、园林景观打造、按照湿地公园标准进行建设；交通运输部门负责参与水上救助中心建设及水上交通安全工作；文旅部门负责融入文化符号及文化设施和场所建设工作；各相关县（区）由县级河长负责，配合做好征地拆迁及群众思想工作。部门联动、凝聚合力，有力地保证了工程建设的顺利推进。

（三）深入调研解决实际问题是关键

为解决大沙河水源保障问题，市第一总河长要求全面理清焦作水资源现状，全域进行优化配置。大沙河市级河长亲自带队，深入现场实地调研水系连通方案，确定了“充分利用灌区灌溉退水、南水北调生态补水、雨洪水、生物净化中水”等大沙河多源补给工作思路。在城区北部浅山区规划建设影视湖水库、龙寺水库、圆融水库，拦蓄利用汛期雨洪水；在大沙河下游建设潜流和表流湿地，净化提升大沙河下游水体质量。为解决大沙河生态治理建设资金问题，大沙河市级河长组织多部门深入研究，多渠道筹措项目建设资金，共落实财政资金8亿元，争取上级山水林田湖草资金3.5亿元、河道治理资金1.5亿元、海绵城市建设资金600万元，筹集社会资金19亿元，有力保障了项目建设资金需求。为解决项目建设征迁老大难问题，市、县、乡、村四级河长上下联动，逐乡、逐村、逐户、逐企耐心做工作，争取被征迁户的理解和支持，制定完善切实可行的征迁方案，累计拆迁各类建筑30余万平方米，保证了工程建设

大沙河市级河长现场调研项目规划情况

的顺利推进。

（四）加强督导落实管护机制是保障

随着大沙河生态治理工程的推进，建设成效逐步显现，切实管护好、发挥好工程长期效益显得尤为重要。焦作市明确了焦作市怀源生态管理有限公司为大沙河生态治理管护的责任主体，具体负责工程的运营管护；通过购买社会化服务，全权委托焦作市金盾保安服务有限公司负责大沙河防溺亡、防取土、倒垃圾等工作。在此基础上，焦作市人大常委会及时启动了焦作市大沙河保护条例的立法调研，从立法角度进一步强化大沙河管护工作。如今，大沙河城区段水清了、岸绿了，生态环境改善了，城市防洪安全也有保障了，天鹅、鹭鸟等野生鸟类也多起来了，既带来了“生态福利”，又为城市转型发展带来了“经济红利”。

保安队员开展河道巡逻

三、经验启示

（一）推行河长制湖长制，必须坚持以人民为中心的发展理念，满足人民群众对美好生态环境的新期望

生态环境就是民生，绿水青山就是幸福。治理和保护河湖环境，为人民群众提供优美生态环境产品，既是践行习近平总书记“绿水青山就是金山银山”理念的重要实践，也是坚持以人民为中心发展理念的生动体现，是民之所想、民之所盼。焦作市以推行河长制湖长制为契机，在推进大沙河生态治理中，始终把坚持打造“城市公共活动的大舞台”作为着力点和落脚点，封闭沿线入河排污口，确保水体质量；丰富植被绿化，提升河湖环境质量；建设体育公园、人工沙滩、游船码头、盆景园等，增加公共设施，让市民百姓在享受“生态红利”的同时，收获了满满的幸福感和获得感。

（二）推行河长制湖长制，必须各级河长湖长冲在前、干当先，调动全社会参与河湖治理积极性

高效利用水资源、系统修复水生态、综合治理水环境、科学防治水灾害，是全面推行河长制湖长制的圆心，只有各级河长湖长紧紧围绕这个圆心，坚持实干至上、行动至上，做到担当有为，奋勇争先，才能调动社会方方面面主动参与河湖治理。焦作市在推进大沙河生态治理中，市第一河长、总河长靠前指挥、亲历亲为；大沙河市级河长统筹水岸两治，抓具体、抓落地、抓落细，影响带动了全市各级各部门积极投身到大沙河生态治理建设；广大市民出谋划策，主动参与，共同绘就了“一条大河穿城过，太行山下白鹭飞”的生态美景。

（三）推进河长制湖长制，必须走生态绿色发展的新路子，实现河湖功能永续利用

全面推行河长制湖长制是落实绿色发展理念，推进生态文明建设的内在要求，只有坚持绿色发展，才能实现河湖功能的永续利用。焦作市在大沙河生态治理中，认真贯彻落实习近平总书记在黄河流域生态保护和高质量发展座谈会上的讲话精神，坚持山水林田湖草综合治理、系统治理、源头治理，上下游、干支流、左右岸统筹谋划，坚持自然、系统修复，完善设施、丰富功能。通过走生态绿色发展的新路子，使大沙河真正变成了绿色发展的生态之河、城市转型的活力之河、造福人民的幸福之河。

（执笔人：秦云健）

以“民间河长”推动“社会共治”

——远安河流“社会共治”的探索实践*

【摘　要】远安县境内有中小河流50余条，总长774.4公里，其中沮河、漳河、黄柏河呈“川”字形分布境内，是宜昌、荆门两个市的饮用水源地。管护任务重、管理区域广、管护人员少成为治水工作中的突出矛盾。为此，自2017年起远安县围绕“社会共治”做了一些有益探索，建立了“党政+民间+企业+教育”四维聚力新机制，开启了远安全民治水新格局。

【关键词】民间河长　开门治水　社会共治　河长制湖长制

【引　言】本文重点围绕远安县民间河长工作模式来阐述开门治水推动“社会共治”的实践。“社会共治”以其灵活、多样的独有特性与官方治河形成鲜明对比，构建相互补充的关系。笔者欲通过本文，将远安县的“社会共治”工作原原本本的呈现，与广大治水工作者一同探讨，进一步完善、推广“社会共治”工作模式，为今后的治水工作提供一些思路。

一、背景情况

远安生态环境优良，森林覆盖率达75.6%，是湖北省绿化达标第一县、湖北省生态县，绿色发展指数位居宜昌市14个县（市、区）第一。2014年，湖北省委省政府肯定远安是“绿色湖北、美丽荆楚的典范，全省全面发展、综合发展的典型”。

良好的生态本底和资源禀赋孕育出了一批关心关爱水资源保护的有志之士。2012年，由县水资源保护协会牵头，邀请著名的摄影家、作家和画家等各界社会热心人士30余人次，历时一年完成了“探访母亲河”

---

* 湖北省远安县水利局供稿。

公益活动，在沮河源头树立了“沮水源”石碑。此次活动赢得了社会各界的广泛赞誉和普遍认可，也聚拢了一批有志于水环境保护的民间人士。

2016 年全国推行河长制工作，远安县委县政府成立了河长制办公室，全面推行河长制湖长制。远安县境内有中小河流 50 余条、总长 774.4 公里，其中沮河、漳河、黄柏河呈“川”字形分布境内，是宜昌、荆门两个市的饮用水源地。一方面，“管护任务重、管理区域广、管护人员少”的实际困难与人民日益增长的美好生活需要和河长制工作要求成为主要矛盾。另一方面，部分水生态问题产生的根源在于人的“错误行为”“不文明行为”及诸多历史遗留的疑难杂症。加强河湖生态保护和治理，纠正人的错误、调整人的行为，无论是从人民的需求来看还是现阶段工作需要都是刻不容缓、迫在眉睫的。面对新形势、新情况、新事物、新矛盾，如何快速打开工作局面，让河长制工作落地落实，远安县多方调研、组织讨论，广泛征集领导、部门、群众和社会各界意见建议后，决心通过水资源保护协会，建设一批以公益为核心的保护河道生态的民间河长队伍，让民间河长队伍深入人民群众中去，以“纠正人的错误”“调整人的行为”“揭露历史遗留问题”为导向开展工作，把水资源保护协会打造成为“民间河长办”。以此为切入点在全县推行民间河长工作，为开门治水、“社会共治”等深层次的治水工作奠定基础。

二、顶层设计

主要有以下四个方面：

（1）设立明确目标。在县河长办的指导下，民间河长确定了“保护水资源、防治水污染、改善水环境、修复水生态、弘扬水文化”的目标，每个年度也会制定符合大政策、大环境的工作目标，围绕一个明确主题开展工作，希望通过“官方＋民间”的共同努力，使环境问题得到社会广泛关注，让更多的人参与水资源保护事业。

（2）建立工作体系。2017 年印发了《关于聘请陈光文等 3 名同志为民间河长的通知》，选定了宜昌市人民监督员、县水资源保护协会会长陈光文为民间河长队伍的牵头负责人。再则，县河长办在责任心强、素质较高、爱好户外活动的人中筛选民间分河长，注重吸纳各行各业、各条战线的人，从而以点带面凝聚起更加广泛的力量。印发了《远安县民间河长制实施方案》，建立了涵盖民间河长队伍构成、工作范围、职责分工等内容的工作体系，确立了一批具有典型代表的公益人士任民间河长。

（3）建好工作阵地。远安县河长办将“远安论坛”作为民间河长的主要工作阵地，“远安论坛”成立于2005年，作为“民间网站”，注册用户5万人以上，日活跃用户5000人以上，累积发布帖文200万条，其中涉及生态环保的帖文约1100条，组织“寻访母亲河”“走近东干渠”“保护古树”等大型生态公益活动65个，参与这些活动的会员约8000人，这一个个鲜明的数字在常住人口仅有10万左右的远安县城显现出了较大的影响力。通过这个老百姓密切关注的阵地，让民间河长的工作展现在广大群众眼前，正确引导舆论力量，营造了治水管水的良好氛围。

（4）强化约束考核。远安县致力将水资源保护协会打造成为“民间河长办”，内部实行建章立制管理。建立了民间河长巡查、考核、会议等配套制度，促使民间巡河工作有序开展。县河长办以“会”代“考核”，以“述职”替“审阅”的方式对民间河长的工作进行考评。通过“半年总结会、年终述职会”的形式，民间总河长、民间副总河长、各区域民间河长向大会做“河长述职”报告并提交印制成册的巡河记录本。通过分享巡河故事、总结工作经验等方式汇报巡河成绩，县河长办及其他参会人员予以点评，促使其改进和总结工作方式方法。民间总河长根据大会情况及县河长办的点评指导，安排部署下一阶段工作，适时调整民间河长队伍内部分工。

三、主要做法

（1）围绕中心干工作。民间河长紧紧围绕县委、政府要求和水利事业发展需要开展工作。2017年，在河长制的起步阶段，民间河长的重点工作就是协助县河长办，宣传河长制工作，通过10余次专题宣传活动，发放宣传单10000余份，让更多的群众了解了河长制，使民间河长步入正常运行轨道。2018年，结合乡村振兴战略，以“助力乡村振兴·保护河库生态”为主题，重点对河域垃圾进行督办整改。2019年配合农业、林业、环保、住建等部门开展专业化执法行动，协助村级河长做好村级巡河网络记录，提升民间河长履职能力。2020年将主要整治钓鱼垃圾，在群众引导树立“文明钓鱼”理念。每年一个主题，既围绕水利工作要求，又符合群众期待，一桩又一桩的工作落实下去，让民间河长在群众中的声望不断提升。

（2）严格履职巡河库。民间河长主要职责是配合县河长办开展河长制宣传、舆论引导、问题曝光等，是水资源保护的宣传员、巡查员、联络员、示范员。通过生态主题活动、视频直播、面对面宣讲等方式，积极宣传保护水资源理念，提高群众对国家环保政策的知晓率。按照每月1～3次的频率，对全县开展地毯式巡河，重点监督河流周边企业污染排放情况，对河面漂浮物、河岸垃圾、侵占河道、违法捕鱼等问题。发挥熟悉环境与民情的优势，代表广大人民群众意愿，向乡镇、村和官方河长反馈本辖区河道水资源保护情况，反映周边群众的合理诉求，搭建起政府与群众沟通的桥梁。

（3）揭短亮丑促整改。民间河长巡河不打招呼、不要陪同、不接受招待，采取直奔点位、直播现场“四不两直”的方式，对全县河库进行巡查，保证了巡河结果的公正客观、真实有效。巡河结果和发现的河库问题直接通过网络公布于众，在网络同步建立“民间河长巡河台账”，实现网址固定、动态管理、实时更新，使相关单位、部门、乡镇和群众都能随时查阅，根据台账记录开展整改工作。对一些“顽疾”，县河长办将纳入工作日程，进行限期督办整改，对曝光的问题开展“回头看”，定期或不定期的回访问题整改情况。

四、取得成效

民间河长队伍中有教师、媒体人士、作家、摄影家、个体户、普通群众等，他们是远安河道“社会共治”的先行者，凭借自己的感召力，以点带面引导了更多行业和人群参与治水队伍。

（1）曝光问题督办整改。民间河长通过远安论坛、抖音等新媒体、自媒体广泛动员宣传，进行问题曝光，引导相关部门督办整改河库问题。2019年4月1日，县检察院工作人员通过查询“远安论坛”民间河长巡河曝光台账，发现某食品有限公司生猪屠宰严重污染环境。县检察院依法对该食品公司进行了现场勘验后依法向县环境保护局、县农业农村局发出检察建议。4 月 19 日，县环保执法人员经现场经核实，认定该企业生猪屠宰生产污染环境行为属实，下达了环境监察现场笔录，要求该企业 15 个工作日内完成整改工作。县农业农村局经调查后下达了屠宰废弃物（猪毛）无害化处理等整改意见。2019 年 11 月 12 日，县检察院邀请民间河长陈光文一同对远华食品公司生猪屠宰场污水排放情况进行“回头看”，共同检验诉前检察建议整改效果。经检验，整改合格。

（2）引导企业参与巡河。印发了《远安县河库长制办公室关于设立企业河长的通知》，以“筛选核定＋自愿认领”的方式“择优”设立 29 名企业河长。为使每个企业河长都能与所管辖的河流有关联性、有切入点，根据河流地理环境、污染状况、发展规划等不同的河情，设立不同的企业为河长，如旅游开发河段、工矿排污等河段分别安排旅游公司和矿产企业任河长。企业河长与官方河长共同谋划河域治理措施，协助开展项目策划和资金筹措与支持，推进政企共治河流。

（3）培养护水新生力量。民间河长队伍中的教育工作者在河长制进校园工作中突显出了重要地位。在他们的推动下，远安县开发、编制生态教材，生态文明教育资源有序挖掘。以教研师训中心为原点，发动县内资深教师，编写《远安县地方生态教育读本“爱我远安”》，广泛开发“语文＋生态”“生物＋生态”“化学＋生态”等“课程＋”自然生态课程，构建远安乡土教材循环使用模式。

（4）广泛发动志愿巡河。远安县通过公开招募，组建了 12 支“河库志愿护卫队”和“河小青志愿护卫分队”，亲子志愿者、学生志愿者及社会组织等 1960 名志愿者成为县域河库“守护者”，引导全社会积极投身保护河流、珍惜生态的社会实践活动，争做河库的保护者、生态文明的宣传者、美好家园的建设者。

远安县以民间河长为主要抓手，将企业、教育、志愿者等社会各界资源整合聚拢，建立了“党政＋民间＋企业＋教育”四维聚力新机制，开启了远安全民治水新格局。三年来，民间河长累计巡河 1000 余次，发布巡河小记 800 余篇，曝光整改各类河库问题 500 余个；自发组织 500 余人次开展清除流域垃圾等公益活动 40 余次；开展河流保护宣传活动 40 余次，教育系统累计开展各类生态活动100余次，县河长办印制的《听，河长制就在我们身边》的音频在线上、线下累积播放超过10万次。因为民间河长的贡献和影响力，2019年，民间总河长陈光文和民间副总河长曹敦新分别被评为“宜昌市十大民间新闻人物”和“宜昌楷模”，17名县级民间河长全部被聘请为市级民间河长。在民间河长们的努力下县域内生态环保负面新闻、河库问题、水面漂浮物逐年减少，水质不断改善，水生生物资源得到养护，国家Ⅰ级保护动物中华秋沙鸭落户远安数量由0增加到66只，栖息地点由1处增加到25处，消失多年的桂花鱼等野生鱼种重回沮河，常见鱼种快速繁衍生息，河道水草有益生长。

五、经验启示

（1）建立“官方＋民间”的互补机制。远安县“社会共治”取得初步成效的核心在于建立了“官方＋民间”的互补机制。官方河长定期巡河，问题逐一交办督办，一些长期侵占河道岸线数万立方米的砂石堆料、上百栋房屋等重难点“四乱”问题逐一整改，切实为群众为民间河长服好务；民间河长随机巡河，拉网式排查，逐一曝光河库问题，将河道治理工作暴露在阳光下。官方河长是民间河长的坚强后盾，民间河长配合官方河长开展工作，构建相互补充、密切配合的河长制湖长制工作“社会共治”体系。

（2）建立甘于奉献的巡河队伍。民间河长是一项具有公益性质的工作，需要一群具有特定素质的人物。远安县以陈光文为例，其本人将生态环保之责扛于肩，视为己任，长期自费不畏艰苦奔波于河库岸线，致力于为人民群众建设更好的生态环境，同时凭借个人感召力，聚拢一批有志之士一同参与生态环保的公益行动中来。只有像这样自身素质较高、有一定感召力的人，才能在河流保护和政策宣传中形成正面影响。只有热心公益、甘于奉献，才能不畏寒暑、不怕艰苦，克服工作中的种种艰难险阻，把巡河工作做实做好，把民间河长队伍建好带好。

（3）强化资金保障和制度保障。民间河长们利用自己的业余时间，长期在河库一线奔走，凭着一腔热血开展工作，为“社会共治”工作“忍辱负重”和“忘我牺牲”。工作中常常受到当地群众、企业的排斥甚至是威胁和辱骂，巡河过程中汽车抛锚、骑摩托车摔跤受伤、因天气太热中暑的事情时有发生。根据测算，一名民间河长按照每月巡河2次，每次巡河1天，巡河长度约100公里，车辆燃油费、餐饮费、误工费及其他相关费用一年近10000元，如遇特殊情况、重大问题督办时，费用将进一步提高。在没有财政保障的前提下，这一笔开销无疑成为基层民间河长沉重的负担。另外，民间河长仅仅只是一名热心公益的群众，仅仅只能以劝说、曝光等方式开展工作，工作措施、解决问题方法等局限性较大，不利于该项工作的长期稳定开展。若在上级政府层面给予一定的资金保障和制度保障，将进一步促使“社会共治”这一项工作长期稳定的开展下去。

（执笔人：许和明）

以制治水　清流复来

——荆州市荆州区落实河长制提升太湖港渠水生态治理体系和能力见成效*

【摘　要】荆州区深入贯彻习近平生态文明思想，积极践行“绿水青山就是金山银山”理念，在全区范围内广泛推行和落实河湖库长制工作。针对太湖港渠河流水质污染，功能逐年退化的问题，荆州区委区政府以太湖港渠创建省级示范河流为契机，完善组织、制度、投入体系，从优化治理方案、加强宣传引导、创建智能河湖、突出空间管护等四个方面提升治理能力，通过实施截污、治乱、引水、绿化、监管等综合措施，河道治理成效逐步显现。

【关键词】河长制　水生态治理　能力建设

【引　言】自2017年全面推行河长制以来，荆州区始终以习近平生态文明思想为统领，深入落实党中央、国务院和水利部、省委省政府关于河长制湖长制工作的决策部署，进一步落实和完善河长制工作体系，压紧压实河湖管护主体责任，逐步推进水生态治理体系与治理能力建设，为区域高质量发展提供了强力水安全支撑。

一、背景情况

荆州区地处长江中游，古称江陵，襟江带湖，河网密布，水域面积304.8平方公里，占区域面积的29%，具有鲜明的南国水乡特色。其中以太湖港渠最为清奇灵动，该渠属荆州境内古河道，由港南渠、港北渠、港中渠和港总渠组成荆州区重要的内河水系，河水自西向东从太湖城郊流经荆州古城至纪南凤凰山注入长湖，蜿蜒71.15公里，河道两岸农田广阔，居民众多。由于长期生产生活污水直排、畜禽养殖污染、河岸垃圾

---

* 湖北省荆州市荆州区政府供稿。

倾倒、违法建筑侵占河道等现象时有发生，河流水质严重污染，功能逐年退化。以往岸芷汀然、清流如镜的太湖港渠成为了污泥淤积、杂草重生的“臭水沟”。2015年的水质监测报告显示，河道上游为劣Ⅴ类，中下游为Ⅳ类，无一段达到Ⅲ类水质标准，河道管护、综合治理工作迫在眉睫。荆州区委区政府深入贯彻习近平生态文明思想，积极践行“绿水青山就是金山银山”理念，2017年在全区范围内推行河湖库长制，2018年启动示范河湖库创建，2019年开展碧水保卫战，以太湖港渠治理为重点的“全域创建行动”就此拉开帷幕。

二、主要做法

荆州区委区政府以太湖港渠创建省级示范河流为契机，全面贯彻落实河长制湖长制，努力提升水生态治理体系和治理能力，治理成效逐步呈现。

（一）完善三项治理体系

1. 完善组织保障体系

荆州区委区政府高度重视，把河长制湖长制工作当一项重要任务来抓。面对太湖港渠河流复杂的水环境形势，优化专班组织架构，高规格配置河长制湖长制组织协调平台，成立了以区委常委为组长，区水利局、交通局、住建局、生态环境分局、资规分局等部门主要负责人为成员的荆州区太湖港渠河长制工作领导小组，设立了领导小组办公室，明确了各部门工作任务和职责。设区级河长一名，镇级河长7名，村级河长37名。区、镇、村三级河长思想认识到位、工作目标清晰，河长制湖长制工作做到稳步推进。

2. 完善制度保障体系

太湖港渠区河长办先后印发了太湖港渠推进河湖库长制会议制度、督办制度、考核办法、巡查制度以及联合执法等9项制度。为狠抓制度落实，强化工作督办，太湖港渠区级河长每月到重点段面督办工作，河长办工作人员每月三次开展全段现场检查，发现问题，及时下发问题清单和任务清单，每月25日进行工作通报。通过严格的考核评议和严肃的责任追究，有力促进了河长制湖长制各项工作全面开展。

3. 完善投入保障体系

全面推行河长制湖长制工作以来，荆州区不断探索多元化资金投入机制。投入资金近1亿元实施了太湖港渠一、二、三期综合治理，完成了30公里城区段河道清淤、堤岸治理；投入9500万元实施了太湖港渠治污截污工程；投入7000万元实施了北岸长湖堤防加固和景观建设；投入3000万元对沿线集镇污水管网进行了整治。在积极争取中央及省级资金支持的同时，荆州区还有效整合地方财政资金，对重点项目加大地方配套，在长湖湖堤加固工程建设中投入近2.5亿元用于征地拆迁，同时区财政每年纳入财政预算资金200万元用于水质监测、河道管护、划界确权、示范创建。沿河各镇每年投入300多万元用于宣传发动、清理“四乱”、绿化美化等工作。

（二）提升四项治理能力

1. 因地制宜，优化一河一策方案

针对太湖港干支渠流经不同区域的特点，制定了《荆州区太湖港渠港北渠、港中渠、港南渠、港总渠问题清单、目标清单、措施清单、责任清单、负面清单》，针对不同的问题分门别类制定切实可行的整改措施，达到了预期治理效果。如港中渠上游拦河养殖，导致水流流通性差，采取联合执法，拆除清理；港南渠两岸集镇集中，排污严重，实施了截污治理工程；港北渠沿岸乱耕乱种现象突出，加强宣传引导，增强群众护河爱河意识；港总渠因历史原因河岸违规建筑较多，结合工程项目建设，采取地方配套补偿措施成片进行拆迁。

2. 宣传引导，促进社会参与

全方位、多层次开展河流保护宣传，制作宣传栏、宣传牌30余处，出动宣传车15次，永久性标语30条，发放宣传单5000张。开展河长制湖长制“六进”宣传活动，开展“河小青”等志愿者活动。为了处理好沿河企业生产发展与生态效益的关系，河长办聘请了荆州格力特饲料有限公司一名业务经理担任企业河长，发挥内行监督内行的优势，及时发现制止污染企业各种“曲径通幽”。通过宣传引导，目前太湖港渠共聘请民间河长5名、志愿者30名、河警长7名参与河流管护，逐步达到营造社会参与、强化社会监督、共同保护水环境、治理水污染的目标。

巡河员开展巡河

3. 智能监管，创新信息化建设

为了做到巡河信息直达河长，提高工作响应速度，荆州区投入60万元建立河长制湖长制信息平台，组织300余名巡河员全面学习信息化技术在河长制湖长制工作中的运用，利用手机APP对每位巡河员的巡查河段进行细化，记录巡河轨迹，确保巡河工作的落实。除了动态监控，还进行水质情况的统计分析，以便河长有针对性的监管指导河长制工作，初步实现了河道管护科学化、精细化、智能化。

4. 补齐短板，突出空间管护

太湖港渠流经多个镇办，形成了流域条块分割，由于职责不清、权限不明、管理范围不明确，导致侵占河流岸线、乱耕乱种等现象时有发生。为了稳步推动工程划界确权，加强河道空间管护，2018年年底，以河道为重点的水利工程划界工作在全区铺开，水利、国土等部门共同推进，目前太湖港渠设立界桩538处，完成全线71.15公里、面积7082亩的划界确权工作，建立起范围明确、权属清晰、责任落实的河道管理体系。

治理前后对比图

（三）强化五项治理措施

1. 引江入河，实现活水良性循环

荆州区外有长江、沮漳河贯境而过，内有江汉运河、太湖港水库通江达河，水乡园林特色突出。“问渠那得清如许，唯有源头活水来”，实现水系连通，引入江水入河，是保证太湖港渠水质水量的重要举措。区水利部门采取扩建河流上游太湖港水库青冢子发电站，增加沮漳河水入港北渠流量；通过协调引江济汉管理部门，调度港南渠分水闸引江汉运河之水入港南渠，打通了治水管水“瓶颈”，实现了江河湖库水系连通的目的。

2. 截污治污，阻断水系污染来源

2017 年以来，荆州区投资 9000 万元对太湖港渠全线开展截污治污，实施了港中渠综合治理工程、港南渠截污工程、港南北路污水管道工程、四机厂生活片区截污工程、荆西片区生活污水引排工程、太东社区至九阳大道污水治理工程、李埠集镇和太湖高新区生活污水地下管网工程等生态截污工程。通过世界银行贷款1.5亿元实施护城河及古城内湖泊疏浚清淤工程、内环道路排水改造工程、人工湿地生态驳岸工程、补水及水体连动系统工程，极大改善了古城区生活用水排入太湖港渠的水质问题。对于面污染的治理，荆州区投入702万元对上游湖库收回养殖经营权，对沿线养殖大户全部迁移出禁养区，对沿河3000余户农户全部进行了改厕。

3. 堤岸绿化，推动河堤景观改善

荆州区在防洪工程建设达标的前提下，通过大力开展堤岸绿化美化，修建景观工程，基本实现了河流“水清、河畅、岸绿、景美”的生态治理目标。目前已修建生态步道12公里，建亲水平台4公里，绿化河道33公里，种植花草5万多平方米，坡草整治15万平方米。治理后的太湖港渠河堤蜿蜒、绿树葱郁、水清可游、岸绿可闲，与荆州古城墙交相辉映，形成了一道靓丽别致的水生态景观。

4. 加强监测，保证水系水质达标

荆州区在推进水质水量保障行动上立足于“测”、落实在“管”。太湖港渠区河长办分别在太湖港渠设置10个乡镇交接点，一月一监测，加强河道水质监测力度，加密监测频次，及时准确掌握河流水质变化情况，定期进行通报。住建、市政、环保部门联合对水质存在的问题进行核实处理，督促进行整改，经过各级部门的攻坚努力，2019年太湖港渠的水质功能达标率达到100%。

5. 联合防控，有序清理河流“四乱”

荆州区按照省市要求，针对太湖港渠“清四乱”专项行动进行了安排部署，建立了政府领导、部门参与、河长落实的横向到边、纵向到底的机制。沿河各相关单位联合开展工作，做到“一单一策”，使“清四乱”集中整治工作得到有效推动。流域共排查“四乱”问题台账15处，全部整治完成并销号。

三、经验启示

（一）完善河长制湖长制组织体系是提升治理体系的重要前提

全面实行河长制湖长制是党中央、国务院落实绿色发展理念，推进生态文明建设的一项重大制度安排。没有良好的组织体系，就不能将这一重大安排落实到位。荆州区自河长制建立以来，先后成立河长制工作领导小组，制定实施和考核方案，用优良的组织制度将这一任务“锚定”，确保工作开展不走位，体系治理见成效。

（二）压紧压实河湖管理主体责任是提升治理能力的坚实基础

河长制的核心是党政负责制，推进河长制的关键在于责任落实，只有压实河湖管理主体责任，才能确保治理能力不减，工作落到实处。荆州区河长制湖长制从建立之初，就要求各级河长要切实履行河湖管理保护的第一责任人责任，从巡河、组织“清河”等各项基本工作入手，经常性深入河道进行巡查，了解所管河段的突出问题，认真研究对策措施，做到情况明、责任清、措施实、督查严。各有关部门既各司其职、各负其责，又紧密配合、互联互动，通过责任落实，真正形成了“部门协同、上下联动、公众参与”的工作格局。

（三）深入推进碧水保卫战各项活动是提升治理效果的行动保证

河流治理工作千头万绪，河湖情况不一、问题表现不一、区域经济实力不一、社会氛围不一，我们采取的措施就必须具有很强的针对性。荆州区从2017年开展碧水保卫战以来，先后有针对性地开展各类治理行动，如每年3月开展春季行动，5月开展清流行动，常年持续开展清“四乱”专项行动，都极有针对性，活动成效显著。

（执笔人：路明）

生态治理小微水体 打通河湖“毛细血管”

——湖南省长沙市创新小微水体管护治理的生动实践*

【摘 要】 随着经济社会的发展，农村小微水体无人问津、疏于管理，加之“人进水退”、乱占乱排、垃圾倾倒堆积等，导致流通阻断、面积和功能萎缩、水质恶化、生物栖息地破坏等问题突出，已然成为水生态文明建设的“盲点”和“难点”。2018年以来，为贯彻落实习近平生态文明思想，推进河长制湖长制、乡村振兴战略深入实施，打赢“碧水保卫战”，打通治水护水“最后一公里”，长沙市坚持“大小共抓”，把小微水体治理放在全市河长制湖长制推行和乡村振兴大局中来谋划，以抓好顶层设计、实施科学治理、落实日常管护、打造示范片区、强化督查考核为主攻方向，构建小微水体治理管护长效机制，全面改善农村水生态环境。

【关键词】 小微水体管护 河长制湖长制 示范创建

【引 言】 2016年10月11日，习近平总书记主持召开中央全面深化改革领导小组第二十八次会议并发表重要讲话。会议审议通过了《关于全面推行河长制的意见》。会议强调，保护江河湖泊，事关人民群众福祉，事关中华民族长远发展。2018年2月，中共中央办公厅、国务院办公厅印发了《农村人居环境整治三年行动方案》。同年4月26日，全国改善农村人居环境工作会议在浙江安吉召开，习近平总书记作出重要指示：“要结合实施农村人居环境整治三年行动计划和乡村振兴战略，进一步推广浙江好的经验做法，建设好生态宜居的美丽乡村。”加强小微水体管护，是落实河长制湖长制及改善农村人居环境、建设美丽宜居乡村的重要举措，有利于提升群众获得感、幸福感。

---

* 湖南省长沙市水利局供稿。

一、背景情况

小微水体是指村管的沟、渠、塘、坝，是江河湖库的毛细血管，具有流动性差、自净化弱、规模小、数量多等特点，因长期的粗放式管理甚至是无人管理，小微水体的问题很多。一是随意侵占问题突出。随着城市化进程加快和农村地区违章建筑增多，擅自填埋小微水体的情况时有发生，使得小微水体越来越少。二是污染问题严重。近年来开展的农村环境整治工作，强化了农村垃圾的清理、收集和转运，但小微水体的日常保洁还存在盲区，水面上的垃圾和漂浮物随处可见；由于城乡结合部截污不到位、农村生活污水没有集中处理、农村面源和畜禽养殖污染以及一些小工厂、小作坊的偷排乱排，导致小微水体变成了纳污通道和污水池，出现黑臭现象。三是淤塞损毁严重。很多小微水体因强降雨或者洪水造成岸坡崩坍、淤塞，且多年没有清淤疏浚，不能发挥其应有的蓄水保水和输水功能。还有部分农村地区一味的用水泥、混凝土对小微水体进行护砌，降低了水体的自我净化能力。

党的十八大以来，以习近平同志为核心的党中央高度重视生态文明建设。2016 年 10 月 11 日，习近平总书记主持召开中央全面深化改革领导小组第二十八次会议并发表重要讲话。会议审议通过了《关于全面推行河长制的意见》。会议强调，保护江河湖泊，事关人民群众福祉，事关中华民族长远发展。2018 年 2 月，中共中央办公厅、国务院办公厅印发了《农村人居环境整治三年行动方案》。同年 4 月 26 日，全国改善农村人居环境工作会议在浙江安吉召开，习近平总书记作出重要指示：“要结合实施农村人居环境整治三年行动计划和乡村振兴战略，进一步推广浙江好的经验做法，建设好生态宜居的美丽乡村。”长沙市委市政府深入贯彻落实习近平生态文明思想，将小微水体管护和治理作为推行河长制湖长制工作的重点内容，与市管河湖综合治理同部署、同落实、同考核，全面加快小微水体治理步伐。

二、主要做法

长沙市在治理大江大河的同时，坚持“大小共抓”，把小微水体治理放在全市河长制湖长制推行和乡村振兴大局中来谋划，以“抓好顶层设计、实施科学治理、落实日常管护、打造示范片区、强化督查考核”为主攻方向，打出小微水体整治“组合拳”，全面改善农村水生态环境。

（一）以生态理念为指引，做好顶层设计

（1）理念引领。坚持“绿水青山就是金山银山”的生态发展理念，结合长沙实际，树立“全民治理、共享碧水”的治水意识，拓展水利服务乡村振兴的内涵与外延，以点带面，连线成片，让美丽乡村建设从“一处美”迈向“全面美”。

（2）规划先行。长沙市河长办制定了《长沙市小微水体管护工作实施方案》，为小微水体治理和管护工作定方向、定任务、定举措，并纳入了《长沙市“五治”工作三年行动计划（2018—2020年）》。全面开展小微水体调查，彻底摸清家底，共登记小微水体160263处，其中河流（河段）1148条，水库256座，沟渠39675条，山塘111242口，河坝7942座。

（3）投入保障。按照“市级补贴＋县级配套＋社会参与”的模式，市财政每年拿出8000万元用于小微水体补助，对全市涉小微水体的村（社区），按照5万元每村（社区）进行财政补贴，2018年补助4880万元，2019年补助4895万元，其余经费用于小微水体示范片区建设奖补。

（二）以科学治理为关键，突破重点难点

（1）源头截污。强力推进农村改厕工程，全市累计建设三格式无害化厕所38万余座，实现全面消除农村旱厕。2018年以来新建扩建乡镇污水处理厂29座、新建小型污水处理设施87个，实现全市建制镇集镇污水处理设施“全覆盖”。

（2）水系整治。实施山塘水库增容、河道渠系增蓄、小微水体增量，建好盛水的“盆”，解决“水少”问题；推进库塘相通、河道畅通、水系连通等工程，逐步恢复各类水体的自然连通，让水流起来、动起来、活起来；开展小微水体岸坡护砌工程，增强小微水体分洪蓄水能力，充分发挥小微水体调峰蓄洪、错时灌溉作用。

（3）恢复生态。推动全市水生态文明城市建设向乡村发展，秉承从污

长沙岳麓区莲花镇桐木村小微水体管护示范片区

染末端治理向源头治理、化学治理向自然生物处理、从局部治理向全流域生态治理的思路，通过采取清障疏浚、生态护岸、人工湿地等措施，有效改善河道水质和人居环境。

浏阳市官渡镇竹联村小微水体管护示范片区

（三）以日常管护为基础，实现良性互动

（1）政府主导。对全市小微水体进行划片分区管理，设立片区河长5462名，安装片区河长公示牌5877块，实现了每个片区水体都有“身份证”，每个水体都有“监护人”。加强管护队伍建设，建立专业、稳定、高效的小微水体保洁队伍985支。

（2）发动群众。全面加大宣传力度，以各级河长办为主体，利用世界水日、环境日等节日开展集中宣传，增强群众爱水护水意识。全市各地充分发挥党建引领和群众主体作用，许多党员既当带头人又当监督员，成立了义务宣传和志愿者队伍，上门入户进行面对面宣传，营造全民参与的热烈氛围。

（3）广泛参与。充分发挥群众主力作用，通过聘请群众担任民间河长或片区河长，播放宣传短片、开展微信公众号有奖答题活动、组织村民护水志愿活动等方式，广泛吸纳社会力量加入“小微水体管护群”，切实提高群众参与热情，为小微水体管护打下坚实的群众基础。

长沙望城区靖港镇复胜村小微水体管护示范片区

（四）以示范创建为引领，打造水美片区

（1）领导高度重视。长沙市委市政府高度重视小微水体管护及示范片区建设工作，2019年将“实现全市行政村（社区）小微水体管护全覆盖，建设小微水体管护示范片区20个”作为十大民生实事之一进行推进，2020年将“建设30个小微水体管护示范片区”写入市政府工作报告。市委书记、市长多次到小微水体管护示范片区建设点进行调研，现场指导小微水体管护及示范片区建设工作。

（2）建立工作机制。各区县（市）成立创建工作领导小组，由分管区县（市）长任组长，统筹住建、农业、水利、生态环境等部门政策资金，加大投入。同时，建立信息月报制度，区县（市）河长办每月25日前将建设进度报市河长办，市河长办负责统筹调度。市水利局班子成员根据防汛责任联点分工，对示范片区创建进行指导督促。

（3）加强督促指导。长沙市河长办、长沙市水利局多次对全市小微水体管护示范片区创建情况进行督促检查指导，确保打造高质量示范片区。2019年高标准完成20个示范片区建设，并已按每个100万元的标准进行奖补；2020年铺排的30个示范片区，正按要求有序推进。

（五）以监督考核为驱动，建立长效机制

（1）加强暗访督查。长沙市河长办采用“四不两直”方式对各区县（市）小微水体管护情况现场暗访。月初，市河长办分两个暗访组对村内小微水体管护情况进行全面检查，并将发现的问题整理呈报市领导。月末，暗访组针对月初发现问题的乡镇开展“回头看”，“回头看”结果通报全市，并作为年底考核的重要依据。

（2）健全考核。从2018年开始，长沙市政府将小微水体管护工作纳入对区县（市）领导班子绩效考核，充分发挥考核“指挥棒”作用。同时，各区县（市）针对小微水体管护治理工作建立差异化考核指标体系，并纳入对乡镇（街道）绩效考核体系中，促进责任层层落实。

（3）绩效奖惩。强化考核结果运用，将考核结果作为下批次预算分配的重要依据，对考核不合格的地区采取核减、取消补贴资金等方式，严格兑现绩效考核奖惩制度。严格的奖惩制度＋示范创建奖补机制，为日常的长效监管注入活力，更调动了基层治理、管护的积极性。

下一步，我市将继续坚持以习近平生态文明思想为指引，深入推进河长制湖长制，强化河长湖长履职尽责，持续保障资金投入，健全小微水体管治工作制度，稳定小微水体管治队伍，不断提升基层小微水体管治水平，发动群众自主参与，发挥片区河长、民间河长作用，强化督促考核，加强结果运用，巩固小微水体治理成效，深化示范创建引领，以点带面，不断改善农村水环境。

三、经验启示

长沙市小微水体治理初见成效，小微水体示范片区为美丽乡村建设

长沙县五福村小微水体管护示范片区

和人居环境的改变作出了有效的探索，山塘、渠道的水“活”了起来，水体富营养化现象大有减轻，农村生产、生活和生态环境得到改善，“一汪碧水”成为常态。同时，村民的自觉环保意识提高，为留住家乡的一方碧水共同发力，人民群众对家园之美的幸福感越来越浓。

（一）加强小微水体管护必须要践行生态文明理念

加强小微水体管护，是落实河长制湖长制及改善农村人居环境、建设美丽宜居乡村的重要举措，要提高政治站位，深刻理解把握习近平总书记关于生态文明建设的重要论述，切实增强全面推行河长制湖长制及建设美丽乡村的政治自觉、思想自觉和行动自觉，深入落实中央、省、市各项决策部署，把自然生态的理念融入小微水体管护，不断总结小微水体示范片区的建设经验，咬定“长治久清”不放松，不断延伸、细化和落实“小微水体”管治责任，还老百姓清水绿岸、鱼翔浅底的景象。

（二）加强小微水体管护必须要全面落实河长制湖长制

保护江河湖泊，事关人民群众福祉，事关中华民族长远发展。小微水体是江河湖泊的延伸，需全面纳入河长制湖长制管理。要加强组织领导，推动小微水体整治和管护任务落到实处；要落实经费保障，统筹安排资金，支持小微水体整治和管护工作；要加强监督检查，建立完善工作机制；要将小微水体治理管护工作纳入河长制考核体系，形成从顶层设计—科学管理—日常管护—示范创建—监督考核的闭环管理，为小微水体管护提供强力有的支撑和长久的动力。

（三）加强小微水体管护必须要广泛发动群众参与

小微水体大多在群众身边，与群众的生产生活关系最为密切。因此，在构建小微水体横向到边、纵向到底的管护体系，实现小微水体管护全方位、全天候、全覆盖的同时，必须要贯彻好党的群众路线，立足于满足人民群众对美好生活的期盼，不断创新政策、完善政策和落实政策，加大宣传力度，发挥志愿者带头作用，引导人民群众发挥主体作用，充分调动广大人民群众治理小微水体的主动性、积极性和创造性，形成浓厚的全民治水氛围。

（执笔人：曹彪　孙沅）

涅槃重生茅洲河

——广东省深圳市以河长制为统领推动河湖治理和碧道建设的实践*

【摘　要】 茅洲河是深圳第一大河，也是深莞界河。随着流域内经济和人口爆发式增长，茅洲河污染负荷远超环境承载力，成为珠三角地区污染最严重的河流。在河长制统领下，省第一总河长亲自挂点督办茅洲河，深圳市总河长担任市级河长，把水污染治理和碧道建设作为重中之重，实行全流域系统治水，茅洲河发生历史性蝶变，共和村断面氨氮浓度从 2015 年底的 22.1 毫克每升降至 1.39 毫克每升，曾经的“墨汁河”变成“生态河”“网红河”，成为习近平生态文明思想在深圳落地生根、开花结果的重要范例，茅洲河治理成效被录入中央电视台《共和国发展成就巡礼》《美丽中国》专题片。茅洲河治理案例充分展示了河长制制度优越性，是河长制从“有名”转向“有实”、河湖治理全面见效的生动示范。

【关键词】 河长制湖长制　系统治水　碧道建设

【引　言】 2016 年 10 月 11 日，习近平总书记主持召开中央全面深化改革领导小组第二十八次会议并发表重要讲话，会议审议通过了《关于全面推行河长制的意见》。2018 年 10 月，习近平总书记在视察广东时指出，广东水污染问题比较突出，要下决心治理好；要全面消除城市黑臭水体，给老百姓营造水清岸绿、鱼翔浅底的自然生态。深圳深入贯彻落实习近平生态文明思想和治水兴水的系列重要论述，以及对广东、深圳工作的重要讲话和指示批示精神，紧抓粤港澳大湾区和深圳中国特色社会主义先行示范区建设“双区驱动”重大历史机遇，以打好打赢水污染防治攻坚战为契机，推动河长制从“有名”向“有实”、从“全面建立”向“全面见效”转变。

以下以深圳茅洲河为例，介绍河长制的实践成效。

---

* 广东省深圳市水务局供稿。

一、背景情况

茅洲河位于深圳市西北部，流经深圳市光明区、宝安区和东莞市长安镇。流域面积388平方公里，总长31.3公里，下游的深莞界河段长11.7公里，属感潮河段。支流共有51条，其中深圳侧42条，东莞侧9条。历史上，这条河里沙洲点点、水流灵动、鱼虾成群，处处生长着茂盛的茅草，因而得名茅洲河。20世纪90年代以来，随着流域内工业化和城镇化突飞猛进，产业和人口成倍增长，特别是电镀、线路板等重污染企业高度集中，污染负荷远超环境承载能力，河水变得“黑如墨，臭如粪”，水质长期列全省倒数第一，屡受群众诟病、媒体曝光，严重影响市民健康、营商环境和城市形象，被称为“深圳脸上的一道疤”。成为珠三角地区污染最严重、治理难度最大、治理任务最紧迫的河流。

经过四年的系统治理，茅洲河基本消除黑臭，焕发新生，再现水清岸绿、鱼翔浅底景象，茅洲河共和村断面水质从2019年11月起水质达到Ⅳ类，茅洲河深圳侧的45个黑臭水体和小微黑臭水体全部消除黑臭。深圳市水上运动训练中心在此落户，停办多年的龙舟赛重新开赛，茅洲河治理成效被中央电视台《共和国发展成就巡礼》《美丽中国》等纪录片收录，曾经人人避之不及的“墨汁河”成为市民络绎不绝的“生态河”“网红河”，成为居民周末休闲的好去处，仅燕罗湿地公园节假日人流量高达7000人次。2017年以来，委托第三方评估机构进行的公众满意度调查中，满意率均在90%以上。茅洲河治理既治出了秀水美景，又治出了百姓口碑。

二、主要做法

坚持以习近平生态文明思想为指导，全面推行河长制湖长制各项工作，坚持问题导向、目标导向、结果导向，坚持治标和治本相结合，总河长亲自挂帅，深入一线，把茅洲河治理作为深圳治水“一号工程”来抓，统筹治理水污染、修复水生态、营造水景观，将茅洲河打造成为深圳生态文明建设的一张靓丽名片。

（一）坚持高位推动，推动治水工作从“单打独斗”向“党政齐抓共管”转变

治水是一项复杂的系统工程，涉及上下游、左右岸、不同行政区域和行业。必须全面推行河长制湖长制，落实地方主体责任，协调整合各方力量，齐抓共管、协同治水。

1. 总河长高位推动全面治水

省第一总河长挂点督办茅洲河治理，4 次赴现场督导推进，要求“闯出一条具有深圳特色的河流污染整治新路”。省总河长倾注大量心力，多次解决治水难点问题，要求“坚持源头治理、科学治理、系统治理”。市级总河长亲自担任茅洲河市级河长，多次巡查调研茅洲河治理情况，要求“所有工程为治水工程让路”，确保如期高质量完成好茅洲河治理的硬任务。

2. 各级河长各部门联动协同治水

茅洲河流域共有市、区、街道、社区四级河长共 178 名。市级河长统筹部署，区级河长亲自抓，带头落实河长责任，街道主要领导担任茅洲河各支流的“河长”，全面负责统筹推进河流整治，对本辖区的水环境质量达标负第一责任人责任。对各项工作实行分头负责、分项落实，每位“河长”确定一个联系部门，协助其履行职责，实现治水工作的地方领导负责制和部门分工负责制相结合，将责任细化落实到具体部门和个人。形成全市协同、部门联动、勇挑重担的攻坚态势。2017 年以来，茅洲河流域各级河长巡河 36708 次，共协调解决事项 10490 项，治理工作强有力推进，河流污染程度大幅度减轻。

（二）坚持流域系统治理，推动治水工作从“零敲碎打”向“系统治理”转变

水具有鲜明的流域性、整体性、关联性特征，污染在水里、根子在岸上，必须精准施策，系统治理，从末端截污向正本清源延伸、从骨干河道向支流系统辐射。深圳市创新开启全流域系统治理模式，破解“岸上岸下、分段分片、条块分割、零敲碎打”“头痛医头、脚痛医脚”治理问题。

1. 流域统筹系统治水

一是率先在茅洲河流域推行全流域治理、大兵团作战的建设模式，采用 EPC 和 EPC＋O 总承包方式，突破了干支流不同步、分阶段治理、碎片化施工的弊端，实现项目整体推进快、质量把控好、廉政风险小的效果。高峰时期，流域内一线施工人员 3 万多人、施工作业面 1200 多个，创造了最高单日敷设管网 4.18 公里、单周敷设 24.1 公里的国内纪录。二是强化流域统筹。成立由局级干部牵头的茅洲河流域下沉督办组，抽调市级单位骨干力量深入治水现场指导协调，让问题产生在一线、解决在一线。成立茅洲河流域管理中心，统一调度“厂、网、河、站、池、泥”等水务全要素，破解了流域内不同行政区划、不同层级、不同单位之间职责不清、调度不畅、多头管理等问题。三是下足“绣花”的功夫。推行“排水管理进小区”，对全流域建筑小区内的排水管网进行专业化管养，解决长期以来小区内部管网管养缺失问题，打通排水管理“最后一公里”。

2. 用好合作机制协同治水

一是联合东莞市建立茅洲河“一月一会”联席会议机制。协调解决了支流整治、界河清淤、生态补水、联合执法等问题。二是建立深莞两市紧密型水质监测数据交换机制。每天对接交换茅洲河干支流水质监测数据，对异常数据及时排查原因并上报。三是建立常态化深莞联合执法机制。每月开展一次以上联合执法行动，对流域内的重点涉水污染源、垃圾处置场所、“散乱污”企业进行专项打击，强化协同作战，实现同频共振，削减污染负荷。2016 年以来在茅洲河流域查处环境违法行为 3286 宗、整治“散乱污”企业 4299 家，淘汰重污染企业 77 家。

3. 超常规力度精准治水

深圳下“最笨”的功夫，按照“正本清源、雨污分流”的治理路线，坚定不移推行全流域雨污分流，逐个小区、逐栋楼宇、逐条管网排查改造。2016 年以来，茅洲河治水投入 344 亿元，新建污水管网 2008 公里，完成小区、城中村正本清源改造 2628 个，涉及 500 万户家庭，新增污水处理能力 81 万吨，流域总处理能力达到 136 万吨每日，实现“污水全收集、收集全处理、处理全达标”。建成亚洲第二大调蓄池——上下村调蓄池工程，调蓄雨水量26万立方米，进一步巩固“一湾河水碧，两岸草木青”的茅洲新颜。

4. 全民参与治水护水

从政府治水向全民治水转变，建立全民参与、共治共享的治水模式。首创“民间河长”护水行动，组织护河志愿者、“河小二”等民间群体巡河管理，发挥社会力量，形成治水合力。茅洲河流域现有民间河长、志愿者河长71名，“河小二”9894名，和政府河长“手拉手”，巡河护河，协助政府河长发现、解决问题。志愿者河长在茅洲河建立实体化、阵地化运作的护河志愿服务U站，有效动员志愿者等社会力量全面参与茅洲河治水，形成全民治水管水格局。

（三）高标准推动碧道建设，推动从“功能性治水”向“水产城共治”转变

高质量规划建设万里碧道是广东省贯彻落实习近平生态文明思想、习近平总书记对广东重要讲话和重要指示批示精神的重大创新举措。作为河长制湖长制的重要抓手，万里碧道被作为粤港澳大湾区、深圳先行示范区建设的一个重要行动来规划布局。

1. 试点先行示范引领

茅洲河碧道建设响应广东省万里碧道建设要求，提出建设“行洪通道”“生态廊道”“休闲漫道”“文化驿道”“产业链道”为一体的碧水之道。茅洲河碧道省级试点建设，先行探索和实践“碧一江春水、道两岸风华”的碧道愿景，按照“湾区东岸绿脉，深圳西部门户”功能定位，打造出一个由碧道之环、湿地公园、水文化展示馆、亲水活力节点、特色水闸、啤酒花园等主要节点串联而成的生态人文纽带，成为“河道＋产业＋城市”综合治理开发的样板区。

2. 生态修复人水和谐

茅洲河碧道突出水生态恢复和修复，以近自然的手法对茅洲河进行生态修复，为鸟类、两栖类、哺乳类动物提供栖息生境与迁徙通廊，营造动植物栖息地，打造都市生命河流修复样板。让孩子、家长通过摸鱼捕虾的活动，更加亲近河道，认识自然，拥抱自然，构建了人水和谐共生的生态环境，使茅洲河成为物种丰富、寓教于乐、怡人乐居的生态家园和自然课堂。

3. 碧道带动产业升级

通过茅洲河治水治污和碧道建设，旧工业厂房改造成为水文化展示馆，污水处理厂改造成为生态环境教育基地，滨海明珠工业园旧厂房改造为中国科学院深圳理工大学过渡校区，左岸科技园景观节点对工业遗产改造提升，对接光明科学城，导入科技创新与产业资源，打造产业升级的科技智谷功能区，提升滨水城市空间活力，推动沿岸产业“腾笼换鸟”和转型升级，带动周边企业自发开展厂容环境提升。啤酒厂主动斥资打造“啤酒观光长廊”，呼应和对接茅洲河碧道“啤酒小镇”规划建设。茅洲河沿岸从昔日的“散乱污”、劳动密集型企业云集，到如今天安数码城、长江股份等一批高新技术产业和上市企业入驻。据初步测算，茅洲河流域将释放出 15 平方公里产业用地，为城市腾出宝贵发展空间，成为当地产业转型发展的“新引擎”，成为“绿水青山就是金山银山”的好样板。

三、经验启示

（一）坚持以人民为中心，是打造良好河湖生态环境的出发点和落脚点

茅洲河是深圳治水主战场，治水成效最能代表治水成果。茅洲河治理坚持以老百姓需求为导向，营造各种亲水、宁静、洁净、浪漫的滨水体验空间，还清还绿于水，还水还美于民，茅洲河数公里河景已实现从城市“背面”到城市“名片”，从掩鼻而过的杂乱水岸到市民喜游乐到的休闲公园，从临河落后厂房区到水产城共融碧道的转变，成为人民群众休闲娱乐的好去处，让人民群众切实享受到治水的成果，获得感、幸福感和安全感明显增强。

（二）坚持河长高位推动，是河湖治理快速见效的重要保障

全面落实河长制湖长制、改善水生态环境、建设万里碧道是践行习近平生态文明思想的具体行动，只有严格落实河湖生态环境保护“党政同责、一岗双责”要求，才能形成强大合力，实现河湖治理快速见效。茅洲河仅用四年时间便实现了由“墨汁河”蝶变为“生态河”，正是因为推行河长制湖长制，省第一总河长挂点督办，市总河长担任河长，带头

抓谋划、抓部署、抓落实，推动各级河长各部门扛起茅洲河治水攻坚的政治责任，确保各项任务落细落实，促使茅洲河治理快速见效。

（三）坚持流域统筹系统治水，是打好打赢水污染治理的必由之路

尊重水的自然属性和社会属性，上下游联动、左右岸兼顾、水里岸上协同，以流域为单元的综合治水模式，打破部门藩篱，突破“九龙治水”的桎梏，增强治水流域性、系统性、科学性，按流域对水污染治理进行系统规划和推进，实现从单一的功能性治理向全流域系统性治理转变，这是城市水污染治理的必由之路。

（四）坚持水产城共治，是实现高质量发展的内在要求

河湖治理是一个生态工程、民生工程，也是经济工程，通过水来牵一发而动全身，不但推动河流水质显著改善，也推动实现了更高质量、更可持续的发展。茅洲河碧道统筹治水、治产、治城，融合生产、生活、生态，以优越的生态资源招引高端产业入驻，推动沿岸产业转型升级，实现从治水投入向治水产出的蜕变。

（五）坚持改革创新，是破解河湖治理顽疾的一剂良方

茅洲河治理取得的每一次进步、每一个进展、每一项成果，都离不开体制、机制以及理念上的创新。建立流域统筹系统治水、跨界河协同治水、全民参与治水护水、万里碧道建设等，都需要开拓创新、锐意进取、敢闯敢“冒”的精神，敢于打破“条条框框”，才能突破长期存在的痛点、堵点问题，精准解决实际问题。

（执笔人：钟伟民　陈春浩　邓清远）

河长考核奖惩分明　压实责任落地见效

——广东省东莞市出台河长制工作责任追究和基层河长考核实施意见*

【摘　要】 全面推行河长制湖长制以来，东莞市坚持问题导向、明确各方责任、细化实化措施、严格考核问责，有效改善了河湖生态环境，取得了明显成效，但也存在部分基层河长湖长缺乏责任意识，履职浮于表面、流于形式，没有真正扛起河长湖长责任等问题。为此，2019 年年底东莞市建立了严格的基层河长湖长履职奖惩机制，明确当年被评定为优秀的河长湖长将获得相应奖励，而履职不到位的基层河长湖长和相关责任人员都要被追责，切实解决各级河长湖长"干不好怎么办"的问题。通过政策引导让基层河长湖长当好河流管理保护的"领队"，落实常态化巡河制度，及时发现和有效解决河流管理保护的突出问题，做到守河有责、守河担责、守河尽责，河长责任进一步落地落实，黑臭水体得到全面治理，全市水环境持续改善提升。

【关键词】 河长制湖长制　基层河长湖长　责任追究　考核

【引　言】 全面推行河长制湖长制，是党中央、国务院作出的重大决策部署，是贯彻习近平生态文明思想，落实绿色发展理念，推进生态文明建设的制度创新和重要抓手。全面推行河长制湖长制以来，东莞市全面建立严格的基层河长履职奖惩机制，创造了河长制湖长制工作的新经验。实践表明：在推动河长制湖长制从"有名"到"有实"转变的关键时期，相关机制的建立确实能较好解决部分基层河长湖长履职浮于表面、流于形式等问题。

一、背景情况

东莞市共有河流 669 条和湖泊 20 个。全面推行河长制湖长制以来，

---

* 广东省东莞市水务局供稿。

东莞设置市、镇、村三级河长1040名、湖长33名，实现了河湖管护责任全覆盖，河长制湖长制实现了让水域环境有人管、管到位。2017、2018、2019年，全市各级河长湖长分别累计巡河巡湖超过0.48万人次、4.3万人次、4.7万人次，发现整改问题分别超过0.18万个、1.6万个、1.7万个。全市河湖面貌显著改善，制度优势充分显现。但是，河长制湖长制作为一项制度创新，在基层实践中也还存在一些需要解决的深层次问题，如河长湖长履职流于形式、履职能力不足、责任不落实等，河长湖长“名实不副”的现象还是普遍存在。具体表现为：

1. 思想认识不到位，行动不得力

有些河长湖长认为河长制湖长制不是自己主管的工作，因此履行河长湖长职责更多是从完成上级交办任务的角度出发，仅满足于完成文件规定的巡河巡湖频次要求，没有从“一河之长”的角度完全把自己摆进去，责任感和使命感不够强。

2. 巡河质量不高，存在形式主义

根据统计分析，东莞市每名基层河长湖长平均巡河巡湖2.7次左右才发现1个问题，且大多集中在河道保洁方面，对工业废水偷排、侵占水域岸线、排污口直排污水和水质黑臭等老大难问题的发现上报较少。另外，有部分河长湖长专挑一些交通方便、环境较好、容易步行、问题较少的河段湖区进行巡河，没有对责任河湖进行定期的全面巡查，导致部分河段湖区的突出问题没有被及时发现和解决，影响了河长制湖长制作用的发挥。

二、主要做法

为进一步建立健全以党政领导负责制为核心的河湖管理保护责任体系，压实各级河长湖长及全面推行河长制湖长制工作领导小组各成员单位责任，确保河长制湖长制各项任务落到实处，推动河长制湖长制工作“见行动”“见成效”，东莞市河长办以问题为导向，积极研究制定相关政策措施，经报市主要领导同意后，以市全面推行河长制湖长制工作领导小组名义，于2019年11月18日印发了《东莞市全面推行河长制工作责任追究和基层河长考核实施意见（试行）》（东河长函〔2019〕1号）（简称《意见》），对基层河长履职不力进行追责，在问责考核的决定机构、适用范围、追责情形、评定程序及结果运用等方面作了具体规定。

（一）责任追究主体明确化

《意见》明确全面推行河长制湖长制工作日常监督检查以各级河长办、生态环境和水务主管部门为主，实行属地管理、辖区负责的工作机制。东莞市委、市政府作为市全面推行河长制湖长制工作责任追究的决定机构，负责组织领导、指导监督开展责任追究工作。全市 33 个镇街（园区）的镇级河长湖长、村级河长湖长，农林水务、生态环境、城管等承担全面推行河长制有关工作职能的部门负责人，以及属地村（社区）负责人和工作人员，均纳入实施责任追究的对象范围，实现责任追究全覆盖。

（二）责任追究情形具体化

根据全面推行河长制湖长制的工作要求，结合东莞实际，《意见》明确对如下 11 种具体情形进行责任追究：①责任镇街（园区）工作进度严重滞后于计划进度的，或未完成年度目标任务的；②未按照规定完成巡查工作的，或虚报、瞒报巡查落实情况的；③责任镇街（园区）在市全面推行河长制工作年度考核不及格的，或在全面推行河长制工作月度考核排名连续 3 个月位于全市倒数 3 名的；④责任镇街（园区）被国家、省、市下发问题整改督办文件后，仍敷衍整改的，或拖延整改时间超过整改期限的；⑤责任镇街（园区）在 1 年内，被国家、省督察督办水环境治理保护重大问题 1 次及以上的，或被国家、省级主要媒体曝光重大水环境污染问题 1 次及以上，或被市级及以上主要媒体曝光河涌管护问题累计 3 次及以上的；⑥责任镇街（园区）的河涌 1 年内 3 次及以上登上“洁净东莞指数测评”黑榜河涌的；⑦责任镇街（园区）河涌管理范围内发现新增违建、非法排污口的，或乱占、乱堆、乱采、工业废水直排偷排以及辖区内“散乱污”企业滋生蔓延等情况严重的；⑧责任镇街（园区）的河涌存在堤岸垃圾堆积的，或水面漂浮物问题严重的；⑨责任镇街（园区）未按市全面推行河长制湖长制相关工作要求完成工作，导致东莞市被上级考核扣分的；⑩未及时协调解决责任镇街（园区）内发生的水环境治理保护问题引发群体性上访的；⑪责任镇街（园区）纳入市级及以上水质考核的断面在考核年度内水质未达年度考核目标且未有改善的。

（三）责任追究方式多样化

《意见》明确了包括市政府通报批评、市领导或市河长办进行约谈、移交市纪检监察机关或市组织（人事）部门启动追责处理程序3种追责方式、52种追责情形。对于长期不落实河长制湖长制工作并导致水环境遭受严重破坏、掩盖袒护有关问题并干扰追责等情形，将从重进行责任追究。追责不因责任人的工作岗位或者职务变动而免除，已退休但应当承担责任的，仍须追究其相应责任。

（四）考核程序流程化

《意见》规定了对基层河长湖长考核内容主要包括巡河工作落实情况、责任河涌的管护情况、河涌问题的协调解决情况、上级布置工作任务的完成情况、责任河涌问题的曝光情况、河长本人的被问责情况以及在市全面推行河长制基层河长述职评议中的表现情况等。考核程序分镇街（园区）自评、形成备选名单、综合评定及评分、确定名单等四步。由市河长办评审工作小组于每年第一季度前根据综合评定和评分结果评选出本年度的5名优秀镇级河长、10名优秀村级河长，以及不多于5名不称职镇级河长、不多于10名不称职村级河长。名单经市级主要媒体公示后，由市河长办上报市全面推行河长制工作领导小组审定。

（五）奖惩措施差异化

《意见》明确对河长考核的奖励措施主要有三项：一是对优秀镇、村级河长进行全市通报表扬；二是优秀镇级河长年终绩效奖金提高一个档次发放；三是对优秀村级河长所在村（社区）给予一定额度的资金奖励，其中的部分奖励给河长本人，部分奖励给村（社区）领导班子及治水相关工作人员，大部分作为该村（社区）河涌管护专项资金。惩罚措施有相应三项：一是对不称职镇、村级河长，在全市进行通报批评，并令其作出个人书面检讨，明确整改措施和计划，未能按时完成整改的，将追究其相关责任；二是对不称职镇级河长，年终绩效奖金降低一个档次发放；三是对不称职村级河长，分公务员、事业单位编制人员、编外人员三类，分别给予降低绩效奖金发放等惩罚。

三、经验启示

（一）实施对象覆盖面广，确保河长责任全面压实到位

《意见》明确东莞市委、市政府作为市全面推行河长制湖长制工作责任追究的决定机构，负责组织领导责任追究工作。全市33个镇街（园区）的镇级河长湖长、村级河长湖长，镇街（园区）农林水务、生态环境、城管、经信等承担全面推行河长制湖长制有关工作的部门负责人，属地村（社区）负责人和工作人员，均纳入实施对象范围，实现责任追究全覆盖。从印发实施《意见》以来，截至2020年9月底全市已有84名基层河长以及职能部门责任人因履职不到位受到问责处理并全市通报批评。

（二）追责方式针对性强，确保监督考核工作顺利推进

《意见》提出了市政府通报批评、市领导或市河长办进行约谈、移交市纪检监察机关或市组织（人事）部门启动追责处理程序三种追责方式，并全面细化明确了镇级总河长、镇村级河长、职能部门和村社区负责人及工作人员的52种追责情形。其中，镇级总河长（含第一总河长、总河长、副总河长）追责情形共16种，包括通报批评、约谈等11种情形，启动追责处理程序等5种情形。对于长期不落实河长制工作并导致水环境遭受严重破坏、掩盖袒护有关问题并干扰追责等情形，将从重进行责任追究。追责不因责任人的工作岗位或者职务变动而免除，已退休但应当承担责任的，仍须追究其相应责任。由于充分考虑了全面推行河长制的工作要求和东莞实际情况，实施考核问责的措施针对性强，提高了考核操作的可行性，减少了工作阻力，确保了考核工作的顺利开展。

（三）奖惩措施力度空前，确保考核“指挥棒”作用充分发挥

《意见》明确河长制工作追责结果与个人年度考核结果、年度评优结果挂钩，记入干部个人档案。其中镇级第一总河长、总河长被市政府约谈的，所在镇街（园区）在当年市全面推行河长制年度考核中取消评先评优资格。结合镇、村级河长年度述职评议工作，全市每年评选优秀镇

级河长 5 名、优秀村级河长 10 名、不称职镇级河长不超过 5 名、不称职村级河长不超过 10 名。其中，优秀镇级河长的年终绩效奖金提高一个档次发放；优秀村级河长所在村（社区）奖励 100 万元，本人奖励 5 万元。奖励资金由市、镇对半分摊。对于不称职的镇级村级河长，将扣减年终绩效奖金，要求书面检讨、落实整改，如整改不到位的将根据情形进行追责。以上较大力度的奖励和惩罚措施，有效调动了镇、村级河长巡河履职的积极性，同时也对工作落后的河长形成了无形压力，达到了鼓励先进、鞭策后进的作用，充分发挥了河长制湖长制考核的“指挥棒”作用。经过严格的评选、全市公示和报市领导小组审定等考核程序，目前东莞市河长办已评选出 2019 年年度优秀镇级河长 5 名、优秀村级河长 10 名以及 3 名后进镇级河长、6 名后进村级河长，相关奖励和惩罚措施都已落实，有关考核工作对全市基层河长形成了较大的触动作用，东莞市全面推行河长制湖长制工作得到了进一步加强和提升，全市河湖环境面貌持续变好。

（执笔人：涂欢　叶淦升）

加强系统培训　提升河长湖长履职能力

——广东省惠州市借助华南河湖长学院公益培训平台落实河长制湖长制*

【摘　要】 河长制湖长制能否实现从“有名”向“有实”转变，真正落地见效，河长湖长履职担当是关键。广东省惠州市紧紧抓住“提升河长湖长履职能力”这个“牛鼻子”，主动引入华南河湖长学院公益培训，整合国内水环境治理顶级资源，引智借力，持续深入开展市、县、镇、村、村小组五级河长湖长系统培训，有效破解了河长湖长履职尽责“干什么、谁来干、怎么干、干不好怎么办”等棘手难题，有力推动惠州河长制湖长制从全面建立到全面见效，实现名实相副。

【关键词】 河长制湖长制　培训　履职

【引　言】 河长制，河长治。《关于全面推行河长制的意见》明确党政领导担任河长，能依法依规落实地方主体责任，协调整合各方力量，有力促进水资源保护、水域岸线管理、水污染防治、水环境治理等工作。在建立健全河湖管理机制体制之后如何推动各级河长湖长有效履职？对大部分基层河长湖长来说，依然是“摸着石头过河”。惠州积极探索提高河长湖长履职能力的新路径、新做法，以系统培训强化意识，拓展思路，推进全市河长制湖长制工作标准化、规范化，不断提升河湖治理能力水平。

一、背景情况

2016年，中共中央办公厅、国务院办公厅印发《关于全面推行河长制的意见》，明确由党政领导担任河长，依法依规落实地方主体责任，协调整合各方力量，有力促进水资源保护、水域岸线管理、水污染防治、水环境治理等工作。

---

* 广东省惠州市水利局等供稿。

惠州市水系发达，河湖纵横，是粤港澳大湾区的“山水之城”和“生态担当”。全面推行河长制湖长制以来，惠州市坚决贯彻党中央和广东省委省政府的部署要求，率先建立起覆盖市、县、镇、村、村小组的五级河长湖长体系。目前全市共有五级河长湖长 8454 人，实现“一河（湖）一长”。

为推动河长制湖长制在惠州真正落地见效，惠州市紧紧抓住“提升河长湖长履职能力”这个“牛鼻子”，主动引入华南河湖长学院公益培训平台，借助国内水环境治理顶级师资和技术力量，深入开展五级河长湖长培训，推动惠州河长制湖长制从“有名”向“有实”转变。

华南河湖长学院是国内首家专注于河长湖长培训服务的公益平台，目前已汇聚全国 100 多位水环境治理领域的专家，制定 100 多门河长湖长培训课程，并先后在广东、福建、江西等 20 多个省市，举办了 40 多场河长湖长公益培训，累计培训各级河长湖长逾 15000 名，受到各地政府、广大河长湖长的赞誉和欢迎。

二、主要做法

华南河湖长学院发挥平台优势、专业优势、产业优势，创新采用面对面讲授、河湖治理典型案例现场教学等培训方式，深度助力惠州开展河长湖长培训工作。2018 年 12 月以来，先后为惠州市连续举办了 9 场不同级别、不同形式、不同主题的河长湖长专题培训班，培训范围覆盖惠州市、县、镇、村、村小组五级河长湖长，系统培训各级河长湖长及民间志愿者代表累计超过 2200 人，成为惠州河长制湖长制落地见效的有力助推器，激发了惠州河湖治理的热情和动力。

（一）创新模式高效培训，激发河长湖长履职动力

2018 年 12 月 20 日，惠州市河长办联合华南河湖长学院，首次举行惠州市河长制湖长制工作培训班。市委常委、秘书长、市政府党组成员刘小军亲自出席并讲话，市水利局、市生态环境局、市自然资源局、市住房和城乡建设局等相关部门负责人以及各级河长湖长，共约 280 名代表参加培训。

这次培训会上，华南河湖长学院院长曾建宁与河长湖长们分享了水环境治理普遍存在的项目统筹协调误区、责任分工界定误区、技术路线

选择误区、管理机制建设误区，分析了河长湖长干什么、谁来干、怎么干、如何干出成效、干不好怎么办等理论和实践问题，并就市、县、镇、村、村小组五级河长湖长厘清职责、有效履职提出了解决方案。华南河湖长学院首席科学家、同济大学黑臭水体治理专家李怀正教授，以《我国城市河流黑臭成因分析与系统化治理实践》为题，分析了我国河流黑臭的成因，治理的关键技术和存在的问题，介绍了全流域截污治污的黑臭水体治理思路。华南河湖长学院首席专家、住建部直属北京中规院生态院院长王家卓从流域水环境综合治理角度，讲解流域治理存在的问题及治理措施，帮助市级河长及相关治水工作人员强化顶层设计理念，做好系统治水、流域治水的统筹部署。

惠州市河长制湖长制工作业务培训班

（二）系统全面凝聚合力，打通河长制湖长制"最后一公里"

华南河湖长学院一方面发挥平台优势，组织国内水环境治理的政策、理论、技术、管理、实战专家，为各级河长湖长精心定制体系化的培训课程，包括河湖保护治理的政策体系、知识体系、技术体系、案例体系、实操体系等，内容涵盖河长制湖长制政策解读、河湖基本知识、治理技术、治理方案、河湖分界与水域岸线管理、公众参与河湖管护工作指引、河湖执法监督、河长湖长履职考核等各个领域。另一方面发挥水治理专业优势，梳理汇总河长湖长履职尽责的工作资料，整理汇编了《河湖长履职参考工作手册》、河湖治理案例课件视频、河湖保护公众宣传画册等一系列图文培训材料，帮助各级河长湖长准确把握河湖保护与治理的政策规定，厘清认识误区，明确职责定位，更好履职尽责。

华南河湖长学院在深入调研广东基层河长湖长培训需求的基础上，启动“百门课程送百县千镇”活动，全面服务惠州河长制湖长制落地落实，专门为惠州区县镇村制定了有针对性的河长湖长培训班，开发了农村污水治理、农村水资源管理、农村管网系统管理等百门培训课程，先后走进惠州市下辖的龙门县、博罗县、惠东县、大亚湾区、惠阳区、惠阳区公用事业局、惠阳区秋长街道等地，培训五级河长湖长及相关工作人员 1800 多人次，打通河长制湖长制在惠州基层一线落地见效的关键环节。同时，华南河湖长学院也主动服务民间河长湖长志愿者这一水环境治理的生力军，为惠州“河小青”志愿者提供专题培训，普及河湖基本知识，提升志愿者专业素质，并承办惠州爱河护河主题日宣传活动，推动惠州市河长制湖长制进一步落地见效。

惠州爱河护河主题日志愿者阅读华南河湖长学院资料

（三）引智借力精准施策，推进河湖共建共治

华南河湖长学院在深度服务惠州治水过程中，依托水治理产业，全面借助外部专家力量，攻坚河湖治理难题。华南河湖长学院先后邀请中

国工程院院士徐祖信团队、住建部直属中国城市规划设计研究院、广东省河长办、同济大学、广东省水利电力职业技术学院、嘉应学院等院校机构的权威专家，多次走进惠州，现场指导授课、问诊把脉，受到惠州市领导和各级河长湖长的赞誉肯定。2019 年 10 月底，中国工程院院士、同济大学环境学院教授徐祖信，受惠州市政府邀请，与惠州市政府、河长办、水利局、生态环境局、住建局、水投集团等领导和专家调研座谈，现场会诊惠州淡水河流域整治存在的问题，为惠州治水提供智力支撑。华南河湖长学院成为惠州各级政府与河长湖长的治水“贴身顾问”。

（四）请进来走出去，提升河湖治理能力与水平

“请进来问计”与“走出去取经”相结合，是华南河湖长学院深度服务惠州河长制湖长制落地见效的另一个重要途径。2019 年 9 月，华南河湖长与同济大学联合创办国内第一个水环境综合整治高级研修班，每次课程均主动邀请惠州市各级河长湖长及住建、环保、水利等部门，派员到研修班免费观摩和研修学习，并组织到上海苏州河和深圳茅洲河、坪山河等国内水环境治理示范项目考察交流，通过多地、多形式、多类型的研修学习，双向提升惠州河长湖长和行业从业人员的技术和管理水平。此外，华南河湖长学院还精心组织研修班学员，深入惠州仲恺新区、惠阳秋长街道等地考察治水项目、投资环保产业，帮助惠州治水引进技术、资金、人才和团队，举社会和企业之力，为惠州市打赢水污染防治攻坚战出力献策。

三、经验启示

惠州市在推动河长制湖长制落地见效的过程中，持续深入开展市、县、镇、村、村小组五级河长湖长系统培训，有效破解了河长湖长履职尽责“干什么、谁来干、怎么干、干不好怎么办”等难题，实现了河长制湖长制名实相副。

（一）全覆盖：体系化培训提升五级河长湖长履职能力

河湖管理和保护涉及水资源保护、河湖水域岸线保护、水污染防治、水生态修复等多项内容，需联动水利、住建、生态环境等多部门，范围覆盖省、市、县、镇、村，点多面广线长，工作内容繁多。华南河湖长学院联合多个政府部门，整合国家部委、国内高等院校、设计院等专家资源，有针对性地举办河长湖长履职培训班，开发适合各职能部门急需的相关政策解读、专业理论技术和典型案例分享课程，培训层次从省到村5级全覆盖。

（二）聚合力：推动专家团队“把脉”，助地方啃下治水“硬骨头”

针对河湖治理实践中的“硬骨头”，华南河湖长学院也成为连接地方和治水专家的桥梁，通过组建阵容强大、经验丰富的专家导师团队，对水污染状态、技术方案、治理措施进行调研，向地方提出系统性的治理对策和建议。近年来，华南河湖长学院专家先后走进惠州、汕头、珠海、中山各地，帮助当地政府攻坚治水“硬骨头”。徐祖信、王家卓、马洪涛等华南河湖长学院专家也被聘任为珠三角多地政府“治水顾问”。

（三）兴产业：推动行业研修培育人才促产业升级

“河长制湖长制”从政府治理制度设计转向为长效化制度实践，离不开水污染治理市场主体的有效参与。当前，各地环保行业技术人才储备不足，壮大环保产业、动员专业力量参与河湖治理，是解决这一问题的重要路径。华南河湖长学院和同济大学联合创办了全国首个“水环境综合整治高级研修班”，探索构建并强化水环境综合整治的政策体系、知识体系、技术体系、实务体系、案例体系，为行业打造深度学习的课堂，培育了一批能深刻理解政策导向、洞察行业本质并满足市场需求的企业家群体，促进产业全面升级。

（四）拓平台：推动治水工作线上教育实现常态化系统培训

当前是河长制湖长制工作从“集中整治”到“规范管理”的转折期。新冠肺炎疫情暴发后，华南河湖长学院贯彻“防疫不防学”要求，依托互联网培训平台，整合优质教学资源，推出华南河湖长学院“在线大讲堂”，通过线上培训解答各级河长湖长在疫情期间的履职困惑，受到一致好评。2020年2—4月，“在线大讲堂”推出30门免费公益直播课，涵盖政策、履职、经济、技术内容，邀请河长制湖长制负责人、基层河长湖长、志愿者线上互动，累计5000人次观看学习，“在线大讲堂”日益走向规范化、系统化。

（执笔人：郭彩丽　曾晓平　陈楚圆）

全力守护“长寿壮乡”每一泓清流

——广西河池市以全面推行河长制为抓手建设美丽幸福河湖的生动实践*

【摘　要】 针对河池市近几年来河面非法养殖、河流水质下降、河道被侵占、流域环境变差、非法采砂行为等日益突出的问题，河池市以河长制工作为抓手，突出问题导向，持续推进“清四乱”工作，力求实效；突出完善制度，积极推进河长巡河履职规范化常态化，强化保障；突出齐抓共管，聚焦河长制重点难点合力攻坚，打造典型；突出机制创新，群防群治巩固提升整治效果，防治结合。广西河池市河长制实现“有名、有实、有能”，水生态环境得到明显改善，水质得到显著提高。

【关键词】 河长制　清四乱　美丽幸福河湖

【引　言】 全面推行河长制湖长制是习近平生态文明思想的重要组成部分，是维护江河湖库健康生命、实现江河湖库功能永续利用的制度创新，是践行“绿水青山就是金山银山”绿色发展理念、贯彻落实习近平山水田林湖草系统治理方针的内在要求。河长制湖长制，核心就是“责任制”，关键要做好顶层制度设计，完善组织体系和责任体系，强化监督考核，建立“层层传压力、层层抓落实”的压力传导机制，做到守河有责、守河担责、守河尽责。

一、背景情况

广西河池市位于桂西北典型的喀斯特地貌溶岩地区，水系发达，河网密度大，其中流域面积 50 平方公里以上河流 172 条，河流总长度 10518 公里，小（2）型及以上水库 201 座，水电站 143 座，主要河流有红水河和龙江河两大干流。

---

* 广西壮族自治区河池市水利局等供稿。

在过去“唯GDP论英雄”的经济发展模式下，河池市水环境水生态遭到了严重破坏。一是侵占江河湖库水域及岸线问题突出。经排查，截至2020年8月底，共排查江河湖库管理范围内违法乱占乱建、乱围乱堵、乱倒乱排等侵占水域岸线、阻碍航线畅通问题886个。二是大量非法网箱养殖导致水质恶化。2016年中央环境保护督察反馈意见指出河池市龙滩水库水质由Ⅱ类下降至Ⅲ类。三是非法采砂禁而不绝。河道非法采砂、非法捕捞、涉河违章建筑清理等专项执法行动，全年查处非法采砂163起，非法捕捞386起，涉河违章建筑117起。四是破坏河道生态安全行为时有发生。2018年度，仅巴马县甲篆镇河段，临河临水两违建筑20多起，临河临水两违建筑5处1000多平方米，乱开垦河滩地、乱种植养殖等破坏河道生态、污染河道环境的行为25次。

2017年4月20日，习近平总书记在广西考察时指出，广西生态优势金不换，要让良好生态环境成为人民生活质量的增长点、成为展现美丽形象的发力点。自治区、河池市党委、政府高度重视，围绕守护好“山清水秀生态美”金字招牌的目标，深入开展营造山清水秀的自然生态行动，突出“河联治、河全治、河共治、河长治”四治并举，着力解决水生态环境突出问题，取得了新的成效。全市45个重要江河湖泊水功能区考核断面水质100%达标，2020年7月国家地表水考核断面水环境质量状况排名全国第一，河长制工作排名连续2年列广西第二，也是广西唯一连续2年排进前三的地市。

二、主要做法

（一）突出问题导向，扭住不放持续推进“清四乱”工作

按照“属地管理、分级负责，谁主管、谁负责”原则，全面部署“清四乱”专项行动。2018年度257个江河湖库“四乱”问题率先在全区全部完成整改销号；2019年全市排查出江河湖库“四乱”问题473个，完成销号461个，整改销号率97.46%，排名全区第3位，“清四乱”效果立竿见影，河湖水环境得到明显改善。

2019年9月，河池市河长办收到广西龙江电力开发有限责任公司的报告，指出下桥水电站大坝库区内多年来有7艘无证大型采砂船和26艘

渔船和农用船只无序停泊，严重危及大坝运行安全，希望市河长办能帮忙解决这个多年来悬而未决的问题。市河长办摸清情况后，决定一抓到底，解决该“四乱”顽疾，啃下这块“硬骨头”。一是河池市政府副市长、河池市河长办主任李凤云亲自率队前往现场，在市级层面成立联合指挥部，制定下桥水电站库区“三无”船只专项清理行动工作方案。二是刚柔并济，争取群众配合。为使船主自行拆解清理下桥水电站库区“三无”船只，河池市河长办通过市场化运作方式，积极向广西锦鑫电子科技有限公司拉来了赞助。该公司愿意友情赞助4万元给相关船主，包干自行限期限量拆除剩余的4艘大型无证非法采砂船。结果不到1个月，4艘大型无证非法采砂船全部提前完成拆除上岸。三是加强宣传，由专项整治转向长效治理。通过政策宣贯解读，包括涉事船主在内的附近居民群众由之前的“无知无畏”转变为知法守法的合格公民，提高了安全意识和规范意识，认识到“三无”船舶的高危害性。同时，制定了交界处轮值制度，由相关3个县（区）以2年为一周期开展轮值。如出现重大事项则由河池市河长办牵头组织3县（区）开展联合执法行动，至此该河段“四乱”顽疾得以根除。

大型非法采砂船拆除前图片

大型非法采砂船拆除中图片

大型非法采砂船拆除后图片

（二）突出完善制度，积极推进河长巡河履职规范化

一是高位推动，压实责任。河池市实行党政主要负责人担任总河长

的“双总河长制”，同步全面构建纵向到底、横向到边立体化有机衔接的市、县、乡、村四级河长体系，实现江河湖库河长制湖长制全覆盖，全面贯彻落实“河长治污”，严格开展河长巡河履职。2018 年以来全市 2875 名四级河长年巡河 30 万余次。

二是两手发力，抓紧抓牢。2016 年国家环境保护督察指出河池市龙滩水库水质由Ⅱ类下降至Ⅲ类；2018 年自治区督查组指出天峨县网箱清理力度不够，治理效果不明显，要求加快推进整改。为维护龙滩库区天峨辖区水域生态环境安全，规范辖区范围内水域非法养殖、无序养殖及“乱占乱建、乱围乱堵、乱采乱挖、乱倒乱排”等行为，河池市委书记、总河长何辛幸深入龙滩库区调查研究，督导天峨县按照“分类清理、区别对待、先急后缓、科学发展”的原则，依法开展“清网”行动，取得明显成效，龙滩库区水质由Ⅲ类恢复至Ⅱ类。行动共投入经费 474.1 万元，依法清理网箱 7872 箱，补助持证养殖户 218 户共 3662 万元，实现了库区水面清洁畅通，改善了上下游水生态环境。

三是强化督查，严格考核。实行市级河长分片督查、市督导组定向督导、市河长办随机抽查的“三层”督查制度，并对督查核查结果实行红黑榜通报，2018 年以来已组织开展各类督查及暗访 16 次，市级河长开展了 6 次督查，进行红榜通报 2 次、黑榜通报 3 次。

（三）突出齐抓共管，聚焦河长制重点难点合力攻坚，打造典型

一是开展联合执法。开展河长制专项行动过程中，对群众反映强烈的违法乱占案件，采取开展联合执法打击典型，2018 年以来市本级组织开展联合执法 10 余次。通过打击典型案例，对非法侵占河道岸线水域的分子形成强大威慑力，营造良好的河长制工作氛围。

二是网格包干联动。巴马县盘阳河甲篆镇河段是巴马国际旅游核心区域，也是河湖管理的重点难点区，河池市通过网格化分配任务，将盘阳河分段包干给县直单位，由其负责各自区域河道清洁，确保了各段河道顺畅，河面清洁；实行人大代表监督“河长制”落实机制，把监督“河长制”落实机制列入人大代表小组监督活动内容。

三是部门协作形成强大合力。河池市大化县在开展“清网”行动中，从县直有关部门和涉及乡镇抽调 30 余名干部按片区组成 3 个工作组，引

河池市委书记、总河长何辛幸巡查龙滩库区

导群众树立“退网箱养殖、还青山绿水、留金山银山”的绿色发展理念，为拆除网箱奠基。2018年以来，该县共清理整治大化水电站库区、王秀河等河道非法网箱12423个，约37万平方米，清理整治率达100%。

群众参与河道垃圾清理

（四）突出机制创新，巩固提升整治效果，防治结合

一是党领民治，实现江河常清。2017年，河池市率先在宜州区提出

“基层党建与河长制”双提升工作机制，充分发挥河长在促进河道全面综合治理中的先锋模范作用，示范带动各级党组织和党员积极投身河长制工作，形成基层党组织引领带动、党员发挥模范先锋作用、实现全域治理、全民积极参与的河道保护治理工作局面，宜州区下枧河入选全国首届十条“最美家乡河”。

二是结合脱贫攻坚，共同打造美丽幸福河湖。2017 年河长制启动以来，我市积极探索河长制工作与脱贫攻坚的结合机制，通过聘请贫困户作为河道巡查员、河道保洁员的方式，助力脱贫攻坚，为群众提供优质的水生态、水安全、水环境。目前河池市共聘请水域巡查员、河道保洁员等 2053 人，其中建档立卡贫困群众、脱贫群众共 333 人。

三是鼓励群众参与，建立河道管护自治制度。推行河道承包制度，把河道管护清洁列入村规民约内容，成立义务护河队。2017 年以来，盘阳河巴马段河道承包人及义务护河队发现制止 21 起 52 人次电鱼、向河道倾倒垃圾等行为，扭送电鱼等非法行为人员 5 人次到派出所。在盘阳河等水利风景旅游区，成立候鸟人志愿者义务巡河队，2017 年以来，巴马县候鸟人志愿者义务服务队巡河及开展清洁河流 20 多次，1000 多人次参加。

四是打造“守卫之眼”，构建智慧河长管理。河池市率先实施河流可视化监管，重点面向河湖流域水体环境状况建设“点、面、区”三位一体的网格化物联网无线传感监测网络。结合视频影像进行直观可视化监控，实时获取区域敏感点、断面考核点、污染排放与厂界环境的指标监测数据，快速知晓水体变化趋势。以虚拟地图定位、可视化图表分析、动态轨迹跟踪、即时任务响应等数据化应用模式，提供河流全面监管响应服务。2019 年完成红水河、龙江、刁江、融江、盘阳河等市级河流 24 个在线“守卫之眼”可视化监控点建设，2020 年增加可视化监控点建设 91 个。

三、经验启示

“政府主导、部门联动，企业赞助、群众配合”的典型效应，已经成为河池市进一步推动河长制变为“河长治”的重要模式。

“天眼”监控下桥水电站清“四乱”行动前

“天眼”监控下桥水电站清“四乱”行动后

（一）河长制变河长治，必须坚持属地负责抓住“关键少数”

“火车跑得快，全靠车头带”。河池市总河长把全面推行河长制作为重要政治责任，不断强化党政同责、一岗双责、属地负责，发挥了良好的“头雁效应”。河池市政府主要领导亲自抓落实，成立1个市级和11个县级河长制办公室，高位推动，配齐专职专班专组人员，形成“一手抓总、五指发力”的压力传导机制。层层抓落实，针对“四乱”顽疾扭住不放、一抓到底，为清除“四乱”问题按下了“启动键”。

（二）协同治理形成合力，必须坚持区域共治、条块配合

河长制工作是一个系统工程，必须坚持区域共治、条块配合，理顺上下游、左右岸、干支流关系，打破行政界限壁垒，加大不同部门间遥感、无人机、视频监控、移动终端等信息化监管手段在发现、制止、查处水事违法行为中的信息共享力度。形成多级联动、多元互动的常态化联合执法机制，打破“群龙治水”而无法形成有效合力的制度缺陷，为限期清除“四乱”顽疾制定了“时间表”。

（三）引导企业社会力量，必须坚持河湖治理体制机制创新

专项行动清理整治时间紧迫、任务艰巨、意义深远，当地政府扛起属地责任，签下限期整治的“军令状”，为确保在明确的整治“时间表”期限内保质保量地完成工作任务，大胆创新，主动作为，充分释放现有政策红利，在河池首创企业参与赞助的模式，积极引导和鼓励相关企业参与，开辟企业赞助快速绿色通道，实现多方共赢，为依法整治“四乱”工作按下了“加速键”。

（四）清“四乱”攻坚，必须坚持群众路线形成长效机制

考虑到涉事群众的切身利益，当地人民政府对相关群众进行耐心的思想工作，晓之以理、动之以情，宣传全面推行河长制工作的意义和重要性，激发其主观能动性。同时，加强政策宣贯解读，提高群众纳规意识，联合群众共同将“母亲河”守护成“平安河”“幸福河”，将清“四乱”专项整治转变为综合治理和长效治理，避免类似“四乱”问题死灰复燃、反弹回潮，为从根本上解决“四乱”问题擘画了“路线图”。

（执笔人：李东霖　蓝天将　黄丽）

统筹布局　系统治理　专业管护
建设海南生态河湖

——海南省践行河长制湖长制的探索与实践*

【摘　要】自2015年以来，海南省牢固确立绿水青山就是金山银山绿色发展理念，开展城镇内河（湖）水污染治理专项行动，成为率先推行河长制湖长制工作的省份之一。通过创新体制机制，综合系统治理，有效改善全省河湖水环境质量，努力实现“河畅、水清、岸绿、景美”生态文明目标，加快推进国家生态文明试验区和海南自由贸易港建设。

【关键词】海南省　河长制湖长制　生态文明试验区　自由贸易港

【引　言】海南省陆地总面积3.54万平方公里，海域面积约200万平方公里。全岛独流入海的河流共154条，其中流域面积超过100平方公里的有38条。随着经济快速发展，部分城镇内河湖水出现污染问题，人水相争矛盾日益凸显，水资源开发利用与保护被列入重要议事日程。2015年9月18日，时任海南省主要领导在“全省水污染治理、城乡环境综合整治专项行动会议”上提出在城镇内河湖推行河长制，由此海南被水利部列入全国8个先行先试单位，成为率先推行河长制的省份之一。五年来，在党中央、国务院的正确领导和水利部的大力支持下，海南省河长制湖长制组织体系、制度体系、责任体系、监管体系建设，实现了从“有名”到“有实”，从全面建立到全面见效的历史跨越。

一、背景情况

良好的生态环境是海南立省之本。2013年4月8日，习近平总书记视察海南时再三叮嘱：“青山绿水、碧海蓝天是海南建设国际旅游岛最强的优势和最大的本钱，是一笔既买不来也借不到的宝贵财富，必须倍加

* 海南省水务厅供稿。

珍爱、精心呵护。”海南的生态环境质量虽名列全国之首，但水体污染问题仍然成为大家关注的焦点和热点问题。海南历届省委、省政府都高度重视生态环境保护工作，逐年加大工作力度，持续开展生态环境专项整治工作。

2015年5月，省人大常委会组织了水污染防治法贯彻实施情况执法检查，发现18个市县的城市内河，仅有60%的监测断面符合水环境管理目标要求。因不合理开发而导致的河湖面积萎缩、水质恶化、生态退化问题，严重威胁着河道防洪安全、供水安全和生态安全。

2015年7月，省主要领导在陵水县调研时提出：“对全省内河水系进行检查，摸清水质状况，分析原因，全面整改。”随后，在完成全省五大河流水环境调查的基础上，对全省受污染的64条城镇内河（湖）进行了集中专项治理。省委、省政府联合制定下发了《海南省城镇内河（湖）水污染治理三年行动方案》，明确提出：按照“明确目标、落实责任、综合治理、严格考核”的要求，全面推行河长制，建立市、县（区）、乡（镇）三级负责人责任体系，实现城镇建成区基本消除黑臭水体，全省城镇内河（湖）水环境质量总体明显改善目标。

2016年11月，64条主要城镇内河（湖）全部由市县领导担任河长湖长，河长体系初步建立。海口市鸭尾溪、美舍河、沙坡水库等7个水体水质均达到功能区标准要求，美舍河等9个水体消除黑臭现象。全省64个监测断面达标率从2015年的4.7%上升到43.8%。

城镇内河（湖）水污染三年行动计划的实施，也让海南成为率先全国施行河长制湖长制的省份之一，在河湖的具体治理中海南逐步摸索出建立河长制湖长制制度的经验。

二、主要做法

（一）健全河湖治理体制，明确目标责任到岗到位

2015年下半年，按照省政府要求，省市县成立河长制工作领导小组，市县政府分管负责人担任辖区内河（湖）河长，乡镇政府领导担任河段长、履行第一责任人职责，河长负责河湖管理保护工作。

为各市县政府在城镇内河（湖）显要位置竖立河长公示牌，标明河长职责、河湖概况、管护目标、监督电话等内容。群众一旦发现河湖有

污染问题，可根据河长公示牌及时与河长联系，有关部门及时处理并反馈结果。各市县在完成城镇内河（湖）水环境情况调查的基础上，也继续按照“一河一档”和“一河一策”要求制定治理方案，明确治理目标，敲定治理项目，分解治理任务，落实治理责任。同时，海南省河长制办公室每年对河长制落实情况进行全面考核，增强了河长履职意识，形成了每一条河流都有人管、有人治的常态化管理新格局。

为督促各市县将河长制湖长制职责履行到位，海南省河长制办公室委托第三方机构对河湖“四乱”问题开展排查，并形成专题报告上报给省级河长，以一市（县）一单形式下发市县政府，督促各市县主要领导推动河湖“四乱”问题整改，一些历史老大难问题，如海口市横沟河违法建筑侵占河道、屯昌木色湖违建餐厅等问题得到了彻底解决。

（二）对存在污染问题的河流系统治理，有效改善水质

2015年起，海南省按照《海南省城镇内河（湖）水污染治理三年行动方案》的要求，突出源头治理，从污水处理、垃圾收集处理、农业面源污染治理、工业污染治理、水土流失治理、采砂秩序规范整治、无序养殖治理、湿地保护等8个方面，采取截污纳管、河道清淤、雨污分流管网改造等工程措施，推进城镇内河（湖）综合治理。同时，海南省加大排查水体污染源，全省新增治理河流29条，达到93条，其中黑臭水体由原来的25条增加到28条，排查出来的排污口由原来的612个增加到1584个。通过对全部排污口实施截污纳管和就近处理，从源头上减少了排入水体的污水量，有效改善了水环境质量。各市县政府也因地制宜，摸索系统生态治理的经验。

美舍河是全省最早开展生态治理的城镇内河（湖）污染水体。该河流的治理摒弃了传统的工程治理方式，转向系统治理，岸上退堤还河、退塘还湿，将“三面光”的硬质河床护岸改成岛屿、滩涂、湿地，将河流从混凝土中解放出来，构建水生态海绵系统。水下清除淤泥，摸排污水排口，进行控源截污，种植水草恢复水体自净能力，让河流逐步恢复活力。从2015年到2017年，仅仅两年左右的时间，海口市美舍河便从城市臭水沟“变身”为国家级水利风景区。美舍河的系统治理经验得到推广与借鉴，各市县政府逐渐意识到“污染在水里，根源在岸上”。

三亚市对三亚河全流域进行河道水环境、水污染治理，系统提升河流效益和景观功能，以三亚河串联“两河七园”打造城市水生态体系，系统性长效治本，将三亚河恢复为具备净化、修复、生态功能的生态河流。

文昌市对市区湖泊霞洞湖制定水生态综合整治工程方案，实施霞洞湖休闲公园景观工程、用地周边区域污水截流收集工程、生活污水处理工程、霞洞湖水生态修复工程。经两年的治理，霞洞湖面貌焕然一新，成为一个集生态、景观、休闲、健身为一体的市民休闲公园。

（三）创新河湖水污染治理体制，健全长效机制

“节水优先、空间均衡、系统治理、两手发力”的新时期水利工作方针，为海南的河湖治理提供了新思路。海南省河长制办公室指导各市县积极探索水污染治理的新路子，把政府的工作职能从提供环境管理服务转变为服务购买者和监管者。采取市场运作方式，引入社会资本，推行PPP模式，让技术可靠、诚信服务、运行稳定的水环境治理公司参与城镇内河（湖）污染治理。

海口市共投资37亿元，在全省率先推行“PPP＋EPC＋审计过程监管＋专家团队全程咨询”模式，治理污染水体32个，通过政府购买服务方式与专业公司签订时效为15年的城镇内河（湖）长效管护协议。海口市政府每年、每个季度组织第三方对治水工程进度和水质情况进行考核，并根据治理情况和效果支付相关费用，这样就解决了资金和管理问题，创新建管一体化的河湖管理模式。让中标单位建设、管理运营一体化，政府按照绩效考核结果支付费用，这样可实现治水的可持续运营和发展。

各市县政府也在配套建立河湖治理的地方性法规，从法律层面规范水环境管理和保护。如三亚市积极推进河湖治理立法进程，由市人大组织编制了《三亚市河道生态保护管理条例》，明确了河长湖长管护责任，并经省人大批准实施。

陵水县推进河湖“街道化管理”模式，每年投资372万元委托专业公司对陵水河进行清淤疏浚、清洁水面、打捞垃圾等工作，实现河湖卫生常态化管理。

为提升河湖治理成效，海南省政府广泛推行目标管理、充分发挥河长制湖长制的作用，对河长制湖长制进行顶层设计和系统管理，将市县落实河长制湖长制情况纳入全省生态环境六大专项整治督查考核内容，每年上半年和下半年由省政府统一组织实施考核，对各市县河长制湖长制建设情况进行综合考核评分。通过考核，有效促进市县政府推进河长制湖长制各项工作制度落实，推进城镇内河（湖）水污染治理工作落实，确保本区域水环境质量得到明显改善。

（四）河湖管护全民参与，实现河湖生态共建共享

全面推行河长制湖长制，需要落实各方主体责任，还要带动协调各方社会力量参与。海南省各市县逐步摸索出“民间河长”“百姓河长”“河小青”等模式，带动公众参与河湖管护的积极性，有助于营造社会共同保护河湖的良好社会氛围，是公众参与水环境治理的有益尝试和积极探索。

在海口市，戴着红袖章的“民间河长”每天定时在湖泊、河流岸边巡护检查，一旦发现有人乱扔垃圾、破坏堤岸绿化等破坏生态环境的行为，立即上前劝阻，或者拍照反馈给辖区政府。在东方市，由企业主要负责人或相关负责人担任“企业河段长”，定期巡护河流，组织企业员工开展河岸垃圾清理活动。还有市县则利用共青团、义工组织等资源平台，组织志愿者开展河湖垃圾清理活动。如近期共青团乐东黎族自治县委组织青年志愿者到昌化江畔开展“河小青”活动，青年志愿者们穿着蓝马甲，一路沿河岸捡拾被丢弃的水瓶、塑料袋、泡沫等垃圾。共青团三亚市天涯区委联合三亚繁星义工社每周开展三亚河河道打捞环保公益活动。

2020年，海南省河长制办公室印发《海南省“绿水行动”实施方案》，要求全省各市县围绕河长制湖长制重点任务，发动全社会积极参与水资源管理、水环境修复、水污染防治，充分挖掘、培育、发展水文化，营造河长制湖长制工作的浓厚氛围。“绿水行动”组织开展“六个一”专项活动，即组织一场专题研讨会，开展一次河湖治理专项行动，讲好一个河湖生态故事，打造一张河湖名片，选评一批最美河长湖长，拍摄一部河湖宣传片。通过“六个一”专项活动，提升全省河湖管护水平，推进全省水生态文明建设。

三、经验启示

（一）党政负责，民众监督，推动河长制湖长制从“有名”到“有实”

海南省自实施河长制湖长制以来，坚持党政领导、职能部门联动，建立以党政领导负责制为核心的责任体系，明确各级河长湖长职责，各司其职，分工合作，协调各方力量来治理保护河湖生态。

坚持党政领导负责制，把落实河长制湖长制作为政治责任，作为市县政府党政工作考核内容，以制度倒逼地方政府重视河湖生态环境保护，让党政领导牵头开展河湖治理保护工作，解决各部门职能交叉、“群龙无首”的问题。

水污染防治，需要地方党政领导力量，也离不开公众的广泛参与。普通民众就生活在河湖周边，河湖污染、河道侵占等情况也大多在民众的视野之内，积极发动民众参与河湖环境保护监督和河湖治理工作，既能解决河湖治理“最后一公里”问题，也能调动公众参与环境保护的积极性，有利于营造保护河湖的良好社会氛围。

但是民间公众参与河湖管护，需要明确参与的范围和职责，使其与河长制湖长制能够有效衔接，特别是要完善、畅通政府与民间的反馈渠道，完善公众监督举报处理制度，全民齐心协力，众志成城，保护好河湖生态。

（二）“污染在水里，根源在岸上”，河湖生态系统化治理理念要贯彻到底

河流环境好坏，表象在水里，根源在岸上。治理河流的污染问题，如果只关注水体治理只能是治标不治本，难以根除污染问题。海南省坚持河湖生态系统化治理理念，坚持控源为本，截污优先；远近兼顾，近期优先；点线统一，排口优先；系统根治，诊断优先；监管并重，修复优先。

同时，海南省政府也在探索正确处理经济发展与生态环境保护之间的关系，探索河流上下游建立合理的生态补偿机制，划定河湖管理范围，制定“一河一策”的治理方案，提高全民环保治污意识，齐抓共管，全民参与河湖生态保护。

（三）让专业人做专业事，提升河湖生态文明

河湖生态环境保护，需要人人参与，但是河湖的水体污染治理、生态修复以及系统管护是涉及多个专业领域的系统工程，仅凭政府部门的人才队伍并不能完成。“让专业人做专业事”也是河湖生态治理的新理念。海南省多条河流采用PPP模式引入市场机制，让企业和社会资本参与建设河管理，专业的治水公司按照“一河一策”原则，对河流“把脉问诊”，制定系统化的河湖治理方案并给予实施。

让专业人做专业事，政府变为环境管理服务的购买者和监管者，以河流治理成效作为考核依据，支付企业治理费用，河湖有人管、有钱管，可以确保河湖治理专业性，让河湖治理生态成效长长久久。

（执笔人：秦艾斌　郝斐）

“臭水河”化蝶记

——重庆市梁平区全面推行河长制 龙溪河变身“幸福河”*

【摘　要】 重庆市梁平区曾是农业大县，地处龙溪河流域上游，为了发展农业、工业，加之环保意识缺乏，沿线造纸厂、小作坊、养殖场等成了龙溪河主要污染源，河流水质一度为劣Ⅴ类，是远近闻名的“臭水河”。2017 年以来，重庆市梁平区全面推行河长制，由副市长李明清担任市级河长，区委书记杨晓云担任区级河长，全面建立市、区、乡镇（街道）、村（社区）四级河长体系。区委、区政府多方发力、合力治水，倾力打造河湖美景，龙溪河梁平出境断面水质由劣Ⅴ类逐步改善并稳定保持为Ⅲ类，流域水生态环境质量全面改善，绿色生态产业蓬勃兴起，“河畅、水清、岸绿、景美”的生态美景逐步呈现。

【关键词】 水环境治理　水景观打造　河长制　幸福河

【引　言】 习近平总书记在深入推动长江经济带发展座谈会上指出，“把修复长江生态环境摆在压倒性位置，共抓大保护，不搞大开发”。总书记在黄河流域生态保护和高质量发展座谈会上，作出了“让黄河成为造福人民的幸福河”的重要指示。水利部部长鄂竟平强调，要让每条江河都成为造福人民的幸福河。龙溪河是长江左岸一级支流，是长江经济带的重要组成部分。作为龙溪河的发源地，重庆市梁平区纵深推进“河长制”，“治理”与“发展”齐头并进，在龙溪河上游打造水生态文明示范带、乡村振兴示范带、旅游产业示范带，“臭水河”化蝶“幸福河”，绿水青山就是金山银山，让人民群众共享水生态文明建设成果。

一、背景情况

龙溪河发源于重庆市梁平区明达镇龙马村，在梁平区境内干流长

---

* 重庆市梁平区河长办公室供稿。

70.1公里，流域面积801平方公里（占全流域面积的24.3%），覆盖区内15个乡镇（街道），经济总量占全区2/3以上，是国家首批16个流域水环境综合治理与可持续发展试点区域之一。

曾经龙溪河存在严重的污染问题，主要表现在四个方面：一是沿河工业污染严重，涉水工业企业及小作坊污水直排入河，年均污水排放量1800余万吨。二是农业面源污染日益加剧，畜禽养殖粪便综合利用率不足20%。三是生活污水治理不足，城乡污水管网缺失，污水处理厂设计标准低，城镇生活污水处理率仅60%左右、乡村不足20%。四是部分河段自净能力较差，流域内有2座水电站拦河坝，存在壅水区，流速缓慢，枯水期水体更是处于半封闭状态，表观微黑、有臭味，严重影响出境断面水质。2016年，龙溪河全河段全年水质均值仅为Ⅳ类，部分河段为劣Ⅴ类。

自全面推行河长制以来，梁平区深入践行“绿水青山就是金山银山”理念，突出全域治水，湿地润城，龙溪河流域生态环境持续向好，出境水质由劣Ⅴ类到稳定保持Ⅲ类。百里竹海、双桂湖国家湿地公园、滑石古寨、川西渔村、双桂田园等生态美景应运而生，昔日的“臭水河”已变身为老百姓交口称赞的“幸福河”。龙溪河（梁平段）被评为“长江经济带美丽河流”“重庆市十大最美河流”，“统筹规划精准治理龙溪河流域水环境”典型经验做法被国务院通报表扬。梁平区成功创建国家生态保护与建设典型示范区、全国水生态文明示范区。

全域治水·湿地润城　梁平双桂湖国家湿地公园

二、主要做法

坚持生态优先、绿色发展之路，探索龙溪河水环境综合治理之策，巧用“三妙招”，解决龙溪河流域突出问题，描绘出“水清、岸绿、河畅、景美”的生态画卷。

（一）抓住“关键少数＋最大多数”，织密责任网，把河管起来

实行双总河长制，建立健全区、乡镇（街道）、村（社区）三级河长体系，设置三级河长260名。联合公安部门设立河库警长，发展壮大“青年志愿河长”“民间河长”队伍，构建层次深、力度强、覆盖广的河长组织体系。

区委书记、区总河长在龙溪河荫平段现场办公

1. 盯住关键少数，行河长之职

河长是一河之长，是河流管护的中流砥柱，是水污染防治的“吹哨人”，是推动水环境治理的“发动机”。正因如此，要抓住河长这一“关键少数”，念好“紧箍咒”。

巧用“五步工作法”，压实各级河长工作责任。第一步，巡查。区级河长在各级河长系统排查的基础上，采用明察暗访、现场办公等方式强化巡河查河；人大、政协围绕龙溪河污染治理开展重点审议和视察协商。第二步，研究。定期召开总河长会议研判龙溪河管护和水污染防治重难

点问题，找准问题症结，精准指导推进问题整改。第三步，交办。为区级河长设置“河长秘书”——区级河长牵头单位，由水利、环境、农业等行业部门担任，统筹推进区级河长交办事项。第四步，跟踪。各责任单位每周上报问题整治进展情况，区河长办强化问题“一盯一”跟踪督查，督促责任单位限时整改销号。第五步，问责。不定期开展水污染防治专项督查，建立黄、红“两色卡”督办制度，对整改滞后、推进不力的单位实施通报、约谈，严肃问责并纳入年终目标考核。先后对23个乡镇和区级相关部门进行通报，对24名责任人进行诫勉谈话或警示约谈。

2. 发动最大多数，管河流之水

人民群众是全面推行河长制的重要力量，只有真正把人民群众发动起来，河长制工作才能更好开展。梁平区充分利用“三股力量”，发展壮大“民间河长”队伍，形成“党员领导干部带头、全员积极响应”的干群联动局面。一是招募选拔569名“青年志愿河长”，联合团区委积极组织开展青年志愿服务行动。二是建立健全“河小青”巡河护河志愿服务机制，定期开展河岸垃圾清理、河长制小讲堂等志愿服务活动。三是聘请护河员，定期清理河面漂浮物和河岸垃圾，消除河道“脏、乱、差”现象。

（二）实行“专项攻坚+综合施治”，打好组合拳，让水清起来

聚焦管好盛水的“盆”和盆中的“水”，坚持水岸共治，有效根治龙溪河多年积累顽疾，达到了水清起来的目标任务。

1. 抓住问题要害，实施两大专项攻坚行动

一是通过“三排”专项整治行动净化盆中的“水”。深入贯彻落实重庆市第1号总河长令，开展污水偷排、直排、乱排专项整治行动，发现问题221个，整改完成194个。二是通过“清四乱”专项行动管好盛水的“盆”。持续开展河库“清四乱”专项行动，出动执法巡查人员4229人次，执法巡查车968台次，执法巡查舰艇939台次，排查整改17起“四乱”问题。

2. 明确主攻方向，实施六大综合治理工程

以龙溪河“一河一策”实施方案为指导，按照“河畅、水清、坡绿、

岸美”总目标，细化水环境综合施治任务，实施六大综合治理工程。

一是生活污水治理工程。100%消除城市黑臭水体，通过国家级验收。建成投运日处理设计能力5.03万吨的城镇污水处理厂（站）25座、污水管网221公里，城区污水收集处理率90%以上、乡镇85%以上。二是垃圾收运处理工程。建成投运垃圾填埋场1座、片区垃圾中转站4座，场镇及农村垃圾无害化处理率90%以上。三是工业废水治理工程。建成投运日处理能力1.5万吨的工业园区污水处理厂，配套污水管网31公里，集中散乱工业企业100余家进入工业园区，实现园区废水集中治理达标排放。四是流域生态修复工程。全面提升河道生态修复功能，整治河道37公里，新建堤防71公里，完成水土流失治理面积395平方公里。五是农村人居环境综合整治。实施厕所革命，推进农村环境连片整治，强化畜禽废弃物综合治理。2019年，梁平区被中央农办、农业农村部评为全国村庄清洁行动先进县。六是水系连通及农村水系综合整治工程。加快推进中央支持的2020—2021年实施水系连通及农村水系综合整治试点建设，积极探索“治水＋营境＋景观”模式，打造滨水生态景观带，建设宜居水环境。

龙溪河（梁平云龙段七里滩电站）整治前后对比

（三）落实“刚性约束＋转型发展”，筑实生态链，促岸美起来

水清了，如何让岸美起来？首先是严守水资源管理红线和河道岸线利用蓝线，其次是推动转型发展，通过发展绿色生态产业实现生态美、产业兴、百姓富的有机统一。

1. 实行“两线”管理，落实河道保护

一是落实红线管理。严守水资源开发利用控制、用水效率控制、水功能区限制纳污“三条红线”。严格水功能区管理监督，完成全区206个入河排污口普查，严格控制入河排污总量。二是实行蓝线管理。加强涉河建设项目管理，明确河道岸线开发利用控制条件和保护措施。探索河道水域占用等效补偿制度，因经济社会项目建设确需占用水域的，落实等效补偿措施。

2. 淘汰落后产能，修复自然环境

“尊重自然、顺应自然、保护自然”成为当今水利建设的发展方向，让河流成为靓丽风景，才能让广大人民群众共享河长制工作成果。2017年以来，梁平区坚守生态环保底线，关停邵新煤化机焦车间，关闭退出小型造纸企业11家、乡镇煤矿14家、非煤矿山24家、烧结砖厂16家，流域内烟花爆竹生产企业全面退出。划定畜禽养殖禁养区，严控流域畜禽养殖总量，投入2600万元，关闭搬迁禁养区和其他污染较重、无法治理的畜禽养殖场326家。

3. 加快转型发展，提速经济增长

在经济转型发展方面，梁平区一直进行“加减法”的尝试。在开展河流管理保护的同时抓好景观建设，着力在河流重要节点打造靓丽风景线。双桂堂、百里竹海旅游风景区、双桂湖国家湿地公园、万石耕春、重庆“数谷农场”等生态旅游项目和景区应运而生，通过发展生态农业、观光农业，增加绿色有机无公害农产品、优质生态环境产品、大众旅游产品的有效供给，促进一二三产业融合发展，成功举办三届长江三峡（梁平）晒秋节。梁平矿产资源丰厚，长年开挖严重影响生态环境，区委区政府痛定思痛，坚决关停41座矿井，清退10余个工业项目，并复绿林地10万亩重点打造明月山脉川渝毗邻地区最大的民宿群——百里竹海民宿群，囊括明月山•明月汇、寿海竹楼等20多个景点，2020年“五一”期间累计接待游客49.73万人次，实现旅游综合收入23859.16万元，城乡居民收入持续增加，龙溪河真正成为老百姓的幸福河。

通过龙溪河之窗、龙溪河超级服务区七里滩、川西渔村、双桂田园等景区建设，结合“一带十八村，一村一乡情”节点打造，形成“一带四片多节点”龙溪河流域旅游空间布局，推动转型发展，提速经济增长。此外，梁平、垫江与四川的达川、大竹、开江、邻水等川渝六区县围绕明月山的优质自然生态与旅游资源，共建明月山绿色发展示范带，推出14条精品线路。在2020年的区县“双晒会”上，梁平区围绕“龙溪河流域经济示范带”精心策划项目，新增储备申报中央投资项目254个，总投资301亿元，居全市第一。此外，梁平还着力打造营商环境高地，上半年市场主体新增134%，列全市第一。

龙溪河（梁平段）河畔三清村蔬菜基地

三、经验启示

（一）深化责任意识，细化强化河流管理

河流要有人管、要管到位，盯住关键少数、发展大多数显得尤为重要，河长是否履职担当到位显得十分紧迫。因此，各级河长必须积极作为、主动担当、以上率下，切实做到重要工作亲自安排、亲自过问、亲自跟踪、亲自督办。

（二）推进综合施治，切实加强河流保护

做好河流管护，还要去除存量。梁平区聚焦管好“盆”和“水”，着力解决龙溪河流域生活污染、畜禽水产养殖及农业面源污染、涉水工业企业及小作坊等“三大板块”的污染突出问题，通过全流域水环境综合

治理，着力推动“河畅水清”常态化、长效化，建设幸福河的美好目标终能实现。

（三）加快生态转型，助推经济社会发展

保护生态就是发展生产力。河流作为重要的自然生态资源，管理保护要从过去单一模式向综合模式转变，综合考虑生态、景观、文化、经济等各方面因素，让水管起来、清起来、美起来，实现生态效益、社会效益、经济效益最大化。

（执笔人；范震宇　蒋晋平　徐彬）

“四位一体”治理河流的有效实践

——重庆市垫江县创新河流管理模式推动水生态文明建设*

【摘　要】近年来，垫江社会经济快速发展，河道水域岸线和水体污染等问题时有发生，既影响饮水安全又影响水生态、水环境。面对日益严峻的水生态环境和日益增长的人民群众对水生态安全的迫切需求，垫江县以“河长制”为抓手，创新体制机制，探索由国有公司垫江县兴禹水利水电建设开发公司（以下简称兴禹公司）参与龙溪河管护工作，实施“四位一体”综合管理模式，着力以“三新”抓河道清漂保洁、“三化”促巡河常态精准、“三改”谋河流电站生态利用、“三管”强水生资源管护，解决多头治水难题，推动水质持续变好、水环境日益改善，不断提高人民群众获得感、幸福感，得到了广大群众的认可，同时也获得人民网、新华网等多家媒体的宣传报道。

【关键词】河长制　四位一体　综合管理

【引　言】党的十八大以来，以习近平同志为核心的党中央，作出了全面推行河长制的重大决策部署。“保护好三峡库区和长江母亲河，事关重庆长远发展，事关国家发展全局。”习近平总书记在重庆考察时的重要讲话，成为垫江县落实河长制的根本遵循。2019 年 3 月，市委书记、市总河长陈敏尔到垫江暗访牡丹湖水库，抽查河长制落实情况，现场了解水质、污水排放、河长巡河情况并与群众交流，为垫江县更好落实河长制增添了信心和决心。近年来，垫江县深学笃用习近平生态文明思想和习近平总书记视察重庆重要讲话精神，按照市委市政府的安排部署，狠抓河长制各项工作落实落地，“生态优先、绿色发展”之路蹄疾步稳。

一、背景情况

垫江，位于重庆市域中部，辖区面积 1518 平方公里，属于工程性和

---

* 重庆市垫江县河长办公室供稿。

资源性缺水，近些年来降雨偏少、饮用水源地蓄水不足，长期从备用水源回龙河、龙溪河取水，保护水资源、治理水污染、保护水环境显得尤为重要。垫江县纳入河长制管理的中小河流155条，11条县级河流境内总长343.57公里；水库123座，总库容1.4亿立方米。在垫江县域内的龙溪河，起于垫江县普顺镇半截桥、止于包家镇陆箭村，全长98.7公里，集雨面积为1495平方公里，覆盖县内26个乡镇（街道），涉及约97万人。

前几年“母亲河”龙溪河水生态环境受到严峻考验，河流管理保护方面也存在诸多问题，主要表现在以下几个方面：一是龙溪河干流水质虽总体达标但不能稳定达标，少数月份水质易出现反弹，支流桂溪河、复兴河水质长期处于Ⅴ类；二是龙溪河沿岸涉及11个乡镇，上下游、左右岸乡镇清漂推诿扯皮，加之部分渔网拦断河流，清漂难度加大，河面垃圾不能得到及时清理；三是部分基层河长巡河不查河，不能发现问题，巡河不全面、不彻底；四是电站收回以前，没有生态流量泄放设施，河道生态基流得不到保障，水库防汛联合调度也无法实现；五是渔民无序捕鱼，导致水生资源不能得到有效保护和利用，钓鱼后河岸产生大量的白色垃圾也影响河岸环境。

为解决龙溪河流域的问题，满足人民日益增长的美好生态环境的需要，垫江县委县政府深入贯彻落实习近平生态文明思想，严格按照市委、市政府部署要求，扎实推进河长制工作、坚决打好污染防治攻坚战，探索由兴禹公司参与龙溪河水环境治理的体制机制，有序有力有效推进清漂、巡河等多项工作，Ⅲ类水质断面所占比例较大提升，监测的48个断面中Ⅰ～Ⅲ类水质断面占77.8%，全县水生态环境质量持续向好，成功创建国家园林县城、市级文明县城。

二、主要做法

垫江县委、县政府高度重视河长制工作，狠抓机制创新，在工作中探索出了龙溪河清漂、巡河、生态发电、水生资源管护“四位一体”综合管理模式，实现了龙溪河全方位、多层次的管理，工作成效明显，Ⅲ类水质断面所占比例较大提升，国控龙溪河六剑滩断面、市控卧龙河五洞断面水质均达到Ⅲ类，全县水生态环境质量持续向好，向龙溪河河畅、水清、坡绿、岸美的目标迈进了坚实的一步。

（一）抓“三新”，清漂保洁高效提质

龙溪河河道涉及11个场镇51个村居，清漂工作任务重、范围广，垃圾转运难度大，乡镇清理工作效率低、安全隐患大，清漂效果较差。针对这一现状，垫江县创新建立龙溪河集中统一清漂工作机制，由兴禹公司自2019年10月正式全面启动投运，实施清漂。一是清漂设备人员配备新。改变以前清漂设备配备和人员配置，配备专业动力清漂船18艘、大型集中收集粉碎船2艘、特种设备及车辆4台，配置专业管理人员、清漂工作人员33名，全面提高清漂效率和效果。二是清漂工艺措施运用新。针对水面漂浮物，采取了水中机械传送、切割、粉碎机粉碎、装袋转运至垃圾中转站的方式进行清理；对岸边树上悬挂的“万国旗”采用水陆两用船高压水枪进行了冲洗。三是清漂范围界限划定新。重新划定工作范围，将河道管理范围作为清理范围，集中清理河面树枝等漂浮物，集中冲洗岸边垃圾，全面改善水面及河道两岸面貌。集中清漂以来兴禹公司已累计清漂2160吨，对河道垃圾实行“不过境必上岸、速转运”的硬性要求，保证了河面、河岸清洁干净。

龙溪河（垫江段）集中清漂设备正在作业

龙溪河（垫江县高安镇段）清漂工作

（二）促“三化”，巡河护河常态精准

部分基层河长巡河往往流于形式，巡河工作不实，发现问题解决问题能力不高，因此垫江县在2020年第一次总河长会议上明确提出由兴禹公司辅助巡河的工作模式，并于2020年3月正式实施，此种工作模式有效解决县、乡镇（街道）、村（社区）三级河长巡河问题排查不全面不彻底的一大难题，让巡河常态精准。一是巡河常态化。在建立县、乡镇（街道）、村（社区）三级河长体系的基础上，全面充实巡河工作力量，组建20人的专业化巡河队伍，建立在龙溪河水面、岸边日巡查制度，及时发现问题，并拍摄视频上传至工作群，报至县河长办、县生态环境局，着力震慑非法排污行为。二是巡河全面化。将龙溪河干流及部分支流纳入巡查范围，针对河道四乱、污水处理厂运行、非法捕鱼、河道管理标识标牌等问题开展巡查，做到巡查区域、巡查内容全覆盖。三是巡河精准化。全面贯彻落实第1号市级总河长令，积极参与污水偷排、直排、乱排问题巡查工作，发现污水处理设施直排问题9处，经环保部门和乡镇核查均属实，并由河长办联合环保执法部门移交相关乡镇、部门处理。

（三）谋“三改”，河流电站生态利用

在兴禹公司接管前，龙溪河（垫江段）5座梯级电站因以水力发电效益最大化为唯一目标，使5座电站闸门一闭，河水就变成了死水，河流生态基流无法保障。为此，对龙溪河流域电站运行实施全面改革，实现生态利用。一是改革运行管理体制。2018年1月1日起垫江县支付费用从国家电网公司收回龙溪河4座电站交由国有公司接管运营，配备了40名发电工人，实现龙溪河水资源统一调度、河库防汛联合调度，全力保障人民群众生命财产安全和供水安全。二是改造生态修复设施。对磨滩电站大坝进行改造，将原有连拱坝改造为13扇平板闸门，停止发电，下泄流量远高于生态基流1.13立方米每秒；对码头滩电站安装了监控设备、水标尺、人造深潭，利用冲沙闸确保下泄生态基流达到1.64立方米每秒；对中堡滩电站安装了监控设备、水标尺、矩形堰、虹吸管，确保下泄生态基流达到1.654立方米每秒；对高安电站安装了监控设备、水位标尺、虹吸管、人造深潭，确保下泄生态流量达到2.4立方米每秒；对高洞电站安装了监控设备、水位标尺，利用泄洪闸确保下泄生态流量达到3.74立方米每秒；采取坚实举措，确保河流过去的“死水”变为现在的“活水”。三是改全年发电总量。控制全年的发电总量，让其不超过电站收回的2/3，5座电站中高洞电站水位漫过堤坝才发电，其余电站在保证生态基流的情况下才能发电，过去“只管发电”的模式全面转变为“生态发电”。今年以来，5个电站总发电量为700万千瓦时，最大限度地保证了龙溪河生态流量。

（四）强“三管”，水生资源着力保护

2019年10月11日垫江县委深化改革委员会第四次会议纪要明确由垫江县水利局探索构建龙溪河绿色养殖模式。2020年2月26日第一次总河长会议再次强调了龙溪河“四位一体”工作，将水生资源管护交由兴禹公司负责。2020年3月3日，垫江县政府从三个方面正式明确水生资源管护有关工作。一是管好养殖使用权。按照“谁发包、谁收回”原则，全面收回龙溪河天然水域水面养殖使用权。二是管好渔民渔具。收回颁发的行政许可及渔民渔船网具，由县农业农村委和兴禹公司筹集606万元对取得合法捕捞许可证的渔民实施补偿安置，引导退捕转产，其中行政许可撤回补偿104万元，渔船渔具补偿77万元，转产补助425万元。收回的52艘船中，34艘交于兴禹公司管理，18艘废除。三是管好“禁渔期”。严格按照禁渔期有关规定加强渔业巡查执法，通过在显眼位置张贴禁渔期宣传标语，向群众发放宣传资料，进一步强化广大群众对实行禁渔期制度的认识，做到所有的渔业船舶集中停靠，所有网具统统入库上锁。强化人员配备，渔政部门落实护渔人员 15 名，兴禹公司落实护渔人员 20 名，组成五龙、高安、高峰、高洞 4 个小组，对龙溪河开展常态化护渔工作。今年以来，针对电鱼、钓鱼等非法行为已立案 52 起，查处 58 人。

三、经验启示

（一）保护好河库，要制度先行、统筹推进

河长是河流管理保护的领队。总河长是本行政区域内河长制工作第一责任人，对本行政区域内河流管理保护工作负总责。其他河长主要负责对责任河流进行管理保护，推动建立区域间、部门间协调联动机制等工作。河长责任重大，各级河长履职显得格外重要。召开河长会议、发现问题、解决问题、交办问题、督办问题整改等都是河长履职的具体体现。在河长的统一领导和尽职履责下，打通部门联动通道、打破以前“九龙治水”格局，才能多方位、多角度保护好河流。

（二）保护好河库，要因地制宜、综合施策

河流污染问题往往涉及水产养殖、城乡生活污水、工业废水、农业面源等方面。解决一个方面的污染问题、照抄照搬其他河流的经验往往不能从根本上解决，要结合河流的实际情况，因地制宜，在岸线保护、污水处理设施运行管理、水产养殖污染防治、河道清漂保洁、水量调度等方面综合施策。要统筹推进“建、治、管、改”，“建”就是要建好污水处理设施设备，“治”就是治理好水产养殖、畜禽养殖等，“管”就是要严管重罚、强化监测检测能力，“改”就是要在体制机制方面改革，确保工作有效率有效果。

（三）保护好河库，要齐抓共管、群策群力

参与河库管理保护的部门虽多，但总体来说力量不足，实现全流域综合管理巡查往往鞭长莫及，因此专业化企业参与综合管理显得尤为重

要。企业专业化清漂，能够最大限度地提高工作效率，确保清漂安全质量。企业专业化巡河，以第三方的角度客观反映问题，震慑污水偷排乱排、河道乱建行为，解决巡河在岸边不在水里、巡河不彻底不全面的问题。企业专业化水生资源管护能够最大限度地保护水生生物资源，保护水质。保护河库需要群众广泛参与，要发挥企业河长、河库警长、生态检察官、“河小青”、巾帼护河员等的作用，积极引导群众保护河库，在全社会营造保护水生态环境的浓厚氛围。

（执笔人：曹赋双）

激活“微细胞” 守护“大生态”

——重庆市南川区推行《河长制村规民约（社区公约）》的探索与实践*

【摘　要】南川区在落实河长制工作探索实践中，坚持“从群众中来、到群众中去”的群众工作方法，探索将节水护水、规范排放、保护环境等河长制相关内容融入《河长制村规民约（社区公约）》，坚持规则制定充分宣传、村民酝酿、村居试行、乡镇统筹、全区规范“五步走”，规范提出不浪费、不乱排、不乱扔、不侵占、不捕捞“五不准”要求，执行管理坚持规则互讲、行为互督、困难互助、日常互访、效果互评“五互制”，始终尊重群众意愿、保障群众利益，依靠群众力量，着力激发群众主动扛起护水责任，相互履行监督义务，有效激活“微细胞”，自觉保护“大生态”，为守护生态屏障、践行绿色发展理念作出积极贡献。

【关键词】河流生态　群众工作法　村规民约

【引　言】2017 年 5 月 26 日，习近平总书记在中共中央政治局第四十一次集体学习时强调：“生态文明建设同每个人息息相关，每个人都应该做践行者、推动者。”要“形成全社会共同参与的良好风尚”，“推动绿色发展，建设生态文明，重在建章立制”，要“完善环境保护公众参与制度”。全面推行河长制是一项真正让老百姓受益的民生工程，需要激发群众力量，引导群众积极主动、共同参与。

一、背景情况

南川区是重庆市四个同城化发展先行区之一，地处渝黔、渝湘经济带交汇点，是大溪河、藻渡河等长江、乌江部分支流的发源地，是长江

* 重庆市南川区河长办公室等供稿。

上游和重庆主城的重要生态屏障。区内全域森林覆盖率54.8%，有大小溪河176条，总流域面积2682平方公里。河流水系多发源于世界自然遗产金佛山，系长江流域、属乌江水系。守护绿水青山，守护自然遗产，既是践行新时代绿色发展理念的内在要求，也是在唱好“双城记”、建好“经济圈”的新时代征程中体现南川担当、实现南川作为的务实之举。

南川区在落实河长制工作中，探索建立一河一长、监测站长、民间河长、河库警长、网络河长等“五长治水”模式，聚焦水多、水少、水脏、水浑、水乱等“五水”问题，采取一河一档、一河一策、一河一标、一河一单、一月一报等“五个一”治理，实现全区城乡集中式饮用水水源地水质达标率分别在100%、90%，城乡生活污水集中处理率分别在95%、85%以上，水域岸线清障率、河道生态基流保证率、大型规模化畜禽养殖场粪污处理设施配套率、行政村农村生活垃圾有效治理率等均达100%；区内凤嘴江、大溪河等分别获评重庆市2018年度、2019年度最美河流，全域山清水秀美丽景象已初步显现，多次受到各级各界高度评价，群众满意度、获得感和幸福感明显提升。

南川区山清水秀美丽景象

随着河长制工作的纵深推进，作为河流生态保护链条“微细胞”的每一个群众个体，受根深蒂固的传统陋习、随心所欲的散漫思维、刚性监督的制度缺失等影响，其思想统一、行为规范等成为河长制工作的难点和痛点。主要表现在：

一是农村面源污染严重。60%以上群众处理生活垃圾、污水和动物尸体、农膜等基本都随意抛甩和倾倒，农药、化肥过度施用，秸秆随意焚烧，粪堆随意堆放，家禽散养随处可见。二是淡水资源浪费严重。有的群众生活中无节制使用自掘井水或山林自来水，有的群众在生产中就算大水漫灌自家农田白白浪费也不愿给别人家使用。三是守法观念异常淡薄。部分沿河、沿库群众凭自己意愿随意占用河库管理范围搭建养殖棚、修建加工坊、挖建野粪坑，随意开采河道砂石修房筑坝，电鱼、毒鱼等非法捕捞行为也时有发生；同时，发生违法违规行为后，大部分村（居）民“好人”思想严重，包庇袒护现象突出，就算群众之间相互扯皮也不愿向政府部门举报或者配合举证。群众的思想问题导致河长制工作出现“政府官员跑断腿、群众百姓动动嘴”的“一头热”现象，无法从根本上有效解决河流生态保护问题。

为进一步完善环境保护公众参与制度，持续构建起覆盖生态环境保护全方位、多角度、立体化的“四梁八柱”，有效解决群众在河长制工作中自觉性差、参与度低、行动力弱的问题，南川区结合全国第二批新时代文明实践中心建设试点区县相关要求，探索将节水护水、规范排放、保护环境等河长制相关内容融入《河长制村规民约（社区公约）》，激发群众自我管理潜能，着力规范群众日常行为，推动人民群众从“要我做”向“我要做”转变，主动扛起护水责任，相互履行监督义务，有效激活“微细胞”，自觉保护“大生态”，争当青山绿水中的闪耀浪花。

二、主要做法

村规民约作为制度体系的最微观层面，相对缺乏法规效力性和执行强制性，如何保障村规民约在成为制度体系“四梁八柱”补充要素的基础上，能真正转化为公众参与环境保护的自觉指导，南川区坚持“从群众中来、到群众中去”的群众工作路线，在制定过程中充分尊重群众意愿，在实施过程中充分保障群众利益，在监督管理中充分依靠群众力量，过程与结果并重、柔性与硬性并行、自愿与强制并举，有效保障《河长制村规民约（社区公约）》的群众性、科学性、实效性。

（一）坚持群众自主，严格坚持规则制定“五步走”

在制定《河长制村规民约（社区公约）》中，按照“充分宣传、村民酝酿、村居试行、乡镇统筹、全区规范”等五个步骤，既充分尊重群众意愿，又充分体现正确导向。

一是充分宣传。切实发挥好新闻媒体、乡镇干部、基层组织等力量，广泛采取广播电视、公告传单、院坝会议、拉家常等形式，宣传实施河长制以及制定《河长制村规民约（社区公约）》的意义、措施、要求等内容，让群众自觉融入角色、思考问题。

二是村民酝酿。运用好基层党组织工作人员、驻村工作队、乡贤能人等几支队伍，以社为单位，分别听取、征求各家各户想法和意见，提出初步条款，草拟条文，充分反映群众意愿。

三是村居试行。村（居委）在各社草拟条文的基础上，邀请有威望、有地位的乡贤能人代拟全部条文，交由各社广泛征求群众意见，综合修改并提交村民委员会审核后，召开村（居民）大会或村（居民）代表大会讨论通过并宣布试行。

四是乡镇统筹。在前三个阶段工作中，乡镇（街道）充分发挥统筹功能，针对不同区域、不同河段，以及临河远近、河流大小等不同情况，分类提出要求，确保条文内容实事求是。

五是全区规范。历经一年半的探索试行后，区河长办在组织部分镇街、相关部门以及部分群众代表会商研讨的基础上，于2019年7月与区民政局联合发文，对《河长制村规民约（社区公约）》相关内容进行统一规范。

该区南城街道、大观镇、水江镇等在制定《河长制村规民约（社区公约）》过程中率先作为、收获颇丰，辖区群众不文明行为大幅度减少，群众举报监督力度大幅度提升，辖区河流出境断面100%提前达标。多数群众反映，《河长制村规民约（社区公约）》制定后，他们才真正明白作为一名普通群众应该怎样去保护河流。

（二）坚守群众利益，规范河流生态保护“五不准”

如何让群众在日常行为中共同坚守自身利益，切实保护河流生态不受污染、不遭破坏，南川区依据生态文明建设的内在要求和人民群众生产生活的日常需求，在制定《河长制村规民约（社区公约）》的行为规范指导意见中，明确提出“五不准”硬性基本准则。

一是把不浪费作为保护水资源的基本遵循。大力提倡节约用水，不浪费每一滴宝贵的水资源。特别针对“长流水”“百日水”等现象，采取分流、蓄积等方式，确保不浪费、不白流。

二是把不乱排作为确保河流清洁的基本要求。任何单位、个人不能向河流、水库偷排、直排、乱排污水。特别针对部分小作坊、加工厂和畜禽养殖户，严格要求生产生活污水必须处理达标后才能按规排放。

三是把不乱扔作为革除村民陋习的基本方式。特别针对部分群众随意倾倒或乱扔垃圾、抛甩动物尸体等情况，统筹实施垃圾分类处理机制，确保不向河流和湖泊乱扔、乱倒、乱抛、乱甩。

四是把不侵占作为保护河流生态的基本底线。在划定河岸保护区域红线范围的基础上，严格禁止在保护红线范围内的一切乱占、乱采、乱堆、乱建等行为。

五是把不捕捞作为维护河流生态的基本手段。严格法律法规执行力度，一律禁止在河流、水库内毒鱼、电鱼、抢种，以及在非人工种养殖区域非法捕捞。

南川区兴隆镇永福村境内河道长4.5公里，以前部分农户在河岸种庄稼，河里常放养有三五群鸭子，偶尔还有人在河里安放地笼非法捕捞，村民生活垃圾和河边垂钓垃圾遍布河道，导致河流形象脏乱差，河水气味恶臭。自从河长制内容融入《河长制村规民约（社区公约）》后，通过村民口口相传、互相约束，群众爱河护河意识明显提升，河岸垃圾不见了，河道宽畅不堵了，河水清澈多了，禁止畜禽下河、禁止乱栽乱种、禁止乱扔乱堆和乱占乱建等成为了全体村民的自觉习惯。

（三）坚挺群众力量，积极构建执行管理“五互制”

随着218个村（社区）按照统一规范先后制定完善《河长制村规民约（社区公约）》，全区先后在街头村口、桥头库坝等醒目位置张贴公约5000余份，竖立警示牌200余块，基本实现了家喻户晓。但挂在墙上只是制度，只有落到实处才是成效。南川区在综合研判的基础上，进一步依托群众自身力量，积极构建执行管理互讲、互督、互助、互访、互评

南川区兴隆镇永福村河道现状

“五互制”。

一是规则互讲。充分发挥村居干部、群众代表、乡贤能人等力量，利用读书会、院坝会、社员会、亲情引导等多种形式，对“五不准”规则进行广泛讲解、宣传，保障人尽皆知、人尽皆懂。

二是行为互督。全区统筹出台《河长制工作有奖举报监督》机制，鼓励群众互相监督，并对监督举报人设置50～500元奖励。

群众举报违规垂钓并配合开展执法工作

三是困难互助。对因河长制工作要求拆迁、搬迁、整改的群众，或因实施河长制对其的确带来生产生活困难的群众，由区河长办或乡镇（街道）政府从经济补偿、就业照顾、社会保险等多个层面给予帮助。

四是日常互访。区委、区政府主要领导带头以“双总河长”身份深入群众走访调研“五不准”实施情况，区河长办、各乡镇（街道）、村（居）委分别设置河长制工作群众窗口，常态化开展双向互动接访、下访等沟通交流。

五是效果互评。把遵守和执行《河长制村规民约（社区公约）》情况作为村民自治管理机制的重要构成部分，采取群众互评、无记名打分投票等形式，将其作为“星级文明户”“新乡贤”等评比的重要权重分值。

全区218个村（社区）均按“五不准”要求规范完善了《河长制村规民约（社区公约）》，覆盖率达100%。全区群众对河长制工作的知晓度、参与度、满意度分别在95%、90%、95%以上。先后有效处置群众举报涉河涉水问题1000余个，群众涉河涉水不文明行为减少80%以上。

三、经验启示

（一）人民群众是我们力量的源泉

生态文明建设是对人民群众生产方式、生活方式、思维方式和价值观的绿色革命性变革。要走好生态文明之路，既需要顶层设计，也需要基层实践；既需要政府领导，也需要人民支持。只有充分依靠群众，激活每一个“微细胞”的力量，才能汇聚起生态文明建设的磅礴之力。南川区在《河长制村规民约（社区公约）》探索实践中，始终坚持群众路线，规则制定发动群众参与，规则内容保障群众利益，规则执行依靠群众力量。既充分尊重群众意愿，又有效保护群众利益，为河长制工作得以顺利推进提供了强大力量源泉。

（二）生态文明建设功在当代、利在千秋

如何保护好生态环境是新时代发展的一道重要“必答题”，而不是一道可有可无的“附加题”。习近平总书记强调：在生态环境保护上一定要算大账、算长远账、算整体账、算综合账，不能因小失大、顾此失彼、寅吃卯粮、急功近利。南川区正是得益于多年来像保护眼睛一样保护生态环境，像对待生命一样对待生态环境，才取得全域森林覆盖率54.8%、城区空气质量年优良天数342天，两项指标均列重庆主城都市区第一的可

喜成就，并借此实现资源枯竭型城市向绿色生态发展的成功转型，先后荣膺国家生态保护与建设示范区、国家现代农业示范区、全国休闲农业与乡村旅游示范区、国家卫生城市、国家中医药健康旅游示范区创建单位、《魅力中国城》十佳魅力城市、全国农村一二三产业融合发展先导区等荣誉和品牌，生动诠释了绿水青山就是金山银山的时代答卷。

（三）生态环境保护能否落到实处，领导干部作用发挥很关键

领导干部特别是一把手对生态文明建设的认识程度和生态文明素质的高低，直接关系到生态文明建设能否取得预期成果。南川区在河长制工作中，全区“一盘棋”，区委、区政府主要领导挂帅担任“双总河长”、29名区领导分别担任副总河长和区级河流河长，588名乡镇（街道）和村（居）负责人分别担任各级河长，78名区级部门负责人分别履行河长制职责和区级河流牵头职责，各尽其责、形成合力，实现了所有河库层层有人抓、段段有人管，管护压力层层传导、管护措施处处精准，有力保障全民参与支持、全程无缝覆盖、全域生态良好。

（执笔人：李大伦　陈明保　付琦皓　陈娇）

水美乡村富民记

——成都市蒲江县以河长制为抓手 推进水美乡村建设助力乡村振兴战略的探索和实践*

【摘　要】 蒲江县以全面推行河长制为抓手，按照成都市水美乡村“七有”创建标准，以明月村、麟凤村为支点建设水美乡村，以点带面推动全县将水资源、水生态、水文化、水管理、水安全统筹起来，结合产业因地制宜打造一批水清岸绿、河畅景美、水村相融、人水和谐的各美其美、美美与共的水美乡村，助力乡村振兴战略，是“绿水青山就是金山银山”的具体实践。

【关键词】 河长制　水美乡村　乡村振兴

【引　言】 习近平总书记指出，保护江河湖泊，事关人民群众福祉，事关中华民族长远发展。蒲江县按照“以水美村、以水兴业、以水富民”的发展思路，结合地域特色和资源禀赋，将河长制和乡村振兴战略深度融合，依托生态（渠道）廊道、川西林盘、灌区现代化改造、高效节水灌溉等项目规划，结合蒲江果、茶、渔、竹等特色产业，打造集生态农业、观光旅游为一体、村居与水文化景观相融合的水美乡村，走出了一条绿色生态乡村振兴之路。

一、背景情况

蒲江县位于成都、眉山、雅安三市交会处，辖区面积583平方公里，总人口28万人。2017年以来，蒲江县立足乡村振兴战略全局，以全面推行河长制为抓手，以明月村、麟凤村为支点建设“河畅、水清、岸绿、景美”的水美乡村，构建了人与自然和谐共生的乡村发展新格局，实现百姓富、农村美相统一，助力乡村振兴。

---

* 四川省生态文明促进会、生态环境与城乡建设委员会供稿。

二、主要做法

（一）以水为领作规划，水清月更明，贫困村蝶变水美新村

蒲江县甘溪镇明月村，曾经的市级贫困村，村民收入低，村容村貌差，“晴天水如油，雨天臭水流”是明月村当时的写照。如何改善生态环境又要发展经济，做到既要金山银山又要绿水青山，明月村必须迎难而上。

1. 以规领水清

明月村以水为领作规划，通过河长制＋乡村小联动全面梳理整治农村水系。一是清淤疏浚保“河畅”。把全村河渠和小型蓄水工程全部纳入河长制管理，全面开展河渠清淤疏浚。二是源头控制护“水清”。结合林盘和散居院落“改厨、改水、改厕、改圈”，新建微污设施5座，人工湿地3处，全村户厕无害化改造全覆盖，生活污水处理覆盖率达90%。三是垃圾回收守“岸绿”。把河渠日常保洁纳入社会化服务外包，建成景观化垃圾收集点16个、奥北可回收物自助投放点2个，并通过公益环保晨跑（捡垃圾）活动营造垃圾清运氛围。四是生态河渠筑“景美”。在保障防洪、灌溉功能前提下，梳理整治渠道11.4公里，配套沿渠绿道6.08公里，新建生活配套驿站3座，串连古桥古堰、谌塝塝卵石滩、环湖竹林路及田园、林盘、新村、院落等田园景观。

2. 水清月更明

明月村通过农村水系整治，潺潺清流孕育了7000亩雷竹、2000亩茶园和1000亩马尾松林，形成了良好水生态本底，也焕发了艺术乡村的新风貌。一是依托明月古窑，打造明月国际陶艺村。以陶艺手工艺文创园区为核心，引进文创项目24个及文化创客100余位，形成以“陶艺手工艺”为特色的文创项目集群和文化创客聚落，实现文化传承、生态保护、产业发展、农民增收的和谐统一。二是筑牢林盘根基，微村落里共同创业。坚持产村相融、四态融合理念，修护川西韵味林盘28个，建成占地77亩的明月新村和瓦窑山、谌塝塝2个老村民创业区，形成以林盘居民创客院落融合成新、旧相映生辉的创业微村落。三是以文化传承，铸乡村振兴之魂。将明月窑陶艺列入非物质文化遗产保护名录，常态化开展

摄影分享会、民谣音乐会等活动，激发村民的文化自信，让村庄焕发新活力。

3. 月明民开颜

“当初看中明月村，是因为规划好，但能够在这里定居、发展，主要是这里有得天独厚的自然资源。”中国工美行业艺术大师李清这样说道。明月村结合农村水系综合整治，把明月窑、谌塝塝微村落等文创院落与茶山、竹海有机串联起来，形成了良好的生态本底，焕发出了艺术化的乡村新风貌，使村民对明月村有了更多的获得感、幸福感，明月村成了名副其实的理想村。2019 年，全村接待游客 60 万人次，乡村旅游总收入逾 1 亿元。同时，从旅游收入中拿出专项经费整治水环境，形成了长效的良性循环。如今的明月村，获评“2018 十大中国最美乡村”、第五届全国文明村镇、首批全国乡村旅游重点村、2019 年中国美丽休闲乡村、全国乡村治理示范村等荣誉。

（二）河长统筹抓管理，景美麟凤来，旧村房嬗变水美民宿

麟凤村以茶叶种植为主，产业形式单一，竞争优势不明显，老百姓收入低。如何把自然生态禀赋实现价值转换，发展为经济增长点，带动乡村三产融合发展，做到“绿水青山就是金山银山”，麟凤村必须乘势而上。

1. 河长促景美

麟凤村村级河长、民间河长、党员河长齐上阵，健全自我管理长效机制，既保护好河流“主动脉”，也保护好“毛细血管”。一是河长融入民约“自发管”。将河长制管理纳入村规民约，对村域内山水林田开展“五大管控”。综合治理水域环境，自觉控肥减药，减少农业投入品对河渠污染；自动规范养殖，杜绝养殖粪污下河；自觉加强林盘巡查保护，保障生态本底；自发对河道沿线违法建设监督，杜绝侵占水渠；自发组建保洁队伍，每日巡查确保水域周边环境洁净。二是乡村美学助推“品质管”。发挥本地群众在民宿、花卉方面的设计理念，把环境建设与形态塑造结合起来发展民宿 10 家；将废旧弃树根、桩头以及生活用品等进行美学造型使其转化为生活享受；开展“庭院展”“苗木盆景展”“根雕展”等活动，以户为单元将庭院建成精致农舍连成一片片“风景”。三是星级荣誉激活“自觉管”。设立“荣辱榜”定期评出先进和落后家庭，在村口最显眼的公开栏内设有一面“星级墙”，用照片直观“晒”出各家的卫生环境整治情况，并对各家进行星级评分。一面“星级墙”激活了村民的自觉性，一张“荣辱榜”调动了群众长期参与的积极性，在长效机制作用下，追求“美丽”已成为每个麟凤村村民的自觉行动。

2. 景美麟凤来

麟凤村充分发挥绿道和林盘建设“引爆点”，将河长制与乡村旅游有机结合。一是精心打造，升级水美之韵。以水美乡村创建为载体，重点打造滨水景观、艺文中心等印象麟凤的旅游景点，呈现生态环境好、田园山水美的水美乡村。二是整合土地，筑起引凤之巢。以“点状供地”方式在蒲江县率先探索6宗宅基地使用权自愿有偿退出与利用，盘活宅基地约15亩发展旅游产业。现集聚游学体验基地4个、特色餐饮20余家、手工制茶5家、花卉园艺3家、“新旅游·潮成都”主题旅游目的地3家。三是扫径以待，共享麟凤之美。以“花香传出去，游客请进来”的思路，探索“农家体验游”等新旅游模式，开发“乡村夜间经济”，通过发展川西风格民宿，把“日间游”向“夜间游”延伸。截至2019年，吸引游客15万人次，旅游总收入逾1500万元。

3. 麟凤暖新巢

麟凤村充分发挥民宿群体在农村人居环境整治的示范引领作用，吸引市场主体积极参与人居环境整治提升，激发群众主动参与人居环境管理热情，以长效机制保障河长制落实，实现了从“冷眼观”到“拍手赞”、“袖手看”到“动手干”的转变。如今，一条红绿相间的绿道从麟凤新村穿过，一条条木制栈道和石板步道向茶山深处延伸。沿线清澈的小溪，起伏的茶山、幽深的马尾松林与110幢川西风格的新型民居有机融合，构建了名副其实的景美别墅村，绘就出一幅美丽的“富春山居图”。

（三）以点带面全实施，蒲江绿水秀，农业县掀起乡村振兴巨浪

河湖要治理好，必须明确问题在水里，源头在岸上，岸在人脚下。蒲江县全方位、多层次、多形式开展河长制工作，推进水资源、水生态、水文化、水管理、水安全“五水共建”，统筹山水林田湖草治理，建设各美其美、美美与共的水美乡村，助力乡村振兴战略。

1. 亿元战污水

近年来，蒲江县围绕水美乡村建设目标，投入1.6亿元实施水库病害整治、河渠水毁修复、渠道生态治理；投资8.7亿元扩建污水处理厂，配套雨污水管网，实施污水处理厂提标改造；投资2亿元实施现代化灌区改造、农业高效节水项目和土地耕地质量提升，全面实现水土共治；投资1亿元建成来龙沟河滨湿地公园，全域推进新村绿化、美化。

2. 蒲江绿水秀

全面推进“垃圾、污水、厕所”三大革命，建立生活垃圾“户分类、村收集、镇转运、县处理”模式，8个镇（街道）及85%以上行政村正积极推进垃圾分类，生活垃圾无害化处理率达99.3%。采用PPP模式全面推进污水处理厂及配套管网建设，城镇及周边农村污水处理率在86%以上；20户以上聚居新村生活污水集中处理设施覆盖率在80%以上。完成农村改厕66764户，占比89%，到2020年底将全面完成厕所改造。全县建成临溪河乡村生态休闲走廊、甘成路茶园陶艺体验走廊、成新蒲都市农业观光走廊3条新村典范走廊，全域提升了水美本底。

3. 绿水促振兴

蒲江县坚持生态优先、绿色发展，深入践行“两山”理论，通过河长制治河成效，获评全国首批和全省唯一的国家生态文明建设示范县，全省实施乡村振兴战略先进县，成功创建市级“水美乡村”8个，其中明月村、麟凤村被评为全市“水美乡村”示范村。2019年，全县农民人均可支配收入23788元，排位全省第9位，获评成都“全市农民增收工作先进县”。蒲江县通过大力创建农民满意、农民受益的水美乡村，人居环境持续改善，全县各村（社区）颜值大幅提升，促进了生态价值转化，实实在在地推动了乡村振兴战略落地落实。

三、经验启示

（一）满足人民对美好生态环境的需要，坚持治水为民

良好生态环境是最普惠的民生福祉，致力于人民对优质水资源、健康水生态、宜居水环境的美好生活向往，统筹解决好河湖治理问题，必须坚持生态惠民、生态利民、生态为民。蒲江县把解决人民群众关切的

河湖水质改善问题放在突出位置，以全面推行河长制为契机，带领村民投身水美乡村建设，把脏乱差的河流打造成生态河、安全河、景观河、幸福河，从看得见、摸得着的变化中，让老百姓得到水美乡村建设的好处，真正让人民群众靠水兴业、依水兴旅、因水富足，显著增强了人民群众的安全感、获得感和幸福感。

（二）实现全县综合整治共建水美乡村，助力乡村振兴

蒲江县以全面推行河长制为抓手，推广明月村、麟凤村振兴经验，统筹控污、治水、护库、修渠、净土及育人，外治水文地理，内兴人文道德。统筹水库巩固提升、污水处理厂提标改造、现代化灌区改造、高效节水灌溉建设及沟堤整治绿化，为水美乡村建设和乡村振兴奠定水生态基础。统筹提升垃圾收集点、生活垃圾无害化处理、农村微污处理设施建设，将农村生活污水变成生态微景观，为水美乡村建设和乡村振兴夯实水环境保障。统筹山水林田湖草，实施旧村落、林盘生态打造，因地制宜打造治水兴民、因水而美的“一村一品一景”水美乡村，成为蒲江县用好水资源、做足水文章，带动当地产业发展和农民增收的成功范例。蒲江县走出了一条绿色生态乡村振兴之路。

（执笔人：曹鹤舰　杨定洪）

“红色仪陇”的“创新治水”之路

——仪陇率先创新设置“联合河长办”探索跨界跨境河流协同共治*

【摘　要】 2017年以来，仪陇县严格按照中央、省、市河长制湖长制安排部署，深入贯彻落实国家绿色发展理念、习近平总书记系列河长制工作讲话精神，紧紧围绕中央部署和省、市要求，以“打基础、建体系、立制度、树规范”为目标，加快落实“四个到位”（工作方案到位、组织体系和责任落实到位、相关制度和政策到位、监督检查和评估考核到位），扎实推进“六大任务”，综合推进河湖项目治理，全县各级河湖均实现河长制湖长制工作全覆盖，河长制作用初步发挥。全面建立责任明确、制度健全、运转有效的河湖管理保护体系，“全民治水、全民护水、全民爱水”格局初步形成，“河畅水清、岸绿景美、人欢鱼跃”的河湖治理目标基本达成。

【关键词】 河长制湖长制　污染防治　联合河长办　联防联治　幸福感

【引　言】 2016年10月11日，习近平总书记主持召开中央全面深化改革领导小组第二十八次会议并发表重要讲话。会议审议通过了《关于全面推行河长制的意见》。会议强调，保护江河湖泊，事关人民群众福祉，事关中华民族长远发展。全面推行河长制，目的是贯彻新发展理念，以保护水资源、防治水污染、改善水环境、修复水生态为主要任务，构建责任明确、协调有序、监管严格、保护有力的河湖管理保护机制，为维护河湖健康生命、实现河湖功能永续利用提供制度保障。

一、背景情况

仪陇位于四川盆地东北部、南充市北部，是开国元勋朱德总司令和

* 四川省仪陇县水务局供稿。

为人民服务光辉典范张思德同志的故乡，境内流域面积在50平方公里以上的河流有嘉陵江、思凤溪等22条重要河流（库），河流总长约739.76公里，流域总面积约1584.4平方公里；现有建成水库118座，境内河流分属嘉陵江、渠江两大水系支流。思凤溪是全县22条主要河流之一，流经仪陇、营山、蓬安3个县，在仪陇境内总河长93.26公里，流域面积550.9平方公里，流经15个乡镇229个行政村，流域内总人口近31.5万人。目前，为加强河湖水环境质量管控，在思凤溪流域设置有4个市、县级出境断面水质监测点，常态化加强该流域水质监测。

一直以来，仪陇县委、县政府高度重视思凤溪河湖治理工作，其中下游的板桥乡，是该河主干流上的一个重要乡镇，其管辖面积与营山县的柏林乡、双流镇接壤，思凤溪主干流流经3个乡镇。作为联合河长办的牵头发起乡镇，板桥乡位于仪陇县东南部，距县城100多公里，下辖13个行政村95个社，10600人。境内山坪塘、沟渠140余处，河流3条，水域面积0.81平方公里，水面率2.99%，思凤溪河道流域里程24.2公里，流域面积50平方公里。板桥因水而生、因水而兴、因水而存，没有水就没有板桥。

改革开放40余年来，中国进入经济发展快车道，作为传统农业型乡镇，板桥乡农业生产经营模式发生了质的变化，靠天吃饭俨然成为历史，科研创新驱动农村经济多样发展，缔造了富饶繁荣的新农村景象。但是，由于受“先污染后治理”的习惯思维影响，农药、化肥“随意用”“随便用”，严重影响水资源安全线，农业面源污染治理形势异常严峻，水资源保护迫在眉睫；“GDP英雄论”刺激城镇化发展进程，土坯房屋早已不见踪影，集中建房步伐大幅提升，受资金、认知、意识等方面因素制约，房屋设计建造不科学、不合理，致使生活污水直排入河，超标排放行为居高不下。据不完全统计，每年思凤溪辖区境内和周边乡镇污水年排放量为500多万吨，大量污水入河严重威胁鱼类资源繁衍生息和思凤溪两岸群众生命健康安全。受利益驱使，河湖四乱行为（乱占、乱采、乱堆、乱建）异常猖獗，“网箱养鱼”“盗采河沙”“非法占用河道从事生产经营活动”“破坏水域岸线”等违法行为屡禁不绝，严重破坏思凤溪水生态环境。

由于板桥乡承上启下的特殊地理位置，抓好抓实其辖区内河湖治理对思凤溪整条河流的治理就显得尤为重要。2018 年 3 月，为彻底解决思凤溪跨界跨境河流管护治理难题，由仪陇县河长办牵头，会同营山县河长办及沿线 3 个乡镇党政负责人，齐聚板桥乡，共商思凤溪河流治理之良策。通过大家共同努力，决定成立两县三乡联合河长办，成立专门的工作领导小组，落实专门的管护资金，实行“阵地联建、整治联动、成效联督”的“三联”工作机制，全面推动了思凤溪河联管联护联治。

二、主要做法

为彻底解决县与县、乡与乡、村与村之间跨境跨界河流上下游、左右岸权责不清、管理不到位等问题。仪陇县河长办主动作为、创新探索，就辖区内思凤溪跨境跨界河流综合治理在该河流所流经的两县三乡探索成立“联合河长办”，创新跨界跨境河流联防联控举措，探索出跨界跨境河流综合管理保护的新路子，取得了明显实效。

一是组建工作机构，明确各方责任。仪陇县河长办牵头，组织思凤溪流域的仪陇县、营山县两县河长办公室主要负责同志和板桥乡、柏林乡、孔雀乡 3 个乡镇总河长（即党委书记）就思凤溪共管河道环境综合治理工作进行专题联合会商。会议成立了“思凤溪联合河长办公室”，明确由 3 个乡镇的总河长担任主任，板桥乡总河长为执行主任，3 个乡镇的党委、政府部分干部以及临河村的支部书记为成员的组织机构。由仪陇县板桥乡牵头，创新建立思凤溪共管河段县级邻乡联席会议制度、共管河段与乡镇辖区自管河段考核处罚办法、河道共同巡河巡查工作机制、共同账户资金统筹管理机制、河长制工作县级邻乡互研互学机制等体制机制。为确保工作有序开展，还专门设立了河道管理保护资金专项账户，常态管护经费分别由板桥乡、孔雀乡、柏林乡共同筹集，平均分摊，仪陇县板桥乡统筹监管、据实支付。为有效抓好共管河段的科学治理与常态化管护，3 个乡镇共同决定通过公开招标，聘请第三方专业清理公司进行常态化打捞与清理。

二是建立问题台账，强力开展整治。两县三乡充分结合中央、省、市、县环保大督查大整改和仪陇县一河一档、一河一策管理保护方案修编等工作，组织人员全方位加强对思凤溪流域内塘、库、堰、池、沟等水体和畜禽养殖场、中小微企业、居民集中点等污染源摸底排查，形成详细的问题、任务、责任、整治和清单五张工作表，逐一分发给各级河长，有的放矢地加强河道治理与管护。两县三乡共设河长128名，建立了巡河巡查台账登记簿，要求县级河长每月巡河1次并解决发现问题，乡级河长每周到河道巡查并解决1次问题，村河长和义务监督员必须每天1次到河道巡查并解决相关问题。同时，为全面加强乡、村两级河长常态化巡河巡查、新问题收集归档及问题交办处置效率，“联合河长办”建立了工作联络群，定期提示分段河长巡河，并将巡河中发现的问题及时反馈，“联合河长办”办公室对这些问题进行收集和交办处置，建立工作台账，按照“发现一处、清理一处、销号一处”的工作方法，扎扎实实解决河道各类问题。

三是完善考核机制，促进工作开展。为有效约束第三方机构开展思凤溪常态化清河护岸工作，“联合河长办”建立了日常考核与年终考核、组织考核与社会考核相结合的考核机制，将与第三方机构合同金额的10%作为质保金，每周反馈工作台账给第三方机构，要求其及时整改，如整改不到位，按一定比例扣除质保金，直到扣完为止。第三方机构日常整改及管护情况会纳入年终绩效考核，“联合河长办”可根据考核评估结果决定是否解除合约并重新进行招标。同时，为强化社会监督，合力共管河道，还专门设置了河长制工作举报电话，共同监督第三方机构和联合河长办的工作开展。

思凤溪流域河长制工作在“联合河长办”的统筹协调下，齐抓共管的良好氛围已然形成，巡河、问河、治河已成常态，各级河长履职更加尽心尽力，管理更加规范高效，河道治理实现了事事有人管、时时有人管、问题有人办、矛盾有人解，有力地保障了思凤溪河面常年清洁干净。一年来，共打捞河道水葫芦3400平方米、保洁水面面积26000平方米。清理河面及岸坡垃圾634吨，依法取缔沿河生猪养殖场2处、网箱养鱼3处，关闭肥水养鱼场1处，集中规划涉河垃圾池11口，通报乱丢乱扔、累教不改的群众26人次，处理自然垂钓者乱丢乱扔情况52起等。通过一系列强有力举措，思凤溪流域河道治理工作得到了全面加强，思凤溪流域断面水质得到了有效提高，思凤溪沿河群众生态环境满意度和获得感持续上升。

三、经验启示

（一）坚持压实责任，理顺机制是基础

河长制湖长制不是“冠名制”，而是“责任制”，党中央、国务院三令五申强调责任意识，体系是否落实到位，责任是否落实到位，直接关系到河长制湖长制工作的成败。为此，我县一方面做好制度体系设计，健全河长湖长组织体系架构，细化实化责任范围，完善绩效考核机制，全面全域实现河长制湖长制从“有名”到“有实”，让水污染防治、水环境治理精确到每一条河流、每一段岸线、每一片水域，让责任落实到的每一个“人”；另一方面，专门出台《关于开展河湖长制工作年度目标考核的通知》《仪陇县河长制湖（库）长制工作提示约谈通报制度》等系列文件，明确河湖治理目标，细化河长湖长职责，规范河湖常态维护，强化问责追责，硬化实化督察考核，特别是探索量化问责，实行月督查、月通报、月销号，对每一层面的问责对象确定对应的问责情形，层层传导压力，确保工作落实落地。

（二）坚持民生导向，解决问题是关键

坚持问题导向是全面推行河长制湖长制的关键点，只有着力解决老百姓关注、反映的河湖管理保护的难点、热点和重点问题，才能在解决问题中推动河长制湖长制工作不断向前。仪陇坚持“河湖四项问题清单”为治理导向，全面落实县、乡、村三级河长职责，突出标本兼治，围绕水资源保护、河湖水域岸线管理保护、水污染防治、水生态修复、执法监督五大任务进行常态排查、及时治理，尤其注重群众反映强烈的水环境问题收集，建立工作台账、制定整改措施、明确整改时限，以实实在在的问题整改成效推动县域水生态环境持续向好。

（三）坚持着眼未来，系统治理是方向

山水田林湖草构筑生态系统基石，必须筑牢筑实，统筹协调区域合作机制，统筹河道、岸线等，统筹谋划、系统推进，方能事半功倍。仪

陇通过创建全国生态文明示范县、全省河湖管理保护示范县、创建全省天府旅游名县等为抓手，强力整合资源，形成河湖治理合力，出台《仪陇县场镇生活污水治理三年方案》《仪陇县农业面源污染治理工作方案》《仪陇县城乡生活垃圾治理工作方案》《仪陇县畜禽养殖污染治理实施方案》等专题方案，综合采取生活污水及生活垃圾、畜禽污染、农业面源污染、水域采砂监管等措施进行系统治理，既护好“盆中的水”，又管好“盛水的盆”。

（四）坚持与时俱进，开拓创新是重点

河长制湖长制是新时代以习近平总书记为核心的党中央推出的一项民生工程、生态工程，面对新形势、新问题，单靠政府单打独斗难以奏效，必须充分发挥人民群众的力量和作用，必须在工作机制、组织制度等方面开拓创新、与时俱进，才能确保工作跟得上形势变化和现实需要。仪陇在工作中不断探索河湖管护新思路、新模式、新机制，创新设置“联合河长办”，实行“政府主导、群众参与”的工作格局，把公众从旁观者变成环境治理的参与者、监督者，实实在在推动辖区河长制湖长制工作“有名、有实、有成效”，不少工作形成了特色、创造了亮点。比如为破解跨界河流“几不管”“管不住”“管不好”的问题，仪陇在实行联合河长办、“河长＋检察长”、记者河长、党员河长、社区河长、民间河长等方式的基础上，建立联合执法、联合巡查工作机制，打破思维定式和局限，探索出联合河长工作机制，从而破解了跨界河流管理难题，初步实现河畅水清、岸绿景美、人欢鱼跃，沿河人民群众露出了满意的笑容。

（执笔人：伍凤雏）

实施“河长制＋点长制”治水模式
再现“水润天府”大美景象

——成都市双流区创新治水新模式　构建治水新格局的探索与实践*

【摘　要】 2019年成都市双流区转变治水思路，以全面推行河长制工作为抓手，探索“河长制＋点长制”治水新模式，明确“谁来管”，“专人、分片”合理设置点长；明白“管哪里”，编制“台账”理出污染点（源）位；明晰“怎么管”，“定点、定表、定单”制定工作细则；明显“管出效”，形成水环境整治“闭环”。全区6个水质考核断面达标率从2018年的17%提升至2019年的67%，截至2020年6月达标率为100%，河湖水生态环境明显改善。全面推行点长制，让发现、处置“更高效”，形成从“由面到点”和“由点及面”的有机结合，有效防止治理成果反弹，是创建幸福河湖行之有效的实现路径。

【关键词】 河长制　点长制　河湖水生态环境治理

【引　言】 近年来，成都市双流区以“河长制”工作为抓手，严格落实“两级党政、三级管理”要求，区内47条河、渠共设立三级河长356名。为加大治痛点、去盲点、补弱点、破难点力度，实现辖区内水环境问题第一时间发现、上报、治理，双流区全面推行“河长制＋点长制”工作，严格按照“区级河长主治、镇级河长主管、村级河长主巡、社区点长溯源”要求，形成“发现—上报—整改—巩固提升”的河湖水生态问题治理“闭环”。以下以成都市双流区为例，介绍“点长制”工作具体举措和实践成效。

一、背景情况

双流区辖内属岷江水系，水系发达、河流纵横，多集中分布于平原

* 四川省成都市双流区水务局供稿。

地区，流向近于由北东向南西。主要河流有金马河、锦江、江安河、杨柳河、白河和鹿溪河，河渠共有47条，主要河渠总长约118公里。

双流区地处四川天府新区重点区域，成都双流国际机场所在地，自撤县设区以来连续上榜全国经济百强区。在经济高速发展的同时，大气污染、水污染、河湖生态环境等问题也日益凸显。自2017年实行河长制工作以来，双流区积极践行“绿水青山就是金山银山”的理念，努力做好“水”文章，取得一定成绩，但也暴露出一些问题，比如：按村级河长巡河频率无法做到第一时间即时发现污染，现有防治体系不够完善，河湖水污染治理后易反弹等。因此，简单设立三级河长制已无法满足解决辖区水环境问题的迫切需求。如何破解难题一直困扰着双流。

为打通河长制工作“最后一公里”，努力推动河长制从“有名”向“有实”“有力”转变，2019年，双流区转变治水思路，聚焦管好盛水的“盆”和保护好“盆”中的水，试点探索开展“河长制＋点长制”治水新模式，补足河长制工作短板，筑牢河湖水生态防治体系网。

2020年，双流区制定《全面推行“河长制＋点长制”工作方案》，在全区范围内推行点长制，进一步加强污染源管控，提升全区河湖水生态质量，努力创建人民满意的幸福河湖。

二、主要做法及成效

双流区把创建幸福河湖作为重大政治任务和落实河长制工作的重要路径来抓，依托“河长制＋点长制”治水新模式，在全区范围内推行点长制，牢牢守护靓丽的蓝色风景线，为加快建设美丽宜居空港公园城市提供良好水生态环境支撑，让蓉城大地重现“水润天府”盛景。

（一）明确“谁来管”，“专人、分片”合理设置点长

点长，顾名思义，就是一点之长。双流区根据重点排口、污水处理设施、工业企业等需要重点监管点位分布情况，按照“专人监管、分片负责”原则，注重从懂业务、距离近、有时间等方面合理设置点长，原则上由社区水务员、居民小组长、网格员担任。例如杨华，本是1名社区水务员，也是老鲢鱼洞支渠点长，每天巡查河道排口3次并将点位上的“问题或治理成效”及时反馈给村级河长。截至目前，全区共设“点长”

125名，辐射400余名网格员和356名三级河长。

对标“治痛点、去盲点、补弱点、破难点”的治水目标，双流区严格按照“区级河长主治、镇级河长主管、村级河长主巡、社区点长溯源”要求，将点长制纳入河长制工作的重要组成部分，推动了“河长制”工作落地落实见效。

（二）明白“管哪里”，编制“台账”理出污染点（源）位

双流区深知，河湖水质污染主要来源于各类污染源，加强污染源管控即可有效防治水质污染。为此，双流区首先对辖区内的河湖污染源进行全面排查，确定畜禽养殖场、农贸市场、“散乱污”企业、移动污水处理设施、重点排口及下河排水口等主要污染源。其次在各镇（街道）摸清存在排污行为或需纳入长效管理的重点污染源点位情况基础上，分流域建立污染源点位清单，按照污染源类别，交行业主管部门分类处置。例如：畜禽养殖场、农家乐行业主管部门为区农业农村局；机动车洗车场、砂石厂（搅拌站）为区城管局；“散乱污”企业为区新科局；移动污水处理设施为区水务局等。行业主管部门核实上报的污染源（点）情况，由双流区河长办建立污染点（源头）台账，并选出具有代表性的污染源头或点位，加以重点整治。2020年4月，双流区再次梳理污染点（源），建立动态管理机制。

双流区西航港街道辖区内管网和污水处理设施较为薄弱，且因处于“三交界”之地，污染源错综复杂，外来污染源和企业偷排现象时有发生。为啃下水环境治理“硬骨头”，西航港街道积极践行点长制，针对不同流域或污染类别，梳理出37个重要污染点（源），安排点长对点位重点监管，辖区内水环境得到明显改善。

（三）明晰“怎么管”，“定点、定表、定单”制定工作细则

在全区范围内更好地推行点长制工作，核心在“人”。双流区聚焦点长的具体工作内容，制定量身“定点”、据实“定表”、对症“定单”的监管流程，明确点长具体任务，细化工作要求，加强业务培训，让河长和点长紧密结合，提升河长制工作成效。

1. 量身“定点”明职责

将各类污染源逐一分类、分解，明确不同污染源的点长职责：工业企业排口监管点长重点检查排口是否有排污迹象；“散乱污”企业监管点长重点检查企业是否排污；居民生活污水排口监管点长重点检查污染源水质变化情况等。

2. 据实“定表”明标准

针对“散乱污”企业、工业企业、重点污染点以及污水处理设施监管点位，设置差异化“记录表”：“散乱污”企业、工业企业监管记录表重点巡查记录河渠两岸的工业企业有无工业废水排放不达标、偷排偷放污染物等行为；重点污染点监管记录表重点记录商户、生活污水是否排入污水管网；污水处理设施监管记录表重点记录设施设备运行效果。

3. 对症“定单”明流程

针对不同问题类型，明确具体的报告流程，及时处理或上报发现问题并逐一建立台账：严格落实“河长制”工作机制，建立“点长—行业主管部门—河长联系单位—区河长办”四级工作责任体系和分级报告机制。

为强化点长履职能力，双流区坚持每季度结合基层河长培训，至少召开一次点长业务培训会，提高点长监管巡查时发现问题、判断问题的能力。

（四）明显“管出效”，形成水环境整治“闭环”

在巡查频率方面，双流区要求点长每日巡查点位至少3次，及时巡查监管点位存在的问题，对发现的问题立即向所在社区河长汇报，由社区及时处理；不属于社区解决的问题，社区及时向街道河长办及行业主管部门报告，由行业主管部门牵头对问题及时整治。在巡查中发现新增污染源，报行业主管部门后，纳入点长制监管，形成“发现—上报—整改—巩固提升”的水环境整治闭环，打通河长制“最后一公里”。同时，发挥网格员作用，及时发现并上报所属网格中水环境问题，变区域边界治水“单打独斗”为“多元治水”格局。此外，双流区还启动了河长制“四进”（进企业、进小区、进家庭、进学校）专项行动，通过表彰“优秀指导教师”“优秀小河长”，引导和激励企业员工、城乡居民和在校学生自发守护家乡河湖；为充分发挥人大代表作用，区人大常委会在巡河APP上开发设置“人大代表巡河”模块，组织区内各级人大代表开展每月不少于1次的巡河活动，及时上传发现问题，加大对区内河道及水环境治理成效监督。

2019年，双流区三级“河长”巡河31673次，巡河率100%，发现问题1343个，整改问题1340个，整改率99.8%。实行点长制以来，双流区持续抓实水污染防治，对江安河、杨柳河等流域排查出的118个水环境突出问题实行台账管理，目前已完成治理100个，完成率85%；强化养殖场、“散乱污”等2613家污染源整治后的长效监管。2020年1—6月，全区召开水环境治理专题会议8次、流域治理工作会议34次，开展水环境治理专项行动107次，累计巡河12281次，发现问题372个，整改问题371个，整改率99.73%。截至2020年6月，锦江黄龙溪国控断面、江安河二江寺国控断面水质达Ⅲ类，江安河协和三江村断面水质达Ⅲ类、金马河广滩断面水质达Ⅱ类，杨柳河桃荚渡、白河应天寺断面水质达Ⅳ类，考核断面水质达标率100%。

三、经验启示

2019年，成都市双流区“河长制+点长制”治水模式入围全国10大基层治水经验候选，并作为成都市区（市、县）唯一代表被推荐到水利部长江委参加全面推行河长制先进单位评选。主要经验启示如下：

（一）将污染“扼杀”于摇篮，发现、处置更加高效

处理好河湖水生态问题，就是守住发展的根本。作为监督管理的“末梢神经”，点长具有对辖区情况熟悉的优势，辅以“网格员”，发现、处置河道水环境及违法排污问题最快处置时限仅为15分钟。同时，利用“双流区河长制管理工作平台APP”在线实时反馈的优势，在保证高巡河率基础上，有效提升水环境问题发现率和整改率。河长、点长、网格员三者有机结合使问题的发现和处置更加高效。

（二）巩固治理成效，有效预防治理反弹

从现状来看，排口、黑臭水体等治理出现反弹，多数为点源污染所致，点长将点位监管好，弥补了河长制的不足，形成合力、实现共治，有效预防治理反弹。自点长制推行以来，双流区排口治理实现“零”反弹，巩固和扩大了治理成果。2020年，双流区全面打响水环境治理攻坚

战，将全面消除辖区内黑臭水体、劣Ⅴ类水质断面，“点长”将成为“主力军”。

（三）创建幸福河湖，形成从“由面到点”到“由点及面”的有机结合

点长制是河长制工作的延伸，是推动生态美丽河湖到幸福河湖的生动实践。河长护河，统筹推进河湖治理；点长管点，守住点位问题，就是守住面上问题。推行“河长制＋点长制”工作模式，从“由面到点”到“由点及面”，实现了点与面的有机结合，开启了治水崭新篇章。

2020年以来，双流区鲜明问题导向，依托“河长制＋点长制”模式，加大水环境治理统筹攻坚。围绕锦江双流段水质达标目标，相继召开水环境治理攻坚会、环境保护大会，认真学习贯彻习近平总书记在深入推动长江经济带发展座谈会上的重要讲话和省市有关会议精神，制定印发锦江黄龙溪断面水质达标攻坚行动实施方案和“消黑除劣”攻坚行动实施方案，以问题为导向，全面梳理水环境问题，实行分类建账、清单管理，切实把河长制工作落到实处，推动河长制工作从“有名”走向“有实”“有力”。

（执笔人：施婷婷）

狠抓河长制湖长制落地见效，打造毕节幸福河

——贵州毕节市白甫河系统治理的经验做法*

【摘　要】 白甫河横穿毕节市中心城区，千百年来抚育和滋润着这座乌蒙山区的城市，被誉为毕节的母亲河。随着人口集聚，经济加速发展，城市快速扩张，人口、资源与环境之间矛盾日益凸显。由于利用与保护失衡，白甫河特别是城区河段，污水直排、岸线乱占乱用、河道生态流量不足等问题突出，部分河段水质为劣Ⅴ类，一些河段水体黑臭，成为群众眼中的“臭水河”。2017年以来，按照中央和省全面推行河长制湖长制的要求，毕节市以全面推行河长制湖长制为抓手，分级分段设立了党政河长，明确工作职责，建立工作机制，推进白甫河系统治理。通过抓点（饮用水水源）、治线（城区河段）、控面（流域范围），白甫河水质显著改善，生态景观优美，保障了群众饮水安全，满足了休闲娱乐需求，成为造福群众的幸福河。

【关键词】 白甫河　河长制湖长制　系统治理　幸福河

【引　言】 全面推行河长制湖长制是以习近平同志为核心的党中央做出的重大战略部署，是河湖治理体制重大创新。毕节市委市政府高度重视河长制湖长制工作，按照中央和省的要求，结合毕节市河湖治理实际，积极推进河长制湖长制各项工作落地见效。2017年以来，白甫河各级河长履职尽责，针对突出问题，顶层谋划、高位推动、系统治理，投入约40亿元，对水源污染、岸线脏乱差等专项治理，先后搬迁群众3300余户，综合治理河道12公里。上游城市水源地水质全面达标，城区段河道景观实现华丽转身，昔日脏乱差的河道变成美丽风景，为毕节市建设新发展理念示范区增添了一抹亮丽色彩。

---

* 贵州省毕节市水务局等供稿。

一、背景情况

白甫河，一条在乌蒙山城蜿蜒的河流，横穿毕节市城区，润育了毕节一方儿女，是毕节人民的母亲河。白甫河全长116公里，流域面积2239平方公里，是乌江流域干流六冲河的一级支流，流经毕节市七星关区、金海湖新区和大方县，汇入洪家渡水库。上游的倒天河水库、利民水库是毕节中心城区饮用水源。

改革开放40年来，毕节市经济持续较快发展，工业化、城镇化加速推进，城市面貌发生了前所未有的巨大变化。毕节中心城区由占地面积不足5平方公里、城市人口不到10万人、城市人均公园绿地面积不到1平方米的小县城，发展为占地面积62平方公里、城市人口超60万人、城市人均公园绿地面积达17平方米的中等城市。

在人口聚集、经济加速发展、城市快速扩张的同时，人口、资源与环境之间矛盾日益凸显，河湖污染问题尤为明显。2017年以前，白甫河上游有2万多人生活污水直接排入饮用水源，严重威胁中心城区饮水安全。城区污水处理能力不足，雨季部分污水直排入河。根据监测数据，2000年以前白甫河水质为Ⅲ～Ⅳ类，2005年以后城区部分河段水质为劣Ⅴ类，成为群众眼中的“臭水河”。

为解决白甫河水质恶化问题，改善河流生态环境，打造群众身边的幸福河，毕节市委市政府以河长制湖长制为抓手，推进白甫河系统治理，河流水质和生态景观显著改善，把中央关于全面推行河长制湖长制的要求转换成老百姓看得见摸得着的成效。

二、主要做法

2017年全面推行河长制湖长制以来，毕节市设立了由市委主要负责同志和市政府主要负责同志共同担任总河长的河长制湖长制组织体系。白甫河市级河长由市委书记和市人民政府市长共同担任，副河长由市人民政府副市长担任，县级河长5人、乡级河长29人、村级河长85人。各级河长履职尽责，针对突出问题，顶层谋划，“点、线、面”有机结合，上下游、左右岸、干支流系统治理，取得显著成效。

（一）抓关键节点治理，保障居民饮水安全

白甫河上游倒天河水库、利民水库是毕节中心城区饮用水源。针对存在的突出问题，市、县、乡三级河长各负其责，上下联动，协调配合，啃下了饮用水源保护这块“硬骨头”。

1. 库区内部居民全面搬迁，彻底解决历史遗留问题

按照河长制湖长制工作要求，市委市政府下决心从根本上解决历史遗留的库区居民污染问题。2017—2018 年期间，统筹安排约 35 亿元资金用于倒天河水库、利民水库一级保护区房屋、土地征收、拆迁安置等工作。市级总河长现场指挥，各级河长及相关责任部门有序开展饮用水源保护点移民搬迁工作。截至 2019 年，一级保护区内 3300 余户居民已全部搬迁。

倒天河水库一级保护区移民搬迁前后比较

2. 库区周边污染综合治理，全面控制入河污水垃圾

建成散居农户人工湿地污水处理站77座，集中污水处理厂2座，对水库周边垃圾实行全覆盖收运处理。保护区内复绿1500余亩，退耕还林9000余亩，取缔28家养殖大户，劝解各村散养户72户。目前，一级保护区内无种植、养殖活动，二级保护区、准保护区周边农村环境综合整治实现全覆盖。

3. 库区范围管理持续加强，严格防范各类污染风险

完成倒天河水库、利民水库36公里隔离网安装，位移隔离防护网4298米。建成水质自动监测站，对库区和大坝实行24小时监控。依法依规坚决取缔一、二级保护区内的餐饮、农家乐、烧烤等经营性活动，严禁钓鱼、捕鱼、野炊、游泳等。禁止运输有毒、危险化学品的车辆以及运输垃圾、粪便、废弃物品、运输油料的车辆进入库区。

（二）抓重要河段治理，打造河湖优美景观

白甫河上游段称为倒天河，河流全长44公里，横穿毕节中心城区段12公里。倒天河从上游到下游，串联着北镇关公园、纱帽山公园、人民公园、同心城市公园、德溪湿地公园，沿河两岸是毕节人民休闲的重要场所。为确保河长制湖长制各项任务落实落地，各级河长牵头负责，对城区段进行了综合整治，为老百姓打造了更好的优美河湖环境。

1. 开展黑臭水体整治，解决水污染突出问题

根据检测，倒天河德溪公园小桥至下游500米为黑臭水体。为消除这一“顽疾”，市级总河长、副总河长多次赴现场进行调查，安排投资8508万元用于“倒天河德溪公园段污水治理工程”，内容包括河道清淤及污水管网修复、更换，新建截污管等，目前工程已全部完成。根据2020年4月监测数据，倒天河德溪公园段水质已不属于黑臭水体。

2. 进行河道生态修复，打造城市优美景观

2017年以来，结合城市建设，启动实施倒天河两岸通畅整治工程，对河道及干支流旁侧河道进行生态修复。截至2018年，整治河道12公里，对沿线两岸进行滨河步道改造、微循环道路改造、人行道拓宽改造、夜景照明改造，新建亲水平台28处，补充新建景观亭22个，成为居民茶余饭后的休闲运动场所。

3. 建设污水处理设施，从源头解决污染问题

2017年至今，投资约5.2亿元实施城市污水处理能力提升工程，主要包括：毕节第一、第二污水处理厂排放标准由一级B标提高到一级A标；毕节城区第一污水处理厂中水回补工程及第二污水处理厂中水回用工程；大新桥5000污水处理厂新建工程、第二污水处理厂2.5万吨扩建工程已投入运行。目前，城区污水收集处理率达97.4%。

德溪公园段黑臭水体整治前后对比图

（三）抓流域综合防控，维护河流健康生命

毕节市充分发挥河长制湖长制优势，打破部门、县区壁垒，统筹推进白甫河上下游、左右岸、干支流系统治理。

1. 各级河长湖长履职尽责，高位推动河流治理

全面推行河长制湖长制以来，每年“6·18贵州生态日”，市级总河长都会在白甫河组织全市保护母亲河一河长大巡河活动，多次对河道污

水排放、生态修复、黑臭水体治理等进行巡查检查，对存在问题安排部署予以解决，高位推进白甫河系统治理工作。

2. 河湖“清四乱”问题取得显著成效

全面推行河长制湖长制以来，毕节市河湖“四乱”问题整改完毕，销号率达到100%。白甫河“四乱”问题全部整治完成，一批历史遗留及“老大难”问题得到解决，如白甫河一级支流冷底河上游大方县达溪镇废弃硫黄厂废渣乱堆问题已整改完毕。

3. 统筹推进白甫河系统治理

2020年2月，市河长办印发了《毕节市白甫河水环境综合治理方案》，方案涉及七星关区、大方县、金海湖新区，包含了生活污水处理设施建设、生活垃圾整治、农业面源污染治理、入河排污口排查、消除城市黑臭水体、畜禽养殖污染防治建设、清理整治河湖“四乱”7个方面的内容。并实行“周调度、月通报、季约谈”方式统筹推进白甫河系统治理工作。

三、经验启示

全面推行河长制湖长制以来，毕节市设立市、县、乡、村四级河长3476名，聘用建档立卡贫困户2325名担任护河员，实现了党政负责、水利牵头、部门联动、社会参与的河湖治理新格局。2019年全市出境断面水质优良率100%，国控、省控断面地表水优良比例100%。

白甫河是毕节的母亲河，市委市政府以河长制湖长制为抓手，统筹推进上下游、左右岸、干支流系统治理，河流水质、景观面貌得到显著改善。

（一）坚持以人民为中心的发展观，是河流治理的出发点

习近平总书记指出，保护江河湖泊，事关人民群众福祉，事关中华民族长远发展。通过对白甫河开展系统治理，保护饮用水水源，开展污水收集处理、城市河道景观改造等，白甫河河流水质、河道面貌明显改善。相比2017年，2019年白甫河七星关过渡区河段水质从原来的劣Ⅴ类变为Ⅳ类，提供了优美河湖生态环境，提升了人民群众的安全感、获得感、幸福感。

（二）各级河长湖长履职尽责，是推进河湖治理任务落地的根本保证

各级河长湖长履职尽责，一批重点、难点问题得到解决，各项工作顺利推进。市级总河长、副总河长亲自安排部署白甫河系统治理，各县区各部门积极协调解决资金、移民、治理等难题，协作配合，形成工作合力。通过市督查考核局对河长制湖长制问题整改推进情况进行专项督办督查和开展市级总河长对各县区河长制湖长制工作考核，压实了各级河长责任，确保各项工作落地见效。

（三）坚持问题导向，是河湖治理尽快见效的重要路径

在白甫河治理中，毕节市河长高位推进，以问题为导向，推进系统治理，确保河湖治理尽快见实效。对水源地一级保护区全面清理，彻底解决历史遗留问题。白甫河城区河段着力解决污水直排、岸线乱占乱用等问题，水质改善明显。制定流域综合治理方案，统筹推进白甫河流域生态环境整治，基本实现“河清、岸绿、河畅、景美”，使白甫河从群众眼中的“臭水河”成为群众茶余饭后休闲娱乐的幸福河。

毕节市深入贯彻落实绿色发展理念，全面推行河长制湖长制，各级河长湖长履职尽责，白甫河治理取得良好成效。按照毕节市建设新发展理念示范区的要求，市委市政府高位推动，统筹谋划，通过发挥各级河长湖长作用，协调推进河湖治理、经济社会发展和生态文明建设，把绿水青山转换成金山银山，走出一条人水和谐绿色发展的高质量发展之路。

（执笔人：李圆玥　周忠健　刘小勇）

“派工单”护卫黔南碧水悠悠

——黔南州以“派工单”制度攻克水生态治理难点痛点问题*

【摘　要】 全面推行河长制是落实绿色发展理念、推进生态文明建设的内在要求。2017年6月，黔南州严格按照党中央、国务院以及省级要求，编制印发全面推行河长制工作方案，落实人力物力全面启动河长制工作，河湖污染得到较大改善，随着工作深入推进，河湖存在的难点问题、敏感问题、涉及利益关系问题等整改滞后，成为河长制工作不断取得突破的瓶颈。2018年，为进一步压实河长制工作责任，提升河湖管理保护能力，黔南州创新工作机制，实行“派工单”管理办法。按照工作常态化、问题清单化、措施精准化、任务工单化的原则，建立起责任明确、任务具体、措施精准、办法有效的问题解决机制，推动全州河长制工作取得新成效。

【关键词】 水生态治理　河长制湖长制　“派工单”制度

【引　言】 在社会经济不断发展，环境污染问题日益突出之际，中共中央办公厅、国务院办公厅印发了《关于全面推行河长制的意见》，以“四个坚持”基本原则和“六个加强”主要任务全国全面铺开河长制工作，为维护河湖健康生命、实现河湖功能永续利用提供制度保障。实行“派工单”制度，目的是进一步压实河长制工作责任，构建问题收集、问题派工、问题督办、整改销号闭环工作制度，强化水环境污染问题整治，推动水环境不断改善，完成河长制各项工作任务，实现绿色发展要求。

一、背景情况

黔南布依族苗族自治州位于贵州省中南部，属长江流域和珠江流域

---

* 贵州省黔南州河长制办公室供稿。

分水岭，境内河流总计 496 条（段），其中流域面积 20 平方公里以上河流 310 条。自全面推进河长制以来，境内河流共明确州、县、乡、村四级河长 2146 名，其中：州级河长 34 名、县级河长 282 名。黔南州全面推行河长制工作后，河湖管理取得明显成效，河湖“四乱”新增得到有效遏制，水污染陆续得到治理。与之同时，也暴露出一些问题，主要体现在三方面。一是履职不到位问题。在各级河长中，存在“不愿当”“不想当”“不好当”“应付当”现象，体现在履职不主动，上面有行动下面才动作，工作走过场，没有认真研究如何履职、查找哪些河湖问题等方面。二是组织不到位问题。相关部门之间、跨界河流之间、各级河长之间、各级责任单位之间，各自为战的现象普遍存在，部门联动监管、区域联防联动、联合执法的合力没有形成。特别是由于责权不对应，人大与政协领导担任河长的河流，在问题交办整改上存在推卸和滞后等现象。三是整改不到位问题。在推进河湖问题整改工作中，除河道垃圾、河岸开垦等易整治的得到整改外，涉及废弃矿渣场污染、占河违建、养殖污染等需要工程措施、涉及敏感问题或需要开展大量协调才能解决的问题整改推进较慢。

针对存在的三大问题，黔南州创新工作机制，于 2018 年 7 月印发了《河长制工作派工单管理暂行办法》，逐步扭转工作被动局面。

二、主要做法

“派工单”制度是构建问题收集、问题派工、问题督办、整改销号闭环工作体系，以问题清单化、措施精准化、任务工单化，精准施策，逐步升级，逐一销号水生态治理难点痛点新问题。

（一）打造“派工单”闭环体系，做到问题整改有章法

一是构建问题收集体系，设立“派工单”问题“数据库”。结合“一河一策”，通过各级河长办及责任单位认真收集河长巡河发现问题、上级部门转办需要解决问题、涉及行政主管部门推进滞后问题等，按照问题内容、责任河长、责任单位、整改目标、整改期限等列明清单，设置“派工单”问题“数据库”，由州河长办启动派工程序。二是构建问题派工程序，强化派工问题整改责任。根据问题的轻重缓急，明确整改要求

及时限，以“一县一单”形式进行派单，共分三个层次，第一层由州河长办派单，第二层由州副总河长派单，第三层由州总河长派单。根据需要派单层次由低到高，逐步升级。三是构建问题督办体系，形成问题整改合力。州河长办负责协调调度，州级责任单位负责跟踪督办，协助整改单位贯彻落实，并适时向河长报告；建立“派工单”进展反馈制度，整改责任单位定期向州级责任单位报送“‘派工单’进展反馈表”，州级责任单位跟踪复核，确保在规定办结时限前整改完成。四是构建整改销号流程，形成问题整改闭环。受单县（市）进入办理程序后，第一时间制定整改方案，按时序推进整改工作，完成整改后5个工作日内，提交州级责任单位评价整治结果，签章后报州河长办签署意见，完成整改的予以销号，纳入完成整改历史账单。

（二）营造比学赶超良好氛围，做到压实责任有办法

黔南州为强化“派工单”执行保障，推进河湖存在问题整改，通过三个“晾晒”营造比学赶超良好氛围。一是晾晒问题收集。州级责任单位或涉及县（市）河长办负责收集整理河长巡河情况及发现问题的，州河长办汇总梳理后形成河长制工作动态，定期呈报州总河长，并印发各县（市），让履职不到位的河长及责任单位红红脸。二是晾晒工单执行。州河长办定期梳理“派工单进展反馈表”执行情况并晾晒“派工单”执行成效，让没有按照要求执行“派工单”制度的受单单位和没有履行督导职责的州级责任单位，即没有做好组织工作的单位红红脸。三是晾晒问题整改。州河长办根据“派工单进展反馈表”成果，梳理“派工单”管理台账，定期通报“派工单”整改情况，晾晒问题整改成果，让成绩落后的州级责任单位和相关县（市）红红脸。

（三）严肃考核与执法监管，做到翻越红线有惩罚

一方面建立健全奖惩制度。严肃“派工单”工作考核，将“派工单”制度落实作为重要内容纳入河长制工作年度考核，一是对工作突出，被州河长办通报表扬的县（市）单位，在河长制年度考核中给予加分；对工作突出的个人，由州河长办报州副总河长批准后，向其所在单位发出通报，建议个人年度考核优先评定为“优秀”等次。二是对被通报批评的县（市）单位，在河长制年度考核中进行扣分。对通报批评多次的县（市）单位，州总河长或副总河长对相应单位主要负责人进行约谈，年度考核直接评定为不合格。另一方面强化水环境污染查处。对不符合国家污染防治法排污排渣造成水污染的企业及有关单位予以严厉的处罚，2018年至今，共计立案处罚涉水案件134件，处罚金额1657.88万元，通过处罚一批、整治一批，黔南州水污染事件不断减少。

三、取得成效

（一）黔南州境内瓮安河、都柳江、重安江（以下简称“一河两江”）矿物质污染得到系统治理

通过“派工单”压实责任后，“一河两江”矿物质污染通过实施矿山总磷污染综合治理工程、矿山重载公路、沉砂池、淋溶水收集沟渠、生态收集池等工程措施，进行系统治理，水质明显提升。其中，瓮安河天文断面总磷浓度从2018年的0.24毫克每升降至0.17毫克每升，水质从2018年的Ⅳ类提升至Ⅲ类；都柳江出水（独山潘家湾）断面锑浓度从2018年的64.4微克每升降至43.7微克每升，下降20.7微克每升，降幅达32.1%；重安江大桥和凤山桥边两个国控断面总磷浓度分别稳定保持在0.16毫克每升和0.22毫克每升，水质总体上分别达到Ⅲ类和Ⅳ类标准。

（二）占河违建等河湖“四乱”得到有效整治

自2018年启动“派工单”制度后，黔南州河湖“四乱”问题整改推进成效明显。2018年、2019年通过“派工单”调度运用，共派出219单454个问题，完成发现问题整改454个，完成率为100%，包含水利部、省水利厅暗访发现问题38个。通过“派工单”调度，黔南州河湖问题不断得到解决，境内水环境质量不断提高，群众获得感和幸福感不断加强。例如：起初的黔南州都匀市三江堰，由于受到污染，河道和河水变成了黄色，民间戏称“小黄河”，后来通过“派工单”压实责任，加快推进河道治理，三江堰得到了合理整治，“小黄河”变成了“小天堂”，成为了人们饭后散步、欢声笑语的乐园。

（三）养殖污染逐步减少

据统计，黔南州境内规模养殖场共计879家，自“派工单”制度执行

三江堰整改前

三江堰整改后

后，强化跟踪督办，各县（市）积极采取雨污分离，配套建设沼气池、集粪棚、粪污治理设施设备等，提高粪污资源化利用，减少粪污直排。截至2019年12月，全州畜禽规模养殖场处理设施装备配套率96.94%，大型规模养殖场配套率100%，实现粪污资源化综合利用率达76.63%，大大减少了养殖粪污污染。

（四）水生态品质不断得到提高

通过“派工单”制度的落实，黔南州地表水水质优良率总体得到提高，县级集中式饮用水水源地水质达标率达100%；纳入省级考核的22个国控、省控断面21个达标，水质优良率从2017年底的86.4%提升到目前的95.5%。

四、经验启示

全面推行河长制工作，党中央、国务院已做好顶层设计。在地方，重要的是如何抓具体、见实效，处理好“怎么管、管得住、管得好”的问题，使河长制工作体系高效运转，让工作在现实中得到体现。

（一）构建问题处理机制，解决河湖问题怎么管

河流污染问题表象在水里，根子在岸上，问题种类五花八门，涉及部门纵横交错，在河长制工作推进的基础上如何明确责任是深入推进河湖治乱治污的重中之重，只有在明确职责的基础上才能实现清单化、精准化管理。“派工单”制度规范了问题收集、问题派工、问题督办、整改销号的各方职责，规范了持续推进河湖污染和“四乱”问题整改流程，形成责权明晰、按时推进的管事制度。

（二）抓住党政主要同志，解决河湖问题管得住

充分按照河长制工作党政同责要求抓住党政负责同志这个“关键少数”。一是向本级总河长做好汇报工作，在河湖治乱治污上获得党政主要领导的关心支持并主动履职尽责，表率先行，引领各级河长履职，开展河长巡河，切实做到“把脉问诊”。二是压实下级党政主要领导责任，推进河湖治乱治污难点问题整治，“派工单”分三个层次，由低至高，从河长办、副总河长、总河长派单的目的就是通过不断增压压实下级整改责任，推进问题整改。三是严格河长制工作考核，强化考核结果运用，将考核结果提交组织部门，作为干部选拔任用的主要依据，促进各级河长主动履职。

（三）抓牢党委政府责任主体，解决河湖问题管得好

河长制在推进中出现由于权责不对等，造成运行不畅、问题整改组

织不力、问题整改落实难等问题。执行“派工单”制度，就是牢牢抓住下级党委政府这一责任主体，通过党委政府调度协调，解决相关部门之间、跨界河流之间、各级河长之间、各级责任单位之间各自为战的问题，推进人大、政协河长发现问题整改，形成水环境治理和河湖“四乱”整治共推共进共促合力，持续推进水生态品质提升，实现“河畅、水清、岸绿、景美”的美好画卷。

（执笔人：罗年福　蔡国宇　覃巧林）

民族地区全面推行河长制取得实效的“吹哨人”

——云南大理白族自治州河长制第三方评估的实践*

【摘　要】 为全面推行河长制从“有名”到“有实”，2018年，大理白族自治州率先在云南省建立第三方评价机制。大理州构建了科学的第三方评价体系，弥补内部自评的不足；动员公众参与第三方评估，增强了社会监督效果；不断优化第三方评估工作流程，保障河长制工作实效。大理州河湖生态环境明显改善，特别是洱海治理效果显著。开展第三方评估应以“公众满意”作为评估的价值取向，以客观科学的评估方式作为评估的重要依托，以全过程公众参与作为评估决策的必经程序，以评估结果作为行政问责的重要依据。

【关键词】 大理白族自治州　第三方评估　河长制

【引　言】 全面推进河长制，是党中央、国务院为推进生态文明建设做出的一项重大制度安排，体现了习近平总书记提出的“山水林田湖草”系统治理的重要思想，体现了党中央、国务院确定的以提高环境质量为核心的目标导向，体现了落实生态环境保护“党政同责”“一岗双责”的责任担当，为解决水环境问题、改善水生态环境质量、维护河湖健康生命提供了有效抓手和有力举措。下面以云南省大理白族自治州为例，介绍第三方评估的实践成效。

一、背景情况

大理白族自治州（以下简称“大理州”）位于云南省中部偏西，是全国唯一的白族自治州，境内河湖众多，水系发达，分属长江、红河、澜沧江、怒江四大水系，有946条河流，2195座塘坝，1171条渠道，681座水库，集水面积在50平方公里以上的河流157条，常年水面面积在1

---

* 大理大学经管学院供稿。

平方公里以上的湖泊有8个。其中，洱海是云南省第二大内陆淡水湖泊，素有“高原明珠”之称，风光诱人，为国家级重点风景名胜区。洱海径流区有大小河流117条，主要入湖河流有27条，出湖口有2个。

随着大理州经济社会的快速发展，洱海不断出现污染，并日益加重。1996年洱海首次全湖性暴发蓝藻，大理州提出“像保护眼睛一样保护洱海”，采取网箱养鱼、机动船“双取消”措施，大力开展退鱼塘还湖、退耕还林、退房屋还湿地“三退三还”工作，流域内实施禁磷、禁白、禁牧“三禁”。2003年洱海再次暴发蓝藻，局部区域水质下降到地表水Ⅴ类。大理州提出了“洱海清、大理兴”，全面启动城镇环境改善及基础设施建设、主要入湖河流水环境综合整治、农业农村面源污染控制、生态修复建设、流域水土保持、环境管理及能力建设“六大工程”。实施洱海保护治理“2333行动计划”，即以实现洱海Ⅱ类水质为目标，用3年时间，投入30亿元，着力实施好“两百个村两污治理、三万亩湿地建设、亿方清水入湖”三大类重点工程。2015年1月，习近平总书记到大理视察并做出“一定要把洱海保护好”，“让苍山不墨千秋画、洱海无弦万古琴的自然美景永驻人间”的重要指示。大理州牢记习近平总书记的嘱托，以“立此存照”为军令状，扎实开展科学治湖、工程治湖、依法治湖、全民治湖和网格化管理“四治一网”工作，全力推进科学规划截污治污、入湖河道综合治理、流域生态建设、水资源统筹利用、产业结构调整、流域监管保障“六大工程”，推动洱海保护治理从“一湖之治”到“生态之治”转变。

党的十八大以来，党中央高度重视生态文明建设。2016年印发《关于全面推行河长制的意见》，2017年印发《关于在湖泊实施湖长制的指导意见》，由地方各级党政负责同志担任河长、湖长，开展河湖系统治理。大理州积极落实中央决策部署，制定了《大理州全面推行河长制行动计划（2017—2020年）》，全面推行河长制湖长制，推动山水林田湖草系统治理。全州建立州、县（市）、乡镇、村、组五级河长制体系，五级河长共22123人。为全面推行河长制湖长制从“有名”到“有实”，2018年，大理州率先在云南省建立第三方评估机制。此举让河长制湖长制考核更加客观公正、专业，进一步压紧压实河长责任，促进河长履职，推动河长制湖长制各项任务的落实。实践中，各级河长湖长以高度的政治责任感和使命感，主动领责，勇于担当，赢得群众点赞。

二、主要做法

（一）构建科学的第三方评价体系，弥补内部自评的不足

第三方评估具有明显的客观、公正、公开的优势。传统的政府考核方式是自我总结、评价加上级考核的方式，第三方评估的评估主体不仅独立于被评单位，也不是被评单位的上级，有助于规避传统考核形式中因政府部门既当“裁判员”又当“运动员”导致考评结果不公的风险，从而有助于促进政府职能转变，提升工作绩效。大理州河长办与大理大学相关专家基于长期调研、反复商讨，构建了大理州河长制第三方评估指标体系。

大理州河长制湖长制第三方评估指标立足于河湖现场实际情况，指标体系包括现场观测与群众评价两个维度。现场观测指标包含信息公示、直接感知、氛围营造、治理效果等4个方面15个二级指标。二级指标评估易于直接观测，定性与定量相结合。第三方评估基于事前不打招呼、随机到现场的原则，通过现场观测、现场沟通、拍照取证、取样等方法，真实客观地记录、评估河湖治理效果与发现的问题。第三方评估“看到了平时看不到的东西”，“走到了平时走不到的地方”，弥补了河长日常工作的“盲区”。通过将评估结果及时反馈给河长办及河长本人，为有效落实河长制提供了参考依据。例如，通过对河长制公示牌信息的核实，大大改善了以前河长电话打不通、河长对流域辖区不清、职责不清等问题。目前大理州州级河长第一次接电话率平均高达89%，二次接电话率为100%（含短信回复）。

（二）动员公众参与第三方评估，增强河长制湖长制社会监督效果

第三方评估是民主参与公共管理的体现，应调动社会各方面的力量，使治理的方式环节更加齐全、过程更加周密。大理州河长制湖长制第三方评估体系设置了群众评价指标，包含群众知晓度、参与度、满意度共11个指标。随机选择河湖周边群众，通过问卷调查或访谈的方式对群众就河湖治理效果、治理参与、存在问题进行调研。通过独立第三方评价，

拉近了和群众的关系，听到了群众对河湖治理的困惑和建议，“听到了平常听不到的情况”。同时第三方评估也宣传了河长制政策，增强了群众的参与度，让公众不仅是河湖治理的参与者，更成为美丽河湖的创造者。

通过两年的河长制湖长制第三方评估实践，群众对国家实施河长制湖长制政策的知晓度提高了50%。河长制第三方评估走进大山峡谷、深入村寨小组，随机抽样数据显示，群众几乎没有“没听说河长制”的情况。同时，群众的河湖治理和保护的参与度提高40%，极大缓解了河长的工作强度。群众对河湖治理的满意度越来越高，对政府的治理能力信心越来越足。

（三）优化第三方评估工作流程，保障河长制工作实效

大理州河长制湖长制第三方评估经过两年实践，不断优化评估工作流程，最终形成了“发现—移交—督办—整改—反馈—核实—结束”的评估工作流程。①发现：第三方根据评估计划对河湖进行评估，并对发现的问题进行数据收集，包括文字、图片、视频等记录。②移交：将问题清单及时移交给州河长办公室。③督办：第三方对州河长办确认后转派给各县（市）问题的处理情况及时进行暗访、跟踪检查。④整改：针对第三方发现的问题，各县（市）相关责任部门要在州河长办规定的期限内整改到位。⑤反馈：各县（市）要在规定的期限内将问题整改落实情况进行反馈。⑥核实：第三方再对问题整改情况进行评估、取证核实。⑦结束：问题整改完毕即可结束本轮评估。

大理州河长制湖长制第三方评估的整个流程，环环相扣、步步推进，直至解决问题。在实践中，切实解决了一些难被发现、难以处理的积压问题。如李仙江河道边一隐蔽处存在违章新建建筑物，在水利部督查暗访发现问题的基础上，第三方评估持续跟进，直至当事人主动申请拆除，还河道周边优美环境。

三、经验启示

（一）以“公众满意”作为第三方评估的价值取向

第三方评估是一种体现政府服务和公众利益至上的机制，不仅要考察河湖生态环境评估指标情况，还要测评公众对河长制湖长制工作、河

流生态环境质量改善情况的主观感受。因此，大理州第三方评估实施过程中始终坚持以人为本的原则，把河长制湖长制的实施战略目标、实施效果与人民群众的满意度、获得感相结合。以“公众满意”作为价值取向可为河长制第三方评估机制找到合理的定位，也为政府相关部门的河湖环境治理行为确定了目标，是有效实施河长制第三方评估的基本准则。

（二）以客观科学的评估方式作为第三方评估的重要依托

第三方评估不是简单地对河湖水质的技术检测，关注的是河湖环境保护的社会综合治理。大理州河长制湖长制第三方评估体系采用公众评估与专家评估相结合、定性评估与定量评估相结合的评估方式，将实地勘察、群众座谈、问卷调查、第三方监测以及网络大数据等多种数据获取方式有机结合，采用对比分析、系统分析、费用效益分析、环境经济模拟、预测分析等多元化的方法，保证了评估更科学、更全面和更准确。

（三）以全过程公众参与作为河长制落到实处的必经程序

河长制湖长制从有名到有实，离不开公众的积极参与。具体而言，第三方评估应动员广大公众积极参与，认真听取公众的意见建议；让公众多渠道及时地了解和监督河长制的实施状况、阶段进展及存在问题；让公众了解当地河湖保护规划成效、症结、目标与现状的差距等，提升公众河湖环境保护的参与度。

（四）以评估结果作为行政问责的重要依据

推行河长制湖长制第三方评估的最大意义在于评估结果是否形成对地方政府、企业以及个人河湖生态环境行为的刚性制约。第三方评估制度和行政问责制度是一个有机联系的整体，两者应在事前、事中、事后形成全方位的监督过程。一方面，第三方评估结果应是行政奖惩的重要参考和依据；另一方面，强有力的行政问责机制也是第三方评估结果得到有效落实的保障。

（执笔人：崔慧广　杨本成　曾彪）

破解治水之难　保一江清水出云南

——水富市以河长制湖长制为抓手保护“两江”流域生态的实践*

【摘　要】随着工业化和城市化的快速推进，云南昭通水富市境内金沙江和横江等流域的生态环境保护失衡，非法采砂、捕捞、网箱养殖、排污现象屡禁不止，使两江流域生态环境遭到破坏。2017 年以来，水富市委市政府认真贯彻落实河长制湖长制工作，坚持绿水青山就是金山银山的绿色理念，以“河畅、水清、岸绿、景美”的河长制目标，不断健全完善管理体制机制，层层压实责任，形成攻坚合力，有力推进水生态和水资源综合治理，打好河湖保护治理攻坚战，推动河长制各项工作落地见效，筑牢长江上游生态安全屏障，确保“一江清水出云南”。

【关键词】打击非法排污　乱象治理　联防联治　河长制湖长制

【引　言】党的十八大以来，以习近平同志为核心的党中央高度重视生态文明建设，作出了全面推进河长制湖长制的决策部署。习近平总书记指出，当务之急是刹住无序开发，限制排污总量，依法从严从快打击非法排污、非法采砂等破坏沿岸生态行为。2018 年 4 月 26 日，习近平总书记在深入推动长江经济带发展座谈会上的重要讲话中提出，必须从中华民族长远利益考虑，把修复长江生态环境摆在压倒性位置，共抓大保护，不搞大开发，要确保绿水青山常在、各类自然生态系统安全稳定。

一、背景情况

云南昭通水富市地处金沙江、横江、长江三江交汇处，是金沙江进入长江的最后一道生态屏障和保护长江中下游生态环境的源头防线，境

---

* 云南省昭通市水富市委宣传部、市政府新闻办供稿。

内有金沙江和横江流域、太平河、复兴河。两江水域执法主要涉及金沙江（水富段）17.32公里和横江（水富段）45公里主干流流域。多年来，金沙江、横江水富段河道（简称“两江”）流域非法采砂、非法捕捞、非法网箱养殖、非法排污现象屡禁不止，由于相关执法管理部门出现多头执法，却不能及时形成合力，往往错失最佳打击处理时机，使两江流域生态环境遭到破坏。根据调查，水富境内“两江”流域突出问题主要表现在以下几方面。

（一）污水直排河道

由于老城区原有城市排水排污设施标准低，投入改造不足，存在雨污分离不彻底，管网设施部分破旧，部分排水口出现有污水直接或混流排入河道等现象。2019年4月22日，市生态环境局、市水务局、市城乡建设局3个部门共计排查了城区段具有排水功能的27个点位排口，其中有少量污废水渗漏、排入沟口（管、洞）后流入河道的就有15个。境内有污水直排两江现象，河面有漂浮物，河岸有垃圾。

（二）非法采砂时有发生

近年来，昭通市内重点项目以及扶贫项目、综合交通等基础设施建设需求大量建材，导致砂石建材市场价格急剧上涨。由于市内合法规划采矿采石点位供给不足，地方基础设施建设砂石建材供需矛盾突出，导致市境内私挖乱采砂石现象时有发生，给沿江生态造成了一定的破坏。特别是由于金沙江、横江属云南省和四川省的省际界河，两省在河道管理上的相关法律法规没有同步，加之部门在河道采砂监督管理职责上边界不清，不法分子伺机乱挖乱采。

（三）国家重点电力设施（向家坝电站）保护范围内河段和长江珍稀鱼类保护实验区非法捕捞现象突出

河岸周边居民因河鱼等价高的经济利益驱使，往往铤而走险，时常到江里非法捕捞河鱼，给长江珍稀鱼类保护和重点电力设施管理带来不良影响。

（四）城市集中式饮用水水源地一级保护区内人为活动频发

如部分市民习惯性到金沙江游泳、江边垂钓等。

二、主要做法

水富市委市政府以落实河长制湖长制为抓手，在生态环境保护中主动担当与作为，围绕“一个U盘一道河长令，一段视频一份责任清单”的目标要求，层层压紧压实责任链条，推动“河长制”落细落小落实，打好金沙江横江段水域及重点水库保护修复攻坚战，泽润美丽水富建设。

（一）一份责任清单，破“责任落实实不起”之局

水富境内两江流域以及太平镇境内太平河、复兴河河岸，在全面推行河长制以前，多处出现乱倒生活垃圾、污水排放、排污管损坏排污和环境脏乱差等现象，影响行洪安全，损害河道生态环境。由于缺少有效抓手，责任落实不到位，执法效果不明显，群众反映大。如，横江沿岸的成风村石罗集镇两污直排入横江，由于石罗集镇人口密度大，缺少两污处理设备，加上居民参与环境保护程度低，集镇污水均是自家管道直接排入横江，生活垃圾随意倾倒在河道沿岸，乱占、乱采、乱堆、乱建“四乱”现象十分突出，人居环境始终得不到改善。

全面推行河长制以来，以下达“河长令”的形式，对市、镇、村三级河长开出了责任清单，切实做好河道日常巡查、联合执法、水事纠纷处理等，扎实抓好河湖库渠“清四乱”专项行动以及“回头看”暗访巡查，石罗集镇的突出问题得到及时处理。2018年6月，水富市投资500万元在石罗集镇新建日处理50立方米污水处理站1座、配套管网700余米、在显眼位置布设垃圾处理池、垃圾桶若干，实现了“两污”处理全覆盖，沿岸生活垃圾、生活污水得到了有效处置，人居环境也得到了极大改善，群众满意度提升。

按照责任清单，各级河长湖长认真开展“河长清河”行动，实施水富市城镇污水处理设施提质增效，新建和改造现有城市污水处理设施全面达到一级A排放标准；实施配套管网建设雨污分流改造，城市建成区基本实现污水全收集、全处理；实现横江、金沙江河面无大面积漂浮物，河岸无垃圾，无违法排污口。集中排查整治化工厂、船舶、港口、入河排污口生态环境问题，对破坏长江生态环境问题，生态环境领域其他违法违规问题和群众反映强烈的问题，建立问题台账，明确责任单位、整

改目标、完成时限，认真落实整改，有效地破解了责任难落实的局面。

“河长清河”行动整治清单中，共整治面积7.44万平方米，清理河道77.5公里，清理垃圾1023.7吨，拆除违规建筑物136平方米，打击取缔非法采砂点6个，处置非法排污口2处，河道两岸生态恢复6300平方米。

(二) 一个综合执法队，解“多头执法法不力”之难

金沙江、横江水域执法历来是水富行政执法领域中最为复杂的内容之一，涉及公共安全、渔政、海事、环保等多部门执法内容和要求，加上金沙江、横江均属云南与四川两省界河，管理权限受行政区划影响，执法困难的现象十分明显。另外，单一部门执法权限有限、装备薄弱、力量分散，加之各执法部门之间联系不够，配合不力，多部门联合执法存在“运动式”、临时性执法特点和周期长、成本高、时效差的短板，执法不力的弊端严重影响到两江生态环境保护。

面对两江流域严峻的生态保护形势，水富市以河长制为抓手，抽调公安、海事、农业、环保、水务、住建、交通、自然资源等8个部门执法人员成立水富市两江综合执法大队。整合工作职责职能，配齐执法人员和装备，形成了综合执法力量。执法大队认真按照有关法律法规严厉打击两江非法采砂、违法捕捞、随意倾倒垃圾和排放不达标污水等行为，保护金沙江、横江水富段河道管理秩序。

组建两江综合执法大队，实现执法人员从“线”状分散在不同执法队伍到“块”状集中在一个综合执法部门的转变，将原来各部门执法“小分队”变为综合执法“大部队”，有效破解了执法力量“散弱”难题，形成合力，提高了执法效率。

两江综合执法大队于2019年4月成立以来，工作成效显著。一年来，责令金沙江水富辖区的31艘“三无”皮筏艇全部起岸；清除非法网箱总计16户约300平方米；收缴非法捕捞工具500余副，收缴烧鱼工具7套、皮筏艇21艘，查扣车辆12辆，放生各类鱼类共计18000余尾。发现涉嫌非法采砂船17艘，驱逐涉嫌非法采砂的船舶15艘，处理2艘；开展涉江排水口排查，准确记录52个排口信息，完成了9家次重点排污企业和8家次一般排污企业的“双随机”现场检查工作，巡查沿江企业33户，发现并提出环保整改问题81个，查处环境违法案件3起，办结信访举报案件11件。这些执法成果是过去多年都未解决和取得的实效。

（三）一系列工作制度，变被动到主动管理

过去，河道和江面出现违法排污、水事纠纷等事件，有关部门是接到群众反映和举报，才出动执法，往往出现调查处理案件时间长、效果不好、事态影响扩大的局面，难以震慑违法者，管理难到位。

2018年，水富市各级河长在日常巡查中发现，横江向家坝镇段存在非法采砂情况，镇、村级基层河长发现后迅速上报高层河长，责令水务、自然资源、生态环境、公安等部门成立联合调查组，针对横江非法采砂问题进行严厉打击，立案调查相关涉事人员，刑拘4人，有效震慑了违法分子。

河长制湖长制工作的落实推进，推进相应河库渠的突出问题整治、水污染综合防治、巡查检查、水生态修复和保护管理，督促了各级河长和相关部门履职尽责，提升治水工作的准确度、精细度和有效度，实现管理从“粗放”向“精细”、从被动执法到主动执法的转变。特别是水富市两江综合执法大队制定《两江综合执法大队巡查制度》《两江综合执法大队行政执法基本流程》等一系列工作制度，把日常巡查监管作为抓手，明确江上每周1次大巡查、岸上每天早中晚3次巡查的工作制度，认真开展两江流域整治行动。严厉打击非法排放、非法采砂、非法捕捞以及规范船舶、港口运行和维护水上交通安全，有效遏制了两江违法活动和水域管理乱象。

（四）一套监督考核体系，扛实共抓保护之责

全面建立市级督察体系，实行责任考核体系和分级评价考核，建立河长制湖长制责任考核体系，制定考核评价办法和细则，建立考核问责与激励机制等，有力促进了工作责任的落实。

由于境内河库点多线长，给管理工作带来一定的难度，为此，水富市两江综合执法大队在两江区域发展治安特情员100余人；积极发动群众参与两江执法监管，两江执法信息联通逐步扩大到全市村（居）委会，为及时发现违法行为和遏制违法苗头、实现精准打击提供更广泛的情报信息支撑，为实现精准打击“两江”违法行为提供有效线索。

动员党员干部带头走上街头、走进村（社区）、企业，走到设施业主（船舶）、群众中，通过广泛宣传《中华人民共和国渔业法》《中华人民共和国水法》《中华人民共和国水污染防治法》等法律法规、悬挂宣传标语、张贴执法工作通告、发放生态环保宣传资料等，切实增强广大群众的法治意识和环保意识，加强监督，确保工作抓到实处。

（五）一项联合执法机制，形成监管合力

金沙江和横江作为川滇两省界河，跨区域跨水域执法难、监管难。如过去，水富市只能在辖区内执法，过了河界无行政执法权限处理违法事件，给监管工作带来难处。为此，水富市推进跨省市河湖联防联治机制，加强与四川宜宾市、向家坝水电站相关部门的协作沟通，建立跨区域、跨部门的联合执法机制和应急救援机制，形成执法合力，执法管辖“障碍”得到有效化解。

在保护两江生态环境机制中，始终对各类违法犯罪行为保持高压严打态势。水富市两江综合执法大队坚持日常巡查整治与严厉打击相结合，积极实施整治“宣、巡、查、治、管、打”六步工作法，构建宣传与整治并重、管理与监督并举、巡查与严打结合的“水、岸”执法工作格局；设立举报电话，24小时值班，全力呵护“两江”清水。通过开展常态化巡查和专项执法行动全面整治监管，目前，江面基本无非法船只捕捞和采砂，沿江未发现非法网箱，违规排放等“三乱”环境问题得到初步解决；也保障了长江珍稀鱼类生态环境和重点电力设施管理。

三、经验启示

水富市委市政府在全面推行河长制湖长制工作中，牢固树立绿水青山就是金山银山的绿色理念，认真贯彻落实“共抓大保护、不搞大开发”的要求，以“河长令”形式向市、镇、村三级河长下达河湖治理的问题清单、责任清单、措施清单，层层传导压力，层层压实责任，倒逼各级河长履职尽责，推动河湖渠系统治理落地见效。特别是结合水富实际，创新工作思路和方法，及时组建了“两江”综合执法大队，形成综合执法力量，建立了一套行之有效的工作机制和办法，严厉打击“两江”流域乱堆乱放、私挖乱采等破坏生态环境的违法违规行为，破解了以往九龙治水、各自为政、多头执法、效果不佳的难题，解决了过去很多无法解决的执法难问题。同时，全面开展“河长清河”行动，新建和改造城镇污水处理设施，城市管网建设雨污分流改造，集中排查整治化工厂、船舶、港口等重点领域环境问题，切实筑牢了长江上游重要生态安全屏障，确保了“一江清水出云南”。

（执笔人：狄廷秀）

立足生态永续　全面推行河长制湖长制

——拉萨市河长制湖长制工作典型经验和启示*

【摘　要】 党的十八大以来，以习近平同志为核心的党中央高度重视生态文明建设，把保障水安全提升到实现中华民族永续发展的战略高度，把全面推进河长制湖长制作为生态文明建设的重大改革任务。区市党委、政府高度重视河长制湖长制工作，进行顶层设计有力部署，开展了河湖“清四乱”专项整治行动，解决河湖突出问题，推动河长制湖长制从“有名”到“有实”。侵占河湖、阻碍行洪、破坏河势稳定的行为得到基本遏制，河湖面貌得以改善，河湖水质得以提升，河畅、水清、岸绿、景美的景象初步呈现，沿岸人民群众的满意度、获得感明显上升。

【关键词】 河长制湖长制　河湖“清四乱”　水环境

【引　言】 2018 年 8 月以来，严格按照水利部、自治区河湖“清四乱”专项整治行动的统一部署，在全市范围内对乱占、乱采、乱堆、乱建等河湖管理保护突出问题开展专项清理排查，根据排查的问题进行全力整治，加强了河湖管理保护，维护了河湖健康生命，使推进河长制湖长制工作取得了阶段性成果。

一、背景情况

西藏地处祖国西南边陲，水资源丰富，是“亚洲水塔”，是我国最为重要的战略水资源储备库和生态屏障区。境内江河纵横、湖泊密布，是全国重要的江河源和生态源。特殊的地理位置、重要的生态功能使西藏成为全国生态安全屏障的重要组成部分，在全国生态文明建设中具有重要的地位。随着拉萨市经济社会的快速发展，人民对优质水资源、优美水生态、宜居水环境的美好需求日益增长，干净、整洁、优美的河湖已

---

* 西藏自治区拉萨市水利局供稿。

成为群众强烈的诉求和期盼。为践行“水利工程补短板、水利行业强监管”的水利改革发展总基调，及全市人民群众的新期待，要认清我市“清四乱”工作面临的新形势，对标对表找差距、清理整治抓落实，从增强“四个意识”、坚定“四个自信”、做到“两个维护”的高度，深入推进“清四乱”专项行动，切实解决侵害群众利益的河湖问题。

（一）注重保持管水治水理念的先进性

2016年7月印发的《拉萨市人民政府关于加快推进拉萨河水环境综合治理工作的决定》中，拉萨市已明确提出推行河长制，要求各级党政主要负责人带头担任所辖区内主要河流的河长，牵头负责河流综合整治工作。中共中央办公厅、国务院办公厅《关于全面推行河长制的意见》（厅字〔2016〕42号）出台后，结合实际制定印发了《拉萨市全面推行河长制实施方案》，进一步明确了河长制的工作目标、实施范围、工作任务、组织体系等内容。在推行河长制的同时，对辖区内纳木错、唐冰湖、如白湖等11个湖泊以及旁多水库、虎头山水库等19座水库按所处行政区设立了湖长，将湖泊、水库的管理保护任务纳入河长体系。

（二）推进河长制湖长制落地生根

结合辖区内水域管理保护实际需求，将河长体系延伸至村一级，建立起市、县、乡、村四级河长体系，打通河长制最后一公里。探索实行“河长＋警长＋公众河长”的模式，全市设立河长558名，河段公安149名，同时按照中心城区每公里配备1名、乡村河段每2公里配备1名河道管护人员的管护需求配备管护人员2466名，扩大河湖管护主体。2016年起，市级财政每年预算1000万元用于水环境综合整治工作，各县（区）每年用于水环境综合治理经费不低于200万元，以保障推行河长制湖长制“见成效”。

（三）着力解决复杂水问题

制定出台《拉萨市加强入河排污口监督管理工作方案》，启动实施市政基础设施综合整治工程，加快建设污水处理设施，积极开展污水直排治理工作。制定拉萨河河道采砂规划，成立采砂专项执法检查组，先后对全市范围内87家采砂场进行了执法检查，关停了64家非法采砂场。开展水土保持治理，实施了达孜县邦堆乡叶巴沟水土保持生态清洁小流域综合治理等工程，形成水土保持林 30.09 公顷，治理水土保持流失面积 2354.46 公顷。

（四）提升美丽健康河湖景象

对辖区内 12 条骨干河流开展了水功能区划，并严格按照规定进行水质管控，全市 8 个水功能区达标河长 727 公里，达标湖泊面积 1920 平方公里，全市辖区内水质全部达标。加强顶层设计，组织开展了拉萨市水生态文明建设规划和拉萨河流域水生态建设修复规划编制。在拉萨河主城区段打造水利风景区，增加枯水期空气湿度，实现水清岸绿。

二、主要做法及取得成效

（一）坚持顶层设计，压实各级责任

以河湖“清四乱”为抓手，拉萨市成立了专项行动工作领导小组，制定印发《拉萨市河长制关于开展河湖“清四乱”专项行动方案》等文件，明确专项行动的任务、要求、时限，对专项行动工作作了全面系统的安排部署，要求以县为单位对辖区内河湖全面开展拉网式排查，按照“一事一档”的排查要求，对“四乱”问题实行边整改边销号，坚持问题不解决不销号、成效不明显不销号、群众不满意不销号，切实加强整改力度，确保问题得到有效整改。

（二）坚持突出重点，抓好问题整改

按照中共中央办公厅、国务院办公厅印发的《关于全面推行河长制的意见》（厅字〔2016〕42 号）、西藏自治区党委办公厅、政府办公厅印发的《西藏自治区全面推行河长制工作方案》、拉萨市政府办公厅印发的《拉萨市全面推行河长制实施方案》和《中华人民共和国水法》《中华人民共和国防洪法》《中华人民共和国河道管理条例》等法律法规为依据，对河湖管理范围内“四乱”问题进行全面清理整治。通过自查、上级部门暗访、督查等发现河湖“四乱”问题共 51 个，整改完成 51 个，整改完成率 100%。通过清理整治，河湖面貌明显改善，行蓄洪能力得到提高，河湖水质持续向好，乱采、乱挖等损害河湖行为得到有效遏制，依法保护河湖、共同关爱河湖的氛围逐步形成。

（三）严格查漏补缺，强化整改巩固

为进一步推进全市河湖“清四乱”工作取得实效。2019 年 5 月初，拉萨市河长办组织对全市排查、整改的河湖“四乱”问题进行专项明察暗访，对整改落实情况进行现场复核；对“四乱”问题台账的建立情况进行检查。下发《拉萨市河长制办公室关于加快推进“四乱”问题清理整治相关工作的通知》，要求各县（区、管委会）河长办开展自查核查工作，重点核查漏报、清理整治不到位、整治后出现反弹等问题。

（四）坚持高位推动，形成高压态势

针对我市发现的突出“四乱”问题，市河长办负责同志专门召开“清四乱”工作协调会，市人民政府副秘书长、市纪委、市扫黑办、两办督查室、各县（区）、相关市直部门分管负责同志参加会议，就“清四乱”整改工作进行协调部署。市纪委、市政府督查室持续跟踪整改进展，相关县（区）、乡（镇）高度重视，制定整改方案，与群众沟通协调 80 余次，确保了在时限内完成整改工作。

（五）强化督导检查，形成强大合力

市政府主要领导、分管领导多次进行现场督导，现场提出整改要求和整改时限。市河长办成立专项督查组，多次进行现场核实、复查，坚持复查合格方可销号原则，严把“四乱”清理整治和销号标准，防止出现整改不彻底、整改反弹等现象。印发整改督办通知 20 余份，对重点难点问题进行现场蹲点督导，实时掌握整改进度。充分发挥市政协河长制湖长制督查领导小组监督作用，全市范围内开展河湖“四乱”问题明察暗访，切实加强督导检查力度，确保整改工作有序推进。

（六）整治乱采乱挖，强化采砂管理

依照拉萨市采砂管理办法，成立河道采砂专项执法组，对全市采砂场进行监督检查，规范河道采砂行为，对不合法不合规的采砂场进行关停或整合。经过多次专项执法，市辖区内采砂场由原有的 87 家整合至 23 家。编制完成了《拉萨市河道采砂规划》，划定禁采区、禁采期，加强日常监督检查，确保河道砂石资源科学有序开采。

（七）强化日常管理，加大监管力度

发挥河道管护员职责，对发现的河道垃圾乱倒、乱堆现象进行及时制止并清理，对其他涉河湖问题及时上报处理。组织市直单位、8县（区）、4个经济功能园区集中开展“拉萨万人护河”“关注水环境，共享大健康”“关爱大自然，保护母亲河”等主题活动，参与人次达上万人，全力维护河湖日常水环境。设立西藏民间河长讲习所，有效搭建起社会公众与政府部门的沟通桥梁，进一步加强社会监督与公众参与，努力形成群众与政府共同治水的良好局面。

三、经验启示

（一）政府牵头，部门联动是综合管水治水的保障

由县级人民政府作为责任主体，牵头组织水利、生态环境、住建、农业农村、财政等部门，统筹各方项目资金，特别是对涉水涉河项目资金进行整合，发挥资金规模效益，发挥集中力量办大事的优势。

（二）落实行政首长在管水治水中的责任

通过建立健全以党政领导为核心的责任体系，明确各级河长责任，强化工作措施，协调各方力量，形成一级抓一级、层层抓落实的工作格局、从而改变了原来不同部门分头管理，力量分散，甚至各行其是的格局。河长制的职责包括：组织领导相应河湖的管理和保护工作；明晰管理责任，协调解决重大问题；对相关部门和下一级河长履职进行督导与考核问责。确保每条河流有人管，出现问题有人解决。

（三）扩大河湖管护主体，加强河道湖泊的日常管理

采取“河长＋警长＋公众河长”模式扩大河湖管护主体，12名县（区）公安局相关领导担任辖区河段公安总负责人，137名派出所所长担任辖区河段的公安负责人。同时，按照中心城区每公里配备1名、乡村河段每2公里配备1名河道管护人员的管护需求，共配备管护人员1317名，具体负责对河道湖泊的日常管理。

（四）水岸同治推动问题从根本解决

河湖生态环境问题，表现在水里，根子在岸上。水里：河湖水域空间萎缩、水体质量恶化、岸线遭到破坏等突出问题。岸上：围湖造田、城市扩张、房地产开发、基础设施建设等造成河湖面积萎缩、河湖岸线

乱占滥用等问题；工业废水、生活污水、农业面源、水产养殖等导致河湖水质恶化。通过治水，倒逼经济发展方式转变、产业结构调整，促进生活方式转变、社会风尚改进才是解决复杂水问题的关键。

（五）建章立制，用制度管水治水

建立健全工作机制和配套工作制度，协调解决河湖管理工作中的重点难点问题，建立部门协调和上下联动机制，强化部门上下协同作业，形成立体化、全方位的河湖管理保护机制。

（六）加强巡查检查，促进河湖生态健康永续

加强日常监管和巡查，及时制止涉河湖违法行为，遏制“四乱”问题增量，全力维护河湖面貌不断改善。充分发挥河道管护员的巡查作用，加强对管护员河湖管理方面法律法规宣传和知识普及，不断增强管护员涉河湖违法行为的辨别能力，做到早发现、早制止、早整治。

（执笔人：张文　易娇）

守护源头碧水　造福万户千家

——陕西省汉中市“五制”并立推进河长制湖长制落地见效*

【摘　要】汉中位于秦巴之间、汉水之滨，是长江最大的支流——汉江的发源地，也是承担秦岭、巴山保护职责的地市和国家南水北调中线工程的重要水源涵养地。按照全面推行河长制的要求，市委市政府高位推动，构建了责任明确、协调有序、监管严格、保障有力的河湖管护机制，实现河长制落地生根。在工作推进中，汉中市把保护绿水青山当作政治任务和使命担当，坚持“问题导向”，针对河长履职主动性不够、河湖问题排查不全、河湖破坏行为禁而未绝等问题，探索建立了“排查—交办—述职—点评—考核”的制度链条，形成有利于各级河长湖长履职尽责的制度环境，全力解决河湖突出问题，推动河长制落地见效，确保“一泓清水永续北上”，让幸福之水从汉江源头流向千家万户。

【关键词】河长制湖长制　制度链条　履职尽责　落地见效

【引　言】汉中市位于汉江源头区、秦岭保护区，贫困程度深，经济发展和河湖保护矛盾突出。侵占岸线、围垦河湖、生活污水直排、非法采砂等问题久禁不绝。2016年以来，按照中央全面推行河长制的要求，汉中市委市政府高位推动，建立科学规范的河长组织体系，实现河长制落地生根。

为推进河长制湖长制从“有名”到“有实”，按照中省文件要求，结合河湖管护经验，以建立和完善工作制度为前提、以推进河长履职为关键、以解决河湖突出问题为目标，汉中开展了一系列实践探索，建立督促四级河长履职尽责的五项制度，形成完整的制度链条，推动河长制湖长制工作良性发展，取得了显著成效。

一、背景情况

汉中北依秦岭，南屏巴山，水网密布，河湖纵横，有汉江、嘉陵江

* 陕西省汉中市水利局供稿。

两大水系，流域面积50平方公里以上河流171条。汉江汉中段流域面积1.96万平方公里，占全市国土面积的72%，是南水北调中线工程和陕西省引汉济渭工程的重要水源涵养地。保护水源，送一泓清水北上，是汉中市委市政府和300多万汉中人民承担的历史使命。

2017年，全市河长组织体系全面建立，设立市、县、镇、村四级河长2932名，569条村级以上河流实现河长全覆盖。同时配备河湖警长216名，检察官联络员12名，选聘贫困户保洁员1097名，民间河长160名，河长统筹、警长执法、民间河长监督、专职人员保洁“四员共治”工作体系全面形成。

河长制湖长制是一项制度创新，实现“有名”后如何实现“有实”，如何发挥制度优势？如何推进河长履职？面对这些难题，汉中市紧扣制度建设，按照水利部印发的《关于推动河长制从“有名”到“有实”的实施意见》（水河湖〔2018〕243号）等文件要求，探索形成了“排查—交办—述职—点评—评价”五项制度。一批河湖突出问题得到解决，水环境面貌显著改变，汉江源头区水源安全得到有效保护。2019年，汉中市河长制工作荣获全省第一。

二、主要做法

保护好河湖水域，是汉中市贯彻落实绿色发展理念、推进生态文明建设的具体体现，也是保证“一泓清水永续北上”的政治担当。按照“排查—交办—述职—点评—评价”的工作机制，做到明责有“清单”、履责有“账单”、述责有“详单”、督责有“评单”、失责有“罚单”，实现主体责任“闭环”运行，切实推进河长制湖长制落地见效。

（一）建立问题排查制度，做到明责有“清单”

建立河长巡查、日常巡查、暗访督查相结合的问题排查制度，确保河湖问题应查尽查。3年来，围绕最美河湖“清澈、修复、秀美”三年行动，先后开展8次专项行动，累计排查突出问题196个，河湖“四乱”问题537个，秦岭“五乱”涉水问题40个。

河长巡河规范化，巡河冲着问题去，是汉中市排查河湖问题的先手。制定《河长巡河指导意见》，从严规范河长巡河。2018年，市级总河长在嘉陵江巡查时发现岸线占用、垃圾乱堆、非法采砂等问题，在全省率先开展以“四乱”整治为重点的“河道乱象整治”百日会战，河道乱堆砂石、群众乱倒垃圾等一批典型问题得到有效整改，各级河长纷纷效法，带队巡河，留坝县率先实行巡河APP“一月一提醒、一月一检查、一季一点评、半年一考评”制度，为各级河长履职树立典范、传递压力。

日常巡查制度化，让河湖问题无处藏身。出台《水利综合执法巡查制度》，规定市级执法人员每周日巡不少于4次，夜巡不少于2次。累计查办水事违法案件104起，罚款及没收违法所得共计205万元。同时，建立“河长+警长”工作协作机制，216名河道警长协助河长开展工作，林业部门围绕湿地保护、生态环境部门围绕水污染防治与水利部门密切协作，建立健全了岸上与水里齐抓，行政执法与刑事司法相结合的巡查、整治制度。

暗访督查常态化，“四不两直”暗访督查是问题排查的重要形式。2018年汉中市制定了《河长制“四不两直”暗访工作制度》，市河长办牵头抓总，责任单位协同配合，每年至少组织2次大规模暗访排查。2019年年初，市河长办联合市生态环境局、汉中电视台对全市11个县区开展了近半个月的暗访督查，巡查河道2400多公里。

（二）建立问题交办制度，确保履责有“账单”

印发了《汉中市河长制工作交办督办制度》，分层次交办督办，落实问题整改定点、定性、定量、定时、定措施、定责任人、定责任单位。三年来，落实“三单”制度，下发交办单、督办单、通报单200余份，提示县总河长牵头处置河湖事宜，促进河长制湖长制工作落实落地。

首先是日常交办。对日常巡河发现的问题，市河长办根据问题性质，以交办函的形式向责任单位或者下一级河长办进行交办；部分突出问题确认后直接交办县级政府。

其次是专项交办。市总河长在河长会上向各县区总河长及市级责任单位当面交办河长制重点问题，包括上级暗访反馈、群众反映、日常巡查发现和新闻媒体关注的热点问题等，推动各级各部门履职尽责。2018年，市河长办制定了《嘉陵江河长制工作排查问题暨整改任务交办单》，由市级河长现场交办，县级河长签字受理。

最后是挂牌督办。针对整改严重滞后以及群众反映强烈的问题，市河长办函告敦请相关县级河长处理，已督办50次。2019年，针对“四乱”突出问题整治、河湖划界、污水处理设施建设等问题，市总河长做出批示，市委督查办、市河长办联合督办，向各县区委、政府下发督办函，实行一旬一督查，一旬一通报，并形成《送阅件》报告市级河长，连续督办11次，有力促进了工作推进。

（三）建立工作述职制度，确保述责有“详单”

2017年年底，汉中市首创河长述职制度，通过县镇总河长和各河段河长亮成效、赛成绩，实现标杆引领，深化工作成效。

总河长述职，是一年一度的河长制工作大考。汉中市每年组织县、镇总河长集中述职，各级河长针对结合体制机制落实河长制六大任务、年度专项行动等进行书面述职，形成年初建账、年底交账的模式，促进相互学习，营造比学赶超的良好氛围。

河长述职，目的就是把责任清单转化为工作清单，压紧压实具体河流（段）的主体责任。市级河长针对交办督办的各类问题，召开专题会议，听取专项工作述职汇报，让河长们现场赛实绩、比差距、找办法、出经验。2018年5月，嘉陵江市级河长召开专题会议，听取沿江县、镇河长述职汇报，对交办的39个问题逐一研判分析，县镇级河长各自列出问题清单和整改措施清单，切实兑现整改承诺，确保交办的各个问题得以解决。

此外，市级河长办定期组织召开河长办主任会议，交流经验，查找差距，促进河长办工作方法改进、效率升级。

（四）建立问题整改点评制度，确保督责有“评单”

河长履职尽责是否到位？河湖环境是否显著改善？除了自己亮成效、赛成绩，上级的评价更是关键。为此，汉中市建立问题整改点评制度。

点评必须有针对性。根据各阶段工作重心及县区河湖现状差异，有针对性地下达任务，确保任务夯实、问题找准、措施过硬。三年来，围绕河长制机构、制度、经费落实，“清澈”行动、河长巡河，“清四乱”、水源地环境保护等，有力有据，精准点评。

点评必须有精准性。交办问题整治、电话抽查河长履职、群众投诉及网络舆情反映问题整改，这都是点评各级河长的重点。2017 年以来共召开 8 次点评会，指出 422 个具体问题，让各县区看到差距和不足，点评之后，各级河长带着问题巡河，杜绝走走岸边、看看水面等“应付式巡河”、“任务式巡河”和“过场式巡河”，加大问题解决力度。

2018 年 6 月，在汉江、嘉陵江河长制工作推进专题会上，市级总河长指出存在“六项制度”执行力度不够、“清澈”行动交办问题整改缓慢、水域岸线管护不到位、水污染防控不到位等问题。会上“红脸出汗”，会后强力整治，促进了嘉陵江河长制工作开启新的篇章。

（五）建立年度考核制度，确保失责有“罚单”

汉中市用关键“三招”提升考核效果。一是将河长制纳入党委、政府综合考核体系；二是实行“差异化绩效评价”，不搞并列排名，做到了奖优罚劣；三是出台《河长制管理办法》，对各级河长履职尽责提出具体要求，明确奖惩办法。

2019 年 8 月，根据市总河长批示，审计部门对市县两级责任单位全面推行河长制政策措施落实情况进行了专项审计，向市政府报告了专项审计结果，包括了六大任务落实、河长制机构运转等 7 个方面 28 个问题。通过整治，进一步推进了责任单位履职尽责，确保河长制各项任务协调落实。

三、经验启示

汉中市建立“五项制度”，“重拳”出击，破解河长制湖长制落地乏力的问题。截至 2019 年年底，全市累计整改中省交办、市县自查问题 536 个，整改率 99%。勉县历时 10 多年的厂房占用河道问题、略阳县嘉陵江河道堆砂问题、城固县湑水河搭建便桥等一批“老大难”问题得到解决。99 个水源地环境问题全部整改到位，沿江污水处理设施基本建成，河湖划界工作走在全省前列，河湖面貌焕然一新，管护机制规范有序。

（一）牢固树立习近平生态文明思想是河长制有效实施的源动力

河长制湖长制是习近平生态文明思想落实落地的重要抓手。汉中市属于国家重点生态功能区，是南水北调、引汉济渭的重要水源涵养区。市委市政府把推行河长制湖长制作为保护绿水青山的重要举措，提出了

“把汉江打造成全省最美河流”的战略目标，形成建设美丽河湖、造福千家万户的内生动力，把最美河湖“清澈、修复、秀美”三年行动写进政府工作报告，实现了从“要我保护”到“我要保护”的转变，凝聚了打造美丽河湖、幸福河湖的强大动力。

（二）坚持问题导向是河长制取得实效的重要举措

五项制度从问题出发，以解决问题“论英雄”，切实把河长制湖长制从“有名”转向“有实”。排查发现问题，交办分配责任，点评述职促进整改，考核评定效果功绩。在追着问题“打”的过程中，河长湖长切实履职，部门联动发力，机制创新找方法，公众参与增力量，使出“浑身解数”，充分发挥制度优势，解决一批突出问题，打造美丽河湖、幸福河湖。

（三）河长履职尽责是河长制落地见效的关键

河长制湖长制的核心是党政领导负责制，汉中市五项机制实质上是河长湖长履职的责任传导机制。在压力与动力驱动下，变被动履职到主动尽责，真刀真枪地解决问题。市级河长湖长带头巡河，组织召开专题会议部署工作，签发专项行动，协调解决重大问题，带动了各级河长履职和部门联动，促进了河湖问题解决。

（四）完善的制度链条是河长制实施的重要保障

构建系统完备、科学规范、运行有效的“全链条”制度体系，是河长制湖长制实施的重要保障。河长制搭建了河湖管理的责任体系，最大程度发挥其制度优势需要一系列的配套制度，激发责任体系良性运行。汉中“五制”从担什么责、谁来担责、如何担责、担责是否到位、担不了责怎么办形成制度链条。制度“成势”，“五制”成拳，成为河长湖长履职尽责成倍放大的推动力，形成了破解河湖顽疾的强大力量，确保河长制湖长制各项措施落实落地见效。

（执笔人：李代斌）

部门联动凝聚合力　动真碰硬整治乱象

——甘肃肃州区以河湖“清四乱”为抓手规范洪水河河道采砂*

【摘　要】 洪水河肃州区段属黑水河系，为讨赖河一级支流。多年来，洪水河河道内无序、过度采砂对河势稳定、河床面貌、防汛安全等造成严重影响。酒泉市肃州区积极探索河道采砂精细化治理模式，坚持统筹兼顾、全面规划、科学治理、部门联动，以河湖“清四乱”专项行动为抓手，敢于动真碰硬，大力整治乱象，实现了洪水河河道采砂规范有序可控，维护了河势稳定，恢复了河道面貌，保障了防汛安全。

【关键词】 河湖“清四乱”　河道采砂　联合执法　体制机制

【引　言】 洪水河河道采砂治理是一项复杂而艰巨的工程，河湖“清四乱”专项行动为进一步清理整治洪水河河道采砂乱象及过去遗留的砂石废料提供了契机，治理中采取的各项举措为今后治理河湖乱占、乱建、乱堆、乱采问题提供了参考。

一、背景情况

洪水河发源于祁连山系托来山北坡、走廊南山南坡，发源地海拔高程4904.8米。河流全长130公里，其中：上游在甘肃省张掖市境内，长度约67公里；下游在甘肃省酒泉市肃州区境内，此段长63公里，起始位置为洪水河西干渠渠首，末端为洪水河与讨赖河交汇处，流经东洞镇、西洞镇、解放路社区、总寨镇、泉湖镇、铧尖镇、三墩镇。由于该河段气候干燥降雨少，地表植被覆盖率低，当降水形成地表径流时，地表被

---

* 甘肃省酒泉市肃州区河长制办公室供稿。

冲刷，水流夹沙入河，成为河道泥沙的主要来源。

洪水河河道采砂始于20世纪80年代后期，到90年代逐渐形成了大规模开采之势。近年来，随着城市建设需求的不断扩大，洪水河作为酒泉市城区、嘉峪关市城区建设用砂石料的主要来源，采砂活动更加频繁。据统计，截至2015年，洪水河河道内砂场数量达24家，大规模采砂和过度开采对河势稳定、河道面貌、防汛安全等造成严重影响。一是过度开采砂石改变了河床形态和水流走势，导致冲淤失衡，河槽下切，影响防洪工程及其他涉水工程安全。二是采砂企业超范围开采、未按要求及时回填砂坑和处理弃渣，造成主河道改道，影响河势稳定。三是大规模采砂活动和生产活动中产生的废油、砂石废料、生活垃圾等影响河流底栖生物生存环境和砂场周边生态环境。

2010年以后，酒泉市、肃州区两级水务部门多次对洪水河河道采砂乱象开展整治，河道采砂乱象得到了遏制，但没有彻底根治。2019年，甘肃省河长办明察暗访组和中央生态环境保护督查组先后反馈了酒泉市肃州区洪水河河道采砂问题，酒泉市委市政府高度重视，副市长郭奇志于2019年4月13日组织市河长办、市自然资源局、市生态环境局、肃州区政府、肃州区河长办等单位，对肃州区洪水河河道采砂整改情况进行了现场调研。肃州区委区政府迅速行动，成立问题整改领导小组入驻洪水河，紧盯问题整改时限，充分发挥河长办协调督办优势，整合部门力量协作推进问题整改，坚持问题整改不结束不彻底人员不撤回，使得问题如期完成了整改。5月15日，酒泉市河长办对洪水河河道采砂整改情况进行了现场验收。5月20日，酒泉市河长办开展“回头看”，复核洪水河河道采砂整改情况，确保问题整改落实到位。目前，肃州区洪水河河道内所有采砂设备、采砂台、管理房已全部拆除，河道内堆积的沙石料全部清运出河道，弃料就地回填推平，河道基本恢复平整。

二、主要做法

（一）编制采砂规划

为规范洪水河河道采砂问题，2017年，肃州区水务局委托酒泉市水利水电勘测设计院编制了《洪水河河道采砂规划》，对洪水河河道采砂进行了分区规划，依照相关法律法规、地方划界标准等划定了禁采区、可采区、保留区，明确了采砂场设置及水土保持措施处理，为加强采砂管理、维护河势稳定、保障行洪安全提供了有力保障。

（二）规划实施与管理

1. 明确部门责任

为保证采砂规划的落地见效，肃州区水务局制定了《洪水河河道采砂管理办法》，明确了水务局、自然资源局、生态环境局、应急管理局、公安局等相关部门职责，建立了“政府主导、水利主抓、部门配合”的河道采砂管理机制。

2. 规范采砂许可

洪水河河道采砂实行许可制度，由肃州区水务局按照职责对河道采砂进行许可，采砂企业需提交河道采砂权公开竞争出让成交确认书、河道采砂方案、生产加工区设置方案、河道修复方案，同时办理生产加工区土地手续、环境影响评价验收备案手续、水土保持设施验收备案手续、安全生产许可手续等相关手续，在肃州区水务局审核资料完备后统一发放河道采砂许可证，采砂许可证对采砂作业范围、作业方式、作业时间、采砂机械数量及规格等予以明确规定。经审核，洪水河河道内仅三家采砂企业符合发放河道采砂许可证的资格，剩余采砂企业全部依法取缔。

3. 严格监督管理

河道采砂精细化管理的关键在于严格落实规划，实行常态化监管。为此，肃州区开启“执法巡查＋河长巡河”模式，肃州区水务局水政监察大队采取定期或不定期巡查，对重点河段、重要区域进行巡查，及时发现制止违法违规采砂行为。肃州区水务局水保站配备河道采砂专职管理人员，对河道采砂作业进行日常巡查，落实采砂企业责任。肃州区河长制办公室按照河长制实施方案要求，在洪水河设置了区、乡镇（社区）、村三级河长共计60余名，通过各级河长日常巡查，逐步实现了河道采砂管理上下游、左右岸的联防联控。

（三）开展河湖“清四乱”专项行动

2018年10月，肃州区启动河湖“清四乱”专项行动，针对洪水河河道内乱堆乱弃及过去采砂形成的砂堆砂坑未整治问题列入河湖“四乱”

台账，市、区两级河长亲自挂牌督办，多次到现场指导整改工作并作出重要批示，水务、自然资源、公安、检察院等相关部门现场驻点，紧盯措施落实。河湖“清四乱”专项行动具体如下。

一是成立专项整治工作组，对《肃州区洪水河河道采砂规划》《肃州区洪水河河道采砂规划环境影响报告书》进行了专项研究，因区施策，明确了各采砂区的整治重点，随后分别召开各采砂区专项整治动员会议，全面进行了动员安排。

二是分解目标任务，明确职责分工，制定《洪水河河道采砂整改治理方案》，对整治工作全面进行安排部署。成立洪水河河道采砂整改领导小组，由区水务局局长担任组长，相关股室负责人为成员，驻点洪水河采砂段整治现场，紧抓各项措施落实，确保在规定时限内完成整改任务。

三是充分发挥河长制联席部门职责，联合水务局、检察院、自然资源局、生态环境局等河长制联席部门，全力督促采砂企业按照项目环境影响评价报告书和水土保持方案报告书要求整合原有采砂点，落实环保设施。多次约谈禁采区采砂点负责人，责令进行限期拆除搬迁及整治，层层加压，督促采砂企业主动整改。

四是强化执法监督。按照《肃州区人民检察院 肃州区河长制办公室“携手清四乱 保护母亲河”专项行动实施方案》要求，区检察院全过程参与洪水河河道内乱堆乱弃砂石废料问题整改，区水务局水政监察大队加大执法检查力度、积极取证，对存在非法采砂问题的企业进行了查处，逐渐完善了行政执法与刑事司法衔接机制。

三、取得成效

通过市、区两级政府及河长制相关联席部门共同督促整改，全面完成了洪水河河道采砂整改治理工作，取得了良好的成效，具体如下。

（一）修复了采砂河段

通过实施肃州区洪水河水土保持项目，平整恢复河道外土方57万立方米，安装金属围栏4.3公里，设置河长公示牌12块，警示标示牌40块，督促责任单位清运河道内砂石料9万立方米，恢复治理面积12万平方米。

（二）拆除了采砂设备

按照“谁采挖、谁堆放、谁整治”的原则，区水务局、区自然资源分局、区生态环境分局向一号采砂区的五家采砂企业、二号采砂区的11家采砂企业及个人下发了《关于限期拆除筛沙设备及管理房的通知》，并协调区工信局通知供电部门停止供电，督促采砂企业拆除了干筛生产线2条、水洗生产线1条和管理用房。

（三）终止了河道采砂

洪水河河道内三家采砂企业河道采砂许可证已于2019年11月16日到期，区水务局未再颁发河道采砂许可证，洪水河河道内自此以后将全段禁止采砂。

四、经验启示

（一）强化规划约束，规范河道采砂

河道采砂治理是一项长期复杂的工程，肃州区政府因地制宜制定了《酒泉市肃州区洪水河河道采砂规划报告》，将河道采砂活动纳入了科学化、规范化和法制化的轨道，为河道采砂有序管理，砂石资源的合理利用和可持续开发提供了技术支撑，既促进了区域内经济发展，又保障了河势稳定及公共设施安全。

（二）河长部署推动，压实工作责任

河湖“清四乱”专项行动是对各级河长湖长履职尽责的底线要求。洪水河河道采砂问题自纳入河湖“清四乱”问题台账后，市、区两级河长亲自挂牌督办，紧盯整改落实情况；采砂点沿线乡镇（社区）河长积极配合，加大对采砂河段的巡查监管力度；区河长制湖长制联席部门、肃州区“携手清四乱 保护母亲河”专项行动领导小组强化部门联动，充分运用行政执法与刑事司法衔接手段，清理惩治违法违规采砂行为。通过全区上下严密部署、协调联动，河道采砂精细化管理水平和能力日趋提升。

（三）创新管理模式，建立长效机制

洪水河河道采砂全面取缔后，常态化监管是今后的工作重点，已设置的洪水河区、乡镇（社区）、村三级河长及配备的洪水河河道采砂专职管理人员是常态化监管的主力军。除此之外，2020年洪水河肃州区段计划完成河湖健康评估项目，此项目将对洪水河水资源、水生态、水环境等方面做出全面系统评价，有利于提升河长制、河道采砂治理能力和治理水平。

（执笔人：屈亚玲）

“蝶变”中的西区“母亲河”

——青海省西宁市城西区全面推行河长制湖长制记实*

【摘　要】改革开放40多年来，西宁市城西区出现了水资源开发与保护失衡的局面，土地开发利用强度过大，人水相争矛盾凸显，侵占河湖、超标排污等问题突出。2016年，中共中央办公厅、国务院办公厅印发《关于全面推行河长制的意见》（厅字〔2016〕42号），为城西区“母亲河”——湟水河的蝶变送来了政策指引，提供了制度保障。2017年8月，城西区委印发《城西区全面推行河长制实施方案》，将“河沟相连、林水相映、城水相依、人水和谐”的要求落实到建设绿色发展样板城市的各个环节，全面促进城西区河长制湖长制管理工作健康有序运行。

【关键词】履职担当　扎实行动　聚力创新　主题宣传　成效显著

【引　言】建立健全以党政领导负责制为核心的责任体系，以问题为导向，集中治理河湖突出问题，一场“河长制湖长制改革”在城西区大地迅速铺开，为擦亮“物质富裕、精神富有”的新时代幸福城西区的生态底色、推动其经济社会高质量发展注入“绿色动能”。

一、背景情况

每逢节假日，河道边孩童嬉戏、青年两两合影、老人悠然漫步……好一派人水相依、人水相融的美好景象！但如果不是西宁土生土长的居民，根本想象不到10年前湟水河城西段曾经是周边近千户居民望而远之、闻而避之的脏乱河、黑臭河、垃圾河。“很长一段时间，河水摸在手上是黏糊糊的，臭味20米开外都能闻到。”彭家寨镇居民有人回忆说，“一到夏天，臭气熏天、藻类疯长、蚊虫横行，大家都躲着走，附近的张家湾

---

* 青海省西宁市城西区自然资源局供稿。

村和杨家湾村受其黑臭困扰，沿河窗户长年都不敢打开。”

河湖问题根源复杂、积弊深重，根治绝非一蹴而就，需要有强有力的政策引领，和相关部门的持续发力、久久为功。自2016年中共中央办公厅、国务院办公厅印发《关于全面推行河长制的意见》（厅字〔2016〕42号）以来，西宁市城西区委区政府积极践行习近平总书记生态文明思想，认真贯彻落实中央、省、市决策部署，一场“河长制湖长制改革”在城西区大地迅速铺开，为擦亮“物质富裕、精神富有”的新时代幸福城西区的生态底色、推动其经济社会高质量发展注入“绿色动能”。

湟水河西宁市城西区段，西起彭家寨镇阴山堂村下河滩，东至报社桥，区间有火烧沟汇入，总长15公里。河畔原生态沙柳繁茂，绿植丛生；湟水国家湿地公园、文化公园、人民公园、鲁青公园间隙坐落，使流经城西区的湟水河更有灵气。

二、主要做法及取得成效

（一）履职担当：构建河长体系，发出河长号角

河长制湖长制是水生态综合治理的有力抓手。2017年5月青海省印发《青海省全面推行河长制工作方案》，8月1日，城西区委印发《城西区全面推行河长制实施方案》。城西区政府坚持以水为魂、以水为脉，按照“水上的文章岸上作、下游的文章上游作、河里的文章生态作”，将“河沟相连、林水相映、城水相依、人水和谐”的要求落实到建设绿色发展样板城市的各个环节，全面促进城西区河长制湖长制管理工作健康有序运行。

“河长不是官，是沉甸甸的责任”。城西区总河长表示不能忘了河长之责，要使河长制发挥牵头成效。

全面推行河长制湖长制工作，第一步就是建立机制。为了确保工作顺利开展，区河长办结合实际情况制定相关配套制度，将水资源管理“三条红线”控制指标纳入目标考核；完善河道巡查、工作办理、巡查员管理办法等，建立健全了以党政领导责任制为核心、镇办属地管理制为着重点、社会公众参与制为辐射面的三级河长工作体系；根据属地化管理原则，对湟水河管理范围进行重新划分，明确河流水面、水质及水域

岸线分级分段责任范围，编制河湖名录、建立台账，形成横向到边、纵向到底的河长制湖长制工作管理机制，搭建区、镇（街道）、村（社区）三级信息平台，及时发布河湖管理区域存在的问题，确保第一时间发现、第一时间调度、第一时间解决。

为了防止出现只研究部署、不落实落地的问题，城西区第一总河长既挂帅又出征，主动认领问题最突出的张家湾，率先巡河，带头履职，发挥示范引领效应。紧接着城西区各级河长立即走马上任，主动认河、积极巡河，查找问题、把脉成因，研究对策、落实措施，着力解决河湖顽疾，在干部群众中产生了强烈反响，也拉近了干部群众关系。

城西区 20 名专职河长每天天刚蒙蒙亮就起身开始巡查河道，日复一日履行河长职责。经常是发现一处问题，拍照取证后发送至城西区河长办微信群，以便河长办及时协调处理。

专职河长除了巡河以外，在日常巡查中，还为群众悉心讲解和宣传保护河道的知识，对于那些环保意识不强的游客，他们不厌其烦，一遍一遍地介绍当前的治水政策和措施。以前群众都不理解治水工作，现在很多人能自发加入到治水队伍中来。

2018 年城西区深入实施河长制湖长制以来，除了官方力量，还有“党员志愿者”“小小护河者”“民间河长”等活跃在治水一线。他们扮演着巡查员、宣传员、联络员和示范员的角色。海湖新区世通国际小区党员义务河长、兴海路小学少先队员、文汇小学少先队员、桃李小学少先队员等义务力量不定期巡河，全年巡河达 2000 余次，树立了“人人参与治水”的公益新风尚。

“以前不知道河水出现了污染问题应该向谁反映，现在每条河边均设立了公示牌，上面标注了河流名称、管辖范围和河长姓名、职责任务、监督电话，有了问题，大家都习惯了‘有事找河长’!”一位村民在张家湾村生活了 40 多年，亲眼见证了原本垃圾遍布、水质混浊的河道，摇身变成一条“绿丝带”，他说：“现在水清岸绿，河长功不可没”。

日复一日，社会公众通过举手之劳向各级河长办反馈了水面漂浮物、河道流动经营、餐厨垃圾倾倒、污水外溢等河流问题 102 次。虽然看似这些都是小举措，但却是关乎河道水质健康、生态文明的大事儿。

（二）扎实行动：以高度责任感、使命感抓源头

习近平总书记对于生态的重视，可谓一以贯之。“绿水青山就是金山银山”“让居民望得见山，看得见水，记得住乡愁”等等，要求我们要在经济社会发展中实现发展方式的“绿色化”。

城西区始终以人民福祉提升为水治理目标，深刻理解水生态保护修复工程的科学内涵，以高度的责任感和使命感，扎实做好源头治理工作。

昔日的火烧沟，脏污狼藉，满目疮痍，污染着城西区的湟水河源头。近年来，城西区政府积极贯彻落实市委市政府安排部署，把火烧沟生态综合治理作为深入践行“绿水青山就是金山银山”理念的生动实践来抓好抓实，融生态修复、环境污染治理、土地平整、管网铺设、边坡污染治理、道路建设、绿化建设、森林植被景观规划、旅游服务设施规划、海绵建设等10多个子项目为一体，通过分期实施，从源头上彻底整治湟水河水域环境。

2017年3月火烧沟生态综合整治项目全面启动，建设面积约585万平方米，计划利用8年时间，建设成为市民休闲游赏的后花园。2019年，一、二期工程已完成，60%的绿化已落地。

火烧沟生态综合整治项目作为城西区生态治理迈出的坚实一步，正以实实在在的举措改善着城西区居民的生活环境。

针对沿河“养殖户搬迁难”等棘手问题，城西区政府组织区国土和农林牧水局、区环境保护局、区建设局、区城管局等履行河长制责任单位职责，多方联动，主动深入养殖户家中做思想工作。经过三番五次的交心交流，养殖户一致同意搬迁，承诺为保护“母亲河”做贡献。

随后，多方联动针对湟水河段沿岸存在畜禽养殖企业（养殖户）的实际情况，以畜牧业健康发展和生态环保两兼顾的原则，沿河开展畜禽养殖排查，合理界定养殖区、禁养区，完成禁养区内23家畜禽养殖企业拆除搬迁整治工作。区国土和农林牧水局申请资金资217万元，实施彭家寨镇张家湾至阴山堂村段5.5公里的河道清岸护岸工程，通过安装400平方米石笼加固河堤，竖立5.5公里隔离绿网护栏等措施，对清理后的河岸用好土覆盖后撒种草籽的方式进行绿化整治，有效抑制了河岸水土流失。区环保局申请资金550万实施了张家湾、杨家湾村生活污水截污纳管工

程，建化粪池、铺设管道、设置检查井，做到两个村生活污水全收集、全监控、全处理，彻底改善了张家湾、杨家湾村1000多人生活污水无序排放问题，附近居民交口称赞。

（三）聚力创新：科技支撑走深处

“目前，我们的湟水河治理取得一定成效，但我们还要在巡查的精确性上下功夫！”区河长办工作例会上，河长办主任给大家提出新要求。工作人员通过典型案例学习、网上参考，一段时间后得到了好思路——借助高科技巡河，做到侦查无死角。

城西区大胆尝试，深入践行生态文明理念，投入90万元，引进无人机、GPS定位、远程监控等高科技设备，进行空地结合、人机结合、立体交叉、远程实时监控的巡河模式，突破了单一徒步巡河方式，化解了发现问题不及时，解决问题效率低等问题，实现了巡河河段水岸全覆盖。

与此同时，城西区立足辖区河流实际，发挥“城管+公安”的联动机制，不定期开展“警城联勤”，维护辖区河道执法秩序。通过政府购买服务，投入380余万元，以“委托+聘请”模式，安排第三方物业公司对湟水河以东，报社桥以西11公里的水域岸线进行巡查，清理水面漂浮物；安排资金27.8万元，聘请20名河道专职巡查员（督查员）加强河道巡查，确保问题及时反馈，整改及时到位，让“日监管和日清理”成为常态。

（四）主题宣传：公众参与造氛围

治水行动人人有责。功在当代，利在千秋。一直以来，城西区委区政府始终以高度的政治自觉与行动自觉，接地气的宣传引领社会各界积极参与“治水”大局。2017年以来，城西区河长办牵头，各镇（办）配合，联合开展“落实生态发展理念，全面推行河长制”“坚持节水优先，建设幸福河湖”等主题宣传活动10次，陆续开展了低碳骑行、志愿服务等护河公益活动32次；在人民网、青海日报、青海电视台、西宁晚报、西海都市报、夏都零距离、百姓第一时间、魅力西区、今日头条等媒体进行河长制湖长制宣传56篇；组织责任单位及下级河长制湖长制工作人员培训18次，多渠道、多层次地增强了舆论引导力。平日里，城西区聚焦发挥街道属地作用，组织沿街商户利用LED屏常态化滚动播出河长制宣传内容，深入社区楼院发放“图说河长制”挂图和《世界水日·中国水周特刊》10000余册；以“创城”入户宣传和河道巡查为契机，发放《致全省广大人民群众的一封信》和《倡议书》30000余份，使市民对水环境保护工作的责任意识和参与意识得到了提升，参与“人人治水”的主动性、自觉性得到了提高。

（五）成效显著：用心付出获殊荣

2019年的一天，省全面推行河长制湖长制工作领导小组传来喜讯：城西区河长办获得省级治水先进集体。城西区各级河长欢呼雀跃，治水热情更加振奋。

城西区“母亲河”从刚开始的管理不顺到如今的“一河一策”，城西区用心付出，湟水河实现了从“没人管”到“有人管”，从“管不住”到“管得好”的转变，水质从劣Ⅴ类转为Ⅳ类，水功能区水质达标率从2015年的40%提升至2018年的80%，水清、流畅、岸绿、景美的水环境开始凸显，人民群众的获得感、幸福感不断增强。

2020年1月中央财经委员会第六次会议召开，习近平总书记关于黄河流域生态保护和高质量发展的重要指示，为城西区水生态治理提出了新的任务，湟水河必须下大气力进行大保护、大治理，走生态保护和高质量发展的路子。城西区委区政府以习近平总书记生态文明思想为指导，拿出铁腕治水的勇气，落实最严格的水资源管理制度，落实水资源保护、水环境治理，贯彻执行“湟水河、南川河（城西区段）一河一策”方案，加强火烧沟、泉沟和水槽沟生态修复，实施综合治理、系统治理和源头治理，提高水治理能力，加强水资源保障，改善水环境质量，推进水生态文明建设，持续开展“河湖清”建设“清河整治专项行动”，深化河长制湖长制工作，加强河湖管护工作，强化河湖及水利工程管理范围内建设项目监督管理。压紧压实各级河长责任和部门职责，加快推进河湖管理范围划定工作，以钉钉子的精神持续强力推进“清四乱”专项行动，常态化开展暗访督查，推广典型经验，加强行政执法与刑事司法衔接，保持打击破坏水生态环境违法犯罪行为高压态势，为保护城西区“母亲河”持久用力。

（执笔人：包桂清）

从脏乱差到景观水道　茹河实现华丽转身

——彭阳县以河长制为抓手推进茹河水环境系统治理的实践*

【摘　要】彭阳县茹河治理以河长制综合统筹为组织基础，纵深推进水资源保护、水污染防治、水环境改善、水生态修复系统治理，从自然水循环出发，坚定不移打造“青山”本底，筑牢“绿水”基础，转化生态资源优势，搭建生态经济架构，走出了一条治山治水、建设生态、脱贫致富、发展经济的河流治理模式。

【关键词】河长制　系统治理　绿水青山　生态经济

【引　言】习近平总书记在黄河流域生态保护和高质量发展座谈会上强调，治理黄河，重在保护，要在治理；中游地区要突出抓好水土保持和污染治理。彭阳县把脱贫攻坚、乡村振兴战略与河长制工作有效结合，精心构建美丽河流、健康河流，努力让每条河流都成为造福人民的幸福河流。

一、背景情况

彭阳县位于宁夏回族自治区东南部、六盘山东麓，辖12个乡镇156个行政村，总人口26.65万人，是一个以农业经济为主的山区县。茹河是彭阳县最大的河流，也是自治区重点管理河流之一，县域境内河长76.2公里，流域面积1497平方公里，年平均降雨量480毫米，水资源总量5291万立方米，人口9.54万人（县城人口6.16万人）。茹河自然禀赋差、生态环境脆弱，综合治理任务十分艰巨。

近年来，彭阳县坚持以习近平新时代中国特色社会主义思想为指导，准确把握彭阳县生态方位、生态定位、生态地位，夯基础、强监管、补

* 宁夏回族自治区彭阳县水利局供稿。

短板，传承“绿色接力棒”，精心谋划生态保护和高质量发展的“坐标系”“路线图”，全县各级党委和河长精准聚焦，全力攻坚“蓝天、碧水、净土”三大保卫战，茹河流域呈现出了水清、岸绿、景美的全新景象。

二、主要做法

县委县政府坚持以河长制统筹为组织基础，从“面”上交总账，从“点”上抓整治，从“根”上建制度，不断推进河流生态空间有效保护，努力打造水生态最优环境。

（一）紧盯突出问题，深入推进茹河水环境长效管理

针对茹河生态基流小、水质受洪水影响大的问题，持续强化问题处理和风险管控，补齐管理短板。

1. 建立硬性约束制度

紧盯体制性障碍、机制性梗阻、制度性瓶颈，对标对表，纵向划定县、乡、村、民间河长四级“河长”治水的管理范围，横向健全水务、住建、农业、环保、自然资源等多部门协同治水的责任链。出台责任追究、河长巡河等11个管理办法，县级河长累计督查265次、部门联合督查5次，发出河长令1次、督办函6次、督查通报2期，督办整改事项31件，有力推动了各项工作落到实处。

2. 建立水质预判预警和联防联控机制

出台《河长制水质监测预警制度》，在茹河主要水质节点设置15个取样点，实施动态加密监测，精准动态掌握茹河水系的健康状况，共监测断面样本1188次，检测主要水质指标9504个，印发预警信息15期。建立县委县政府主要领导、相关单位负责人微信群，根据预警信息，县主要领导主持召开4次污染防治会议，责成相关单位制定库坝联合调度、面源污染整治等工作方案，有效解决了生态基流、指标超标、河道“四乱”等问题，确保了河库水质达标。

3. 创新“公益性岗位+民间河长”模式

遵从“政事分开、政企分开、事企分开”和“干管分离、市场运作、效能优先”的原则，探索“管理科学化、保障法制化、服务社会化”的途径，通过政府采购、第三方托管服务的形式，创新建立建档立卡贫困

户“公益性岗位+民间河长”模式，聘任民间河长100名、水库巡查员46名、保洁员923名，形成了既管面源、又管沟道，既扫“水路”、又扫“贫路”的治水长效机制，打造宜居宜业的硬环境。

（二）立足功能定位，深入推进茹河水环境长效治理

实施了途经3个乡镇全长70公里的美丽茹河项目。总体建设思路为：一河两线三带，以茹河为主轴，通过水线和绿线的建设，实现全流域水质达标，形成水环境生态带、风景园林带和产业经济带。

1. 水环境生态带建设

水环境生态带建设即水线建设，采取四项治理措施。

（1）控源：在生活污水源头控制上，建成了一级A排放标准的污水处理厂4个、一体化污水处理站22个，城镇污水处理率达到了98.6%；在农业污染面源控制上，制定农药、化肥零增长等污染防治实施方案，划定禁养区和限制养殖区，畜禽粪污实施无害化处理，农业种植全部实现病虫害专业化统防统治和绿色防控技术；在工业污水源头控制上，对王洼煤业矿区3个区的控排污口规范化建设中，实施在线监测控制，使其达到了一级A排放标准。

（2）截污：实行分段治理。乃河水库至县城西段：对沿线村镇居民生活污水、生产污水经过6座一体化污水处理站预设施处理后，通过28.5公里纳污管道收集输送到县城污水处理厂集中处理。县城段：在工业园区建成工业污水处理站1座；县城污水处理厂排放标准提高到一级A排放标准；实施雨污分流工程，将城区所有污水截留到污水处理厂进行集中处理，杜绝污水入河。县城东至茹河出境段：在沿线镇村街道和居民点新建9座一体化污水处理设施，排水处理达标后进入氧化塘，氧化后再排入河道。

（3）治乱：店洼水库至县城西段7.8公里河道农户抢占严重，种植高秆作物影响河道行洪；县城雷河滩、小河口段农户沿河建造出租房，环境脏乱差；县城以下段河床取砂形成的超大采砂坑，严重威胁河道安全。针对这些突出乱象，部门联合执法，对高秆作物和出租房屋，全部予以清除和拆除，恢复水域面积268亩，砌护河道岸坡28.53公里，改善了水流条件；在小河口建设金岛和银岛2座，两岛之间用回廊和吊桥连接，对

小岛种植景观树种，布设相关水文化；在两岸护坡、桥梁实施亮化美化改造，与县城亮化设施交相辉映，夜晚下的茹河格外温馨动人；在雷河滩建造休闲广场1处，成为市民休闲和健身的理想去处；将茹河沿线原采砂巨坑进行回填，建成人工湿地5处，湿地用管道相互连通，合理布植水生植物，有力保障了茹河水质达标。

（4）连通：改造店洼水库自然湿地，在县城段修建液压坝26座，形成湿地4060亩，种植香蒲、芦苇、荷花等水生植物650亩，有效增强了河水自净能力，灰雁、鸳鸯等水鸟在水中嬉戏，一幅江南水乡景象在彭阳呈现。改造乃河等3座中型水库，增加有效库容890万立方米。埋设引水主管道36.72公里、引水支管道10.22公里，将乃河水库、店洼水库、石头崾岘水库等10座水库连通，为长城塬等9个节水灌区和茹河生态用水提供水源，通过沿线库坝连通调度，实施丰调枯补，有效保障茹河生态基流，实现水库、灌区、生态用水之间水资源的优化配置和高效利用。2019年，彭阳县被水利部命名为第二批国家节水达标示范县。

2. 风景园林带建设

风景园林带建设即绿线建设，由茹河岸坡、慢行系统绿化（39公里）和国道327绿化两条线组成，绿化面积37.8万平方米。在茹河流域建成阳洼流域和茹河国家级水利风景区两个：阳洼流域水利风景区是宁夏首个以小流域命名的水利风景区，也是宁夏第一个水土保持型国家级水利风景区，主要以大美梯田、花海、绿水青山为生态旅游主线；茹河水利风景区以水利水保工程为基础，形成独特湿地景观和茹河瀑布，满足了人们渴望重返青山绿水、回归大自然的需求。慢行系统县城段是塑胶跑道，县城以下为彩色混凝土道路，道路直达出境断面，既为河道巡查提供了交通便利，又兼顾了沿河居民的农业生产。通过两条绿线把沿途旅游景点（无量山石窟、茹河瀑布、五峰山、金鸡坪梯田等）、红色教育基地（任山河烈士陵园、乔家渠毛泽东长征宿营地）和18个美丽村庄串起来，沿茹河两岸形成循环通道、景观通道，形成风景园林带，让人民群众在共建绿水青山中共享生态之美、生产之美、生活之美。

3. 产业经济带建设

出台《茹河、红河流域生态经济区发展规划》，以“生态美、产业优、百姓富”为目标，坚持全域一体、立体开发，带状牵引、板块组合，高起点规划、高标准建设，充分挖潜绿水青山的生态功能、经济优势、资源潜力和产业价值，推动茹河、红河流域水生态建设与经济建设齐头并进。突出优化水生态，完善基础设施，培育发展花卉苗木、中药材、特色林果、优质牧草、设施蔬菜等绿色经济，努力把茹河、红河流域打造成全国生态建设示范区、西部绿色经济先行区、全区旅游观光休闲区和全市脱贫攻坚样板区。2019年，全县累计接待游客60万人次，实现社会综合收入2.4亿元。

三、取得成效

经过多年不懈的生态治理和近几年水环境的集中整治，茹河全流域水质达标，流域生态治理提升，特色产业得到培育，茹河Ⅴ类水和劣Ⅴ类水水质已成为历史。

（一）水土流失治理成效显著

经过长期的生态本底打造，考察茹河自2008年以来的年径流量和输沙量，可见在年径流量近年稍微偏多的趋势下，年输沙量却呈明显的下降趋势，甚至呈明显反向背离的趋势。从径流量与输沙量的关系看，基本达到了“水不下山，泥不出沟”的治理效果，说明水环境要素发生了实质性改变。

（二）河流生态环境持续好转

经过大力度的水环境治理，茹河水环境持续好转。2017年以来茹河水质均稳定在Ⅳ类以上。

茹河水质年度变化情况

年份	水质类别	主要污染物及超标倍数
2008	劣Ⅴ	氨氮（2.1）、硫酸盐（0.6）
2009	劣Ⅴ	氨氮（4.2）、硫酸盐（1.4）、氯化物（0.5）
2010	Ⅳ	硫酸盐（0.4）、石油类（0.2）、氟化物（0.1）
2011	劣Ⅴ	氨氮（1.9）
2012	劣Ⅴ	氨氮（3.8）
2013	劣Ⅴ	氨氮（3.3）、氟化物（0.3）

续表

年份	水质类别	主要污染物及超标倍数
2014	劣Ⅴ	氨氮（3.3）
2015	Ⅴ	氨氮（1.0）
2016	Ⅳ	氨氮（0.3）
2017	Ⅳ	
2018	Ⅲ	
2019	Ⅲ	

（三）生态经济走向良性循环

全县累计治理小流域1625平方公里，水土流失面积治理程度由建县初的11.1%提高到了76.3%，林木覆盖率由3%提高到了28.7%。累计建成高标准农田76万亩，造林204万亩，修建淤地坝139座，每年可保水7529.95万立方米，保土336.63万立方米，增产粮食7600万公斤，林果产量9620万公斤，产生直接经济效益4.62亿元，推动农民人均增收2525元，良好生态形成绿色富民产业，深深印证了“绿水青山就是金山银山”。彭阳县先后荣获“全国造林绿化先进县”“全国经济林建设先进县”“全国水土保持先进集体”等殊荣。

四、经验启示

（一）强化制度约束，是全面推行河长制的保障

彭阳县的河库管理不仅依靠严格的制度管理，也依靠长期严格的制度执行力的积累。在河长制全面推行过程中，彭阳县既抓制度建设，又抓制度执行，制定了一系列红线保护、指标评估、区域管理和管理考核、问责问效、协作联动制度机制，用严格的制度管人管事管工作、管河管库管发展，把每一项水环境建设成果保护好，积少成多、日积月累、串成线、连成片，形成了水环境建设的大气候、大环境。

（二）坚持系统治理，是全面推行河长制的核心

彭阳县始终把脱贫攻坚、乡村振兴战略与山水田林湖草系统治理有效衔接，坚持“生态优先、绿色发展，以水而定、量水而行，因地制宜、分类施策，系统规划、统筹推进”与“产业发展、乡村建设、乡村治理”

并举，逐步把“一河一策”从“治理图”上升成为“发展图”，形成了“茹河抓生态旅游美河富民”的发展思路，不断促进全流域高质量发展，做优做强新时代“水”和“利”的文章。

（三）群众广泛参与，是全面推行河长制的基础

彭阳县注重固本培基，充分利用新闻媒体、网络平台，及时公示河长河流管理空间信息和目标责任。结合“世界水日”、校园水情教育实践和乡村民风建设等活动，广泛宣传环保知识，与沿河单位、居民签订了《沿河居民环境保护责任书》，引导群众自觉开展门前“三堆”整治、革除乱扔乱倒不良习惯。同时也通过小手拉大手，学校带动学生、学生带动家庭、家庭带动社会，营造节约用水、保护河库浓厚氛围，形成“水利环保主导、教育配合、校社互动、学生参与”的河长制宣传教育机制，凝聚了全民共治的合力。

（执笔人：陈世贵　党进奎　董文瑜　马启礁　虎建礼　王远方）

检察“蓝” 守护生态“绿” 扮靓“黄”土地

——宁夏回族自治区盐池县推行河长制湖长制“一河一检察官”工作实践*

【摘　要】 随着经济社会快速发展，河湖管理保护出现了一些新问题，如河道干涸、湖泊萎缩，水环境状况恶化，河湖功能退化等，对保障水安全带来严峻挑战。盐池县认真贯彻落实中央和区、市关于河长制湖长制工作决策部署，突出问题导向，强化综合施策，创新建立“一河一检察官”工作机制，延伸法律监督触角，构建责任明确、监督严格、保障有力的工作格局，助推河长制湖长制工作深入开展，全县河湖面貌及水环境质量持续改善，河湖管理水平不断提高。

【关键词】 河长制湖长制　检察监督　河湖水环境

【引　言】 党的十八大以来，以习近平同志为核心的党中央高度重视生态文明建设，中央全面深化改革领导小组先后审议通过《关于全面推行河长制的意见》（厅字〔2016〕42号）、《关于在湖泊实施湖长制的指导意见》（厅字〔2017〕51号）。盐池县委县政府深入贯彻落实习近平新时代生态文明思想，全面贯彻党中央和区、市关于全面推行河长制湖长制工作部署，先后制定出台了《关于落实绿色发展理念加快美丽盐池建设的实施意见》《盐池县全面推行河长制实施方案》《盐池县一河一检察官工作职责》等一系列文件，以构筑生态安全屏障、治理保护生态环境、整治环境污染、资源节约利用为重点，大力实施生态立县战略，统筹推进生态保护和经济发展，打造宁夏“靓丽东大门”。

一、背景情况

盐池县位于陕甘宁蒙四省交界地带，地处毛乌素沙漠南缘，是宁夏

* 宁夏回族自治区盐池县县委、县河长制办公室等供稿。

中部干旱带上的国家级贫困县。常年干旱少雨，属典型的温带大陆性季风气候，年降水量280毫米左右，蒸发量达2100毫米，水资源匮乏。国土总面积8522.2平方公里，辖4乡4镇1个街道办，102个行政村，总人口17.3万人。全县纳入河长制管理的县级河沟3条（泾河、苦水河、红山沟），乡（镇）级河沟3条（雷家沟、李记沟、西沟），河沟长度556.34公里，全部为季节性内陆河（沟）道。

近年来，盐池县认真贯彻落实党中央和区、市关于河长制湖长制工作决策部署，对标更高要求，突出问题导向，狠抓任务落实，加大专项整治，岸上与岸下齐抓、治标与治本并举，扎实推进河湖长制各项工作，切实以水生态、水环境的不断优化促进区域生态涵养能力持续提升，河长制湖长制工作取得了明显成效，实现了“四个到位”工作目标（工作部署到位、河长体系和责任落实到位、相关制度和政策措施到位、监督检查和考核评估到位），在2017—2019年全市河长制湖长制考核中连续三年位列第一，为实现脱贫富民和乡村振兴提供了坚实的保障。

二、主要做法

（一）强化制度建设，广泛宣传发动

在健全完善《盐池县全面推进河（湖）长制会议制度（试行）》《河长制信息共享制度（试行）》等十项制度基础上，制定《盐池县一河一检察官工作职责》，充分发挥检察监督作用，为加强河湖管理提供强有力的司法保障。同时，注重宣传发动，充分利用县政府门户网站、有线电视台、宣传栏、广场LED、微信公众号等媒体开展生态资源领域的犯罪预防和法制宣传工作，提高公众河湖保护意识，并通过中国水利网、黄河网、水利专刊、今日头条等网站发表河长制湖长制信息20余篇，制作河长制湖长制微视频宣传片《美丽河湖系乡愁》，在学习强国、人民视频网、网易视频等全国主要网络媒体矩阵转发。

（二）明确职责任务，层层压实责任

一是各级河长高度重视，积极履职。及时召开总河长湖长会议和河长制湖长制部门联席会议，逐级签订责任书，层层压实责任，督促各级河长湖长主动研究“治、管、保”措施，切实落实责任河段覆盖到位，

重点区域巡查到位，解决问题跟踪负责到位，确保管护实效。县、乡、村108名河长累计开展河湖巡查14634次，实现了巡查全覆盖。二是部门联动督导检查，形成合力。以中央环保督察“回头看”反馈问题整改为切入点，多部门联合督办，集中力量、统一行动对全县非法侵占河（沟）道、侵占水域岸线等行为，依法依规进行清除取缔，并通过媒体、网络等渠道，加大社会监督，以督促检查倒逼责任全面落实。累计开展督导检查58次，发出督办单30份。三是建立“监督河长”，各显神通。根据不同水域管理特点，各乡镇均聘请了2名社会监督员，通过发挥其专业特长和表率作用，引导群众参与水环境监督和治理，对河湖管理保护效果进行监督和评价，提高全民治水护水意识。

（三）铁腕治理四乱，构筑法治屏障

结合年度工作方案和水环境综合整治，健全完善“河长＋检察长＋社会监督员＋巡河员”网络化治理管理体系，严厉打击涉水违法行为，努力使河长制湖长制工作在制度化、网格化、信息化等方面树亮点、出特色。一是凝聚水环境治理执法合力。制定《盐池县“携手清四乱 保护母亲河”专项行动实施方案》，成立工作协调小组，细化工作措施，加强沟通协作，通过选派6名检察官对全县6条河（沟）道河长制湖长制工作进行法律监督，参与生态资源领域的综合治理和执法监督工作，联动高效发挥检察职能作用，进一步加强生态环境管控，助推河长制湖长制工作取得实效。二是建立常态化巡河检查机制。县检察院依据工作职责要求，定期或不定期与县河长办及责任部门开展专项行动，及时了解河（沟）道排污、倾倒垃圾、占河填河挖河、河道水质变化等情况，收集破坏水环境的案件线索，破解监督线索发现难题。在专项行动中及时通过召开工作联席会议、信息共享等方式提出改进工作的检察建议，共向各责任单位及相关乡镇发出公益诉讼诉前检察建议书8份，对破坏水环境沟道现象开展法律监督，延伸法律监督触角。三是构筑水环境污染法治屏障。在开展“四乱”问题专项整治行动中，根据一家停产整改中的洗煤场的侵占破坏河道岸线生态隐患的线索，针对其前期整改不到位的情况，检察院充分发挥检察职能，向责任单位自然资源局下发公益诉讼诉前检察建议书，督促其加强整改。专项整治行动开展以来，累计出动人员50余人次，动用大型机械车辆3台，清理煤渣、垃圾共1700余吨，有效地维护了当地水生态环境。

（四）坚持问题导向，注重整治成效

一是扎实开展各类专项行动。以开展各类专项行动为契机，全力打好截、清、治、修、管“组合拳”，持续推进河（沟）道环境集中整治行动，累计开展专项执法行动56余次，整治沟道岸线539公里，清理垃圾12000余吨，取缔非法侵占河道水域岸线8处，关停骆驼井水源地内养殖场1处，源头治理成效显著，水体环境显著改善，有力推动了河长制湖长制工作落实落细。二是大力实施生态环境修复。着力打造青山乡北马坊东沟美丽河湖样板河段，修整沟道1处，砌护边坡135米。全面完成西沟二期治理工程，治理沟道17.99公里；投资9500余万元，实施得胜墩水资源综合利用工程，有效实现中水再利用，进一步改善区域水资源供需矛盾，提高生活环境质量和促进城镇生态景观体系发展。三是开展河道非法采砂整治。坚持明察与暗访相结合，对重点敏感河（沟）道，问题多发区域和重要地段加大巡查频次，强化对禁采区和禁采期的监管，严禁在河湖管理范围内采砂取土、倾倒垃圾、渣土等违法行为。重点对辖区内砂场，特别是苦水河甜水堡沟一支沟石子沟采砂点的合法采矿企业进行打点测量，严禁超范围、超深度、超机具、超期限、超许可量等行为发生，进一步规范采区管理与持证开采秩序。四是建立跨界管护联动机制。联合甘肃省庆阳市环县河长办在两地交界处多次开展跨界河流污染问题现场巡河督查，并签订《跨省县界河流联防联控合作协议》，破解苦水河甜水堡主沟、泾河石子河跨界治水难题，加强河沟跨界断面（苦水河盐池段与红寺堡区跨界断面，苦水河盐池段、泾河盐池段与甘肃省庆阳市环县跨界断面）主要河沟交汇处、重点水域的水质水环境监测，强化突发水污染处置应急监测。

（五）突出工作重点，全面统筹推进

一是突出节水。大力推进节水型社会建设，规模以上工业用水重复利用率达到86%以上，城镇供水管网漏损率控制在10%以内，再生水回用率达到30%以上，农业灌溉水有效利用系数达到0.661，高效节水灌溉面积达到98%以上，成为宁夏首个“全国高效节水灌溉示范县”。节水型公共机构覆盖率已达到90%，规模以上节水型企业覆盖率已达到75%以上。二是全面治污。实施高沙窝镇、惠安堡镇污水处理提升改造和大水坑镇污水收集处理建设项目，农村生活污水处理率达到70%以上。制定了《盐池县农村生活垃圾分类和资源化利用实施方案》，配备村庄保洁员1070人，生活垃圾处理率达到100%。全面加强工业废水处置管理，污水处理一级A稳定达标排放。系统开展农业面源污染防治，108家养殖场完成了粪污处理设施建设，化肥农药使用量实现了负增长。三是注重修复。积极推进流域水生态治理，结合乡村振兴战略，采取工程措施和生物措施相结合，大力实施小流域综合治理工程，每年新增水土流失治理面积100平方公里，累计治理面积达64%以上。

（六）创新管护机制，助力乡村振兴

一是护河管理全域化。聘用熟悉当地水环境的62名建档立卡贫困户担任河沟巡查（保洁）员，每月至少开展四次河（沟）道巡查，形成以流域为体系、以网格为单元，横向到边、纵向到底，全覆盖、无盲区的管护机制，确保河（沟）道日常清洁。二是线上线下同步化。充分运用河长制工作信息平台及河长制微信公众号，建立网格化水环境监管系统。对违规侵占河（沟）道以及污染水环境等现象，通过手机随手拍及时上传，切实做到出现情况及时互通，发现问题及时整改，实现群防群治、齐抓共管的格局。三是宣传手段多样化。积极发动群众，通过村村通广播、社区宣传栏、入户发放宣传折页以及媒体平台等多种形式宣传河长制湖长制的意义、要求和措施，建立奖励举报机制，引领全民共同参与治水，实现巡河护河常态化，形成全民“护水治水”的良好氛围。

三、经验启示

我县在推进河长制湖长制工作中积极探索实践，形成了一些有益经验和启示。

（一）领导重视是根本

县委常委会、总河长会议多次研究部署，总河长、副总河长，县级河长高度重视，亲自巡河，现场办公，解决问题；乡级河长，各巡河员深入一线，及时排查；县河长办统筹协调，专项督办有关问题整改，有

力推动了河长制湖长制工作落实落细。同时，制定出台《一河一检察官工作职责》，依法严厉打击涉河涉水违法犯罪，延伸法律监督触角，实现行政执法与刑事司法无缝对接，确保河长制湖长制各项工作有章可循、有法可依。

（二）部门联动是关键

注重统筹，集中攻坚，形成多方参与，凝聚合力是我县河长制湖长制工作取得实效的重要手段。建立乡镇、部门和跨省联合、联防、联治机制，签订《跨省县界河流联防联控合作协议》，通过深入现场巡查、整改协商座谈，破解跨省区治水难题，切实形成水生态环境保护多方联动、齐抓共管的工作合力。

（三）群众参与是基础

群众既是受益对象，更是参与主体。充分发挥河（沟）道巡河员、保洁员、护林员、网格员、社会监督员等资源优势，通过建立有效奖励举报机制，引领全民共同参与治水，有效激发了广大群众参与水环境保护、共同建设美好家园的积极性和责任感。同时，聘用贫困户担任巡河员，实现了增收致富和保护生态双赢。

（四）改革创新是突破

率先在全区创新建立“一河一检察官”工作机制，健全完善“河长＋检察长＋社会监督员＋巡河员”四级网络体系，通过检察官对河长制湖长制工作进行法律监督，对存在的乱占、乱采、乱堆、乱建等“四乱”问题，联动高效发挥检察职能作用，进一步加强生态环境管控，助推河长制湖长制工作真正取得实效。

（执笔人：吴科　吴玉标　李薛锋　董剑萍）

“幸福白杨河”的演变之路

——吐鲁番市以河长制湖长制为抓手打造幸福白杨河的实践*

【摘　要】 白杨河发源于乌鲁木齐市的达坂城区，流经吐鲁番市托克逊县城西部，最终汇入艾丁湖。随着经济社会的发展、人口的增加，白杨河两岸乱扔垃圾、乱排放污废水、面源污染、侵占河道、非法采砂等问题逐步显现，水质超标、地下水位下降、生态退化等问题开始凸显。

2017年以来，吐鲁番市以全面推行河长制湖长制为抓手，健全河长制湖长制组织体系、制度体系，建立了以地方党政领导负责制为核心的责任体系，坚持问题导向，实施系统治理，推动解决了一批河湖管理保护难题，使河湖的状况逐步得到好转，沿河水生植物长势越来越茂盛，滨河生态公园绿树成荫，下游骆驼刺保护区得到有效恢复，核心区呈现出一幅“天蓝地绿水清”的美丽画卷，天鹅、白鹭、灰雁、绿头鸭又重现白杨河河畔，人民群众的获得感、幸福感、安全感明显增强。

【关键词】 水生态修复　河长制　生态治理

【引　言】 2016年10月11日，习近平总书记召开中央全面深化改革领导小组第二十八次会议并发表重要讲话，会议指出，保护江河湖泊，事关人民群众福祉，事关中华民族长远发展。全面推行河长制，目的是贯彻新发展理念，以保护水资源、防治水污染、改善水环境、修复水生态为主要任务，构建责任明确、协调有序、监管严格、保护有力的河湖管理保护机制，为维护河湖健康生命、实现河湖功能永续利用提供制度保障。

一、背景情况

吐鲁番市属于典型的大陆性暖温带荒漠气候，日照充足，热量丰富

---

* 新疆维吾尔自治区吐鲁番市水资源管理中心等供稿。

但又极端干燥，降雨稀少且大风频繁，故有“火洲”“风库”之称。白杨河发源于天山博格达峰南麓，由黑沟、阿克苏沟、高崖子沟等多条山沟在乌鲁木齐县达板城区汇集而成，经峡口、后沟，穿越天山支脉进入吐鲁番市境内，流经托克逊县、高昌区，最终汇入艾丁湖。河道全长232公里，境内长度为121公里，多年平均流量2.59亿立方米，峡口段多年年径流量1.44亿立方米。白杨河穿托克逊县城而过，哺育着托克逊县各族人民，被托克逊县人民亲切地称呼为母亲河。在全面推行河长制湖长制以前，随着流域经济社会的发展，人口的增多，工业化和城镇化的步伐加快，流域内水资源供需矛盾日益加剧，白杨河吐鲁番境内段存在较为突出的水环境水生态问题。

（一）水资源开发利用不合理

白杨河流域水资源时空分布不均，流域没有统一的规划，长期以来在水资源开发利用上形成了以农业经济为主的用水结构，农业用水占比达到92%。2016年以前水资源都由达坂城区和托克逊县自行管理，且水资源已有了很高的开发利用程度，随着经济社会的快速发展，水资源开发利用不合理现状将制约着经济社会的发展。

（二）灌区受着洪旱灾害的威胁

白杨河作为托克逊县各族人民的母亲河，历史上饱受洪涝灾害的侵扰，特别是在1996年7月有史以来最大的一次洪水使白杨河水利设施大部分被毁，并造成交通瘫痪，通信、供电中断，受灾人数2.8万人，直接经济损失1.76亿元，在经受特大洪水灾害摧残后白杨河变得更加脆弱不堪。治理白杨河成为每个吐鲁番人内心的渴望。与此同时，旱灾也时常侵扰流域两岸的灌区，每逢春季，灌区引水不足，部分农田得不到充分灌溉，托克逊县和达坂城区两地的群众经常因用水问题引发纠纷。

（三）局部地区地下水水位下降

由于托克逊县位于流域下游，用水始终处于劣势，灌溉供水与需水矛盾比较突出。为满足灌溉需求，地下水开采量不断增加，造成了白杨河流域地下水连续下降现象。

（四）流域生态环境状况十分脆弱

由于河水在上中游被大量引入灌区用于农业灌溉，白杨河流经托克逊县城后，水量大幅减少，每年汇入艾丁湖的水也呈逐年下降趋势，同时，由于地下水水位下降，下游骆驼刺保护区生态出现退化现象，艾丁湖呈现萎缩态势。

（五）水环境质量呈下降趋势

白杨河沿线有11个采砂点，都存在不同程度的跨界、超量采砂行为，且经常把洗砂水向河道直排，造成部分河段自然岸线损毁和河水水质超标。白杨河红河谷内原有艾格日村，该村在河道管理和保护范围内有1700亩农田，存在农业面源污染，虽然1996年大洪水后托克逊县将该村整体搬迁至英阿瓦提村，但是部分农民仍然怀着侥幸心理继续在河谷内种地，面源污染问题一直未能彻底治理。另外，由于河道穿城而过，存在沿河居民向河道乱倒垃圾、乱倒污水的现象，河道面貌较差。

河流问题的出现，绝非一朝一夕，而是长期积累的“顽疾”，违法者都是不断试探管理者的底线，解决起来千头万绪、十分复杂。为破解河湖管理保护难题，吐鲁番市委市政府和相关部门也曾采取诸多措施，但多是“头痛医头、脚痛医脚”，治标不治本，白杨河“围垦岸线”“跨界采砂”“乱倒垃圾”等问题始终未彻底解决。

党的十八大以来，以习近平同志为核心的党中央高度重视生态文明建设。2014年，总书记在新疆考察时指出，新疆水土资源短缺导致生态环境系统脆弱，生态环境保护，要抓住水这个牛鼻子。要统筹做好节水、蓄水、调水文章，蓄水是基础，调水是补充，节水是关键。要统筹考虑枢纽工程，引水调水，河流整治，大中型灌区等水利设施建设。要发展节水型产业。2016年10月11日，习近平总书记主持召开中央全面深化改革领导小组第二十八次会议，审议通过《关于全面推行河长制的意见》（厅字〔2016〕42号）；2017年11月20日，主持召开十九届中央全面深化改革领导小组第一次会议，审议通过《关于在湖泊实施湖长制的指导意见》（厅字〔2017〕51号），党中央、国务院部署全面推行河长制湖长制。

吐鲁番市委市政府深入贯彻落实习近平生态文明思想，积极践行“绿水青山就是金山银山”理念，按照党中央和自治区决策部署，坚持问题导向和目标导向，制定《吐鲁番市全面推行河（湖）长制实施方案》，在全市范围内全面推行河长制湖长制，推动白杨河山水林田湖草系统治理，既治乱又治病治根，打造生态、幸福白杨河。各级河长湖长以高度的政治责任感和使命感，主动领责，勇于担当，集中力量啃下了一批白杨河管理保护中的“硬骨头”，河湖面貌得到显著改善。如今的白杨河河畅水清，河岸整洁，下游骆驼刺保护区和艾丁湖生态逐步恢复，优美的水环境水生态和滨河生态公园引来了天鹅、白鹭、灰雁、绿头鸭重现，也为托克逊县人民提供了休憩纳凉、赏景锻炼的场所，人民群众的获得感、幸福感、安全感明显增强，赢得了群众点赞。

二、主要做法

吐鲁番市委市政府牢牢牵住河长制湖长制这个治水“牛鼻子”，认真落实自治区党委提出的全面推行河长制湖长制要落实“一条方针”、实现“三个目标”、抓实“六项任务”的部署要求，把推进生态白杨河作为一项政治任务来抓，通过全面推行河长制湖长制，白杨河实现了“河畅、水清、岸绿、景美”、游人如织的景象。

（一）强化组织领导，健全河长制湖长制体系

1. 坚持高位推动

市委市政府高度重视，主要领导坚定扛起“第一责任人”职责，带头开展白杨河巡查，亲自协调解决白杨河吐鲁番与乌鲁木齐的分水比例，协调解决白杨河治理保护中的难点问题。

2. 完善组织体系

第一时间成立白杨河辖区责任河湖的河长湖长，市级层面由市委市政府分管领导分别担任白杨河吐鲁番段河长和副河长，明确市县乡村四级河长 18 名，并设立巡查、保洁员 12 名，进一步完善了四级河长湖长组织体系。市、区县两级分别成立河长办公室，分别设在吐鲁番市水利局和托克逊县水利局。

3. 拧紧责任链条

严格落实河长制湖长制实施方案，层层压实各级河长湖长、河段长湖段长和有关部门的责任，形成党政牵头、部门协同、一级抓一级、层层抓落实的工作格局。年初签订目标责任书，将重点任务细化分解到区

县河长和市直有关责任单位，确保每项工作都有人抓、有人管。

（二）完善制度机制，着力推动工作长效化

1. 完善联合执法机制

进一步提高执法效能，将72名执法人员纳入市、区县两级联合执法组名录，加大河湖执法力度，严厉打击涉河涉湖违法行为，定期和不定期开展联合执法6次，查处不法行为12起，有力维护了河湖生命健康。

2. 建立巡查工作机制

为了进一步贯彻落实河长湖长巡河工作，我市专门出台了《吐鲁番市河（湖）长巡查制度》，要求市、县（区）、乡镇3级河长实施定期巡查，村级河长实施不定期巡查，保证巡查频次的同时也要注重巡查质量，着力发现问题，组织解决问题，并填写巡河日志，建立问题台账。

3. 建立公众参与机制

畅通公众监督渠道，聘请24名河长制湖长制社会监督员，在河湖岸线醒目处和人员密集场所设立108块河长制湖长公示牌，为主动接受社会监督在公示牌上标有“新疆维吾尔自治区河（湖）长制综合管理平台”的河湖专属二维码标志，畅通公众监督渠道，形成了全民参与河湖保护的良好局面。

（三）坚持问题导向，抓好重点任务落实

1. 扎实开展河湖“清四乱”专项行动

自2018年7月专项行动开展以来，市、县（区）领导多次深入白杨河一线开展巡查调研，牵头整合各方力量，协调解决乱占、乱采、乱堆、乱建“四乱”突出问题。经过一年多的集中整治，我市“四乱”问题已全部销号，托克逊县已实施白杨河巴依托海水土保持综合治理示范工程项目、白杨河城区上游段及北大桥下游河道防洪工程，落实联合执法机制，累计关闭非法采砂点4家，搬迁7家，清理河道垃圾156吨，拆除河道内非法建筑9处，清理河道内非法房屋73间，拆除面积达1538平方米，直接加间接投入超过300万元。通过开展“清四乱”专项行动，白杨河河道水环境明显改观，度汛能力明显增强，河流整体面貌焕然一新。

2. 全面实施河湖三年整治专项行动

坚决落实自治区《关于开展河湖突出问题整治行动的命令》，针对辖区内白杨河制定了三年整治专项行动方案，对照整治行动任务及责任清单，进一步明确整治目标、整治措施、整治责任人、整治责任单位及整治时限，逐级签订了年度整治目标责任书，并成立了突出问题整治领导小组。

3. 加大河道采砂管理力度

制定印发《吐鲁番市关于开展河道采砂清理整治专项行动方案》，建立区县联动机制，发现一处、登记一处，清理一处、销号一处，不断加强河湖管理保护，推动河湖水环境面貌持续改善。专项整治以来，平整采砂弃料堆 15 处、沙坑 5 处，拆除管理范围内建筑 1 座，修复河岸线 3.87 万平方米，完成开挖、回填土方 17 万立方米，河道岸线得以修复，河岸应有面貌得以恢复，河道采砂清理整治专项行动取得了显著的整治效果。

白杨河巴依托海湿地

4. 扎实做好基础性工作

一是为解决和达坂城的用水纠纷，积极促成自治区成立了白杨河流域管理局，对全流域实施统一管理；二是为加强流域水资源管理和配置，保护骆驼刺保护区和艾丁湖生态环境，全力配合白杨河流域管理局编制了《新疆白杨河流域综合规划报告》，明确每年白杨河为艾丁湖生态补水3024万立方米；三是为进一步加强河湖管理保护工作，推进河湖水域岸线划界确权，配合并推动白杨河流域管理局编制了《新疆白杨河水域岸线保护与利用规划》；四是为加强对辖区内河道采砂的管理，配合白杨河流域管理局编制了《采砂规划》，对辖区内白杨河实施全线禁采。

5. 加大水资源管理力度

由于白杨河上游来水逐年减少，致使下游湿地及国家级骆驼刺保护区生态环境日益恶化，对此我市以壮士断腕的决心，自2017年以来在托克逊县采取以封停机电井的方式减少地下水开采规模，同时制定出台了《吐鲁番市地下水资源管理办法》，确保封停机电井工作扎实落实。截至目前，白杨河周边已完成机电井封停268眼，通过封停机电井这一卓有成效的治理措施，使白杨河下游地下水位持续回升，一些断流的自流井、坎儿井恢复流水，白杨河周边植被明显增多，河道水环境明显改善，生物多样性明显增加，部分水鸟（天鹅、麻燕等）落户白杨河，河道及周边生态环境质量明显提高，下游湿地生态持续向好。

（四）建设幸福美丽的白杨河

在党中央和自治区的大力支持下，白杨河相继建设实施上下游河道整治13.5公里，新建液压坝5座，清淤治理人工湖6处，营造河道两岸绿化种植面积118万平方米，形成了以白杨河公园、胡杨公园、玫瑰公园等生态主题公园为中心，以“水清、岸绿、景美”为特色的白杨河生态休闲宜居带。

整治前后的白杨河

三、经验启示

（一）社会共识是核心

吐鲁番市各级领导牢固树立“四个意识”、坚定“四个自信”，自觉做到“两个维护”，深入学习贯彻党中央、自治区党委关于全面推进河长制湖长制决策部署和工作要求，不断提高政治站位，身先士卒，广泛宣传，发动群众，在全社会形成了保护生态、爱护河湖、共享河湖管理保护成果的共识，把落实河长制湖长制变成了广大干部群众的自觉行动。

（二）组织领导是关键

白杨河各级河长把推动落实河长制湖长制作为政治责任，在落实河长巡河、治河、护河责任上主动作为、勇于担当，发挥了“头雁效应”。主动扛起河湖管理保护责任，抓部署、抓落实、抓督办，把河长制湖长制各项措施落到实处。河长办公室负责督促河长制湖长制各项工作落实，最终形成一级抓一级、层层抓落实的强有力的工作格局。

（三）找准问题是基础

河长统筹协调，各部门密切配合，坚持问题导向，找准白杨河在水资源管理、河道管理、岸线保护、水环境水生态等方面存在的各种问题，制定切实可行的治理保护方案，为顺利实施河长制奠定了坚实基础。积极与上游的乌鲁木齐市进行沟通联系，形成上下游协调一致，共同做好跨地州河流管理保护的良好机制。

（四）绿色发展是出路

全面推行河长制湖长制是落实绿色发展理念、推进生态文明建设的内在要求，也是经济发展方式转变、产业结构调整的助推器。只有切实转变发展方式，才能纲举目张，从根本上破解河湖问题。吐鲁番市以落实河长制湖长制为契机，坚决关停“破坏型”企业，持续推进河道“清四乱”专项行动，建设生态、亲水、幸福白杨河，为发展留足生态空间、绿色空间。托克逊县也紧紧抓住时令、区位、环境和资源优势，深挖地方特色，推动旅游产业健康发展，现在白杨河成为了休闲度假的必经之地，群众生产生活的必经之路，人民群众生活幸福指数不断提高。

（执笔人：万志刚　刘云燕）

全面深化河长制　河湖“长治”展美颜

——第三师图木舒克市以河长制湖长制为抓手再现水清岸绿风景线*

【摘　要】 河长制湖长制是党中央为加强对河流湖泊的管理与治理而实施的一项重大决策。本文重点对第三师图木舒克市河长制湖长制工作实施过程中存在的突出问题及原因进行简要分析，并在此基础上提出了若干对策建议，推动河长制湖长制从“有名”到“有实”转变。

【关键词】 图木舒克　河长制湖长制　生态文明

【引　言】 师市开展河长制湖长制工作以来，坚持以习近平新时代中国特色社会主义思想为指引，始终把持续推进河长制湖长制作为工作之本，把加大河湖保护能力建设作为工作之要，深入实践“绿水青山就是金山银山”理念，强力推进河湖系统治理，整治河湖“四乱”顽疾，推动河长制湖长制从“有名”到“有实”转变。

一、背景情况

新疆生产建设兵团第三师（简称第三师）地处叶尔羌河、喀什噶尔河两大流域中下游，师市辖区内的 7 条河流、5 座水库已经全部纳入河长制湖长制管理范畴，河流河段分别为叶尔羌河三师段、喀什噶尔河三师段、盖孜河三师段、夏克河、盖米里克河、阿克奇河叶城二牧场段、柯克亚河叶城二牧场段；河流流经 41 团、44 团、48 团、49 团、50 团、51 团、53 团、伽师总场、叶城二牧场等 9 个团场单位。水库为小海子水库、永安坝南库和北库、前进水库、托克拉克水库，由师市水利工程管理服

---

* 新疆生产建设兵团第三师图木舒克市水文水资源管理中心供稿。

务中心管理。

自全面实行河长制湖长制工作以来，第三师紧盯“生态”二字，制定了切实可行的实施方案和工作制度，各级河长湖长认真履职，巡河、护河工作全面开展，河道管护水平显著提升，河道水质状况有了明显的改善，形成了“政府主导、属地管理、分级负责、部门协作、社会共治”的河道管理新格局，逐步实现了“水更清、岸更绿、景更美”的生态河道新景观。

二、主要做法

（一）提高站位、深化认识，准确把握河长制工作内涵

2018 年 5 月 6 日，师市党委召开专题会议，认真落实陈全国书记在自治区全面推行河长制湖长制电视电话会议上作出的“1＋3＋6”工作部署，把推行河长制工作摆在突出位置，坚决扛起河湖管理保护和生态文明建设的政治责任，确保党中央、自治区党委、兵团党委的决策部署在第三师图木舒克市大地上落地生根。

同年 5 月 20 日，师市总河长召开联席会议，安排部署在师市范围内开展清河行动，要求各责任团场、机关各部门相互协作，做好清河行动，确保辖区内每条河流都整治到位。师市各河长制单位，共投入资金 84 余万元，出动人员 4700 人次，动用车辆 582 辆余次；清理建筑垃圾、生活垃圾、残膜、杂草 3.51 万吨；清理蒙古包 2 座、木质房屋 1 座、砖房（厨房）1 间、彩钢房 1 间、木制帐篷 1 处；清理大小地坑 21 处；迁移整治沿河砂石料堆放场 2 处。基本实现水面无大面积漂浮物、水岸无垃圾，弃土弃渣基本清理、违章设施基本清理，河道秩序和行洪能力得到恢复，清河行动取得了阶段性成效。

2019 年 8 月 23 日，师市党委安排部署开展为期三年的河湖整治行动，有效整治河湖存在的各种突出问题，着力解决河湖水资源过度开发，侵占河湖水域岸线，河道管理范围内乱占、乱采、乱堆、乱建，违法违规向河湖排污，损害河湖水生态环境等突出问题。

开展河长制工作以来，成效突出。叶城二牧场是以畜牧业为主，林

果业农业为辅的农牧团场，在大山深处阿克齐河道一侧坐落着这样一个连队——叶城二牧场二连，阿克齐河是连队的唯一水源，因前几年缺少管理，河道内到处是垃圾，经过几次河道污染源治理、河岸修复等工作，河水变清了，河岸变绿了。二连职工肉孜麦提·依明说：“这条河就是我们的命根子，有它才有水，有它才有草，才能放羊，才能挣到钱，才能过上好日子，牧场开展河道治理我当然愿意跟着干。”看似简单纯朴的话语，却代表的是整个二连职工群众对阿克齐河治理的感悟，他们无以为报，心甘情愿在连队党支部书记郭跃亭同志的带领下，全力做好河长制相关工作，保护好生态环境。在各级河长、相关部门和职工群众的共同努力下，叶城二牧场二连完成了对阿克齐河河道水污染治理和水生态修复等工作，赢得了大自然的青睐，逐步实现了产业兴旺、生态宜居、乡风文明、治理有效、生活富裕的目标。

（二）压实责任、保持定力，切实凝聚河长制湖长制的工作合力

师市建立了师、团、连三级河（段）长体系，成立了师级、团级领导小组及办公室各 11 个，成立第三师图木舒克市河湖管理中心，明确了 15 个成员单位职责；师市主要党政领导分别担任师市河长制领导小组组长和总河长，3 名师级领导担任副组长和副总河长（其中一人兼任师级库长），15 个团级河段的 10 名团级河长，77 个连级河段的 72 名连级河长，5 名处级库长和 6 名站级库长，河长制湖长制组织体系建立实现了全覆盖、零遗漏。与此同时，师市与团场签署了全面推行河长制湖长制工作责任书，进一步明确了河长制组织体系、实施范围、主要任务、责任分工和保障措施等内容，压实了各级全面推行河长制湖长制领导小组、总河长、河（段）长和河长办责任。

（三）始终保持定力，努力在“常态长效”上下功夫

师市列入河长制管理的河流 7 条，水库 5 座，设计总库容 8.3 亿立方米。2018 年 3 月，师市河长办聘请设计单位对师市范围内所有河流水库进行详细调查；2018 年 4 月，由设计单位统一编制“一河（湖）一策”方案；4 月 27 日，师市河长办组织相关专家及设计单位、各团场河长办领导及工作人员进行会审，通过修改完善，“一河（湖）一策”方案编制初步完成；5 月 4 日，师市河长办下发《关于印发师市“一河（湖）一策”方案的通知》(师市河长组办〔2018〕5号),各单位正式印发,“一河(湖)一策”方案完成新疆维吾尔自治区验收。

师市河长制湖长制工作开展以来,不断对河段进行优化,最后确定树立河长湖长公示牌90块,公示了河长职责、河流简况、管护范围、管护目标和监督电话,接受社会和群众监督。

(四)始终严明核查,努力在“落地见效”上下深功

河长制湖长制工作开展以来,各级河长均完成了首轮认河、巡河,巡河工作渗透到师、团、连河长的日常工作中,各级河长专、兼职相结合,经常性巡查责任河道,确保每月至少巡河一次。2019年5月,师市总河湖长巡河时,发现草湖产业园区和部分团场没有污水处理厂,或处理流程简单等问题,立刻安排师市发改委和住建局解决此事。在草湖产业园区新建一处污水处理厂,首期设计规模为5000吨每日,采用“预处理—生化处理—深度处理—浓缩脱盐—蒸发结晶”工艺,项目建成投入使用后能满足今后入驻企业的污水集中处理,确保园区水污染防治长效化。同时,在四十一团设置3处监测点,实现每月监测一次静水位,每年检测一次水质,投入约16万元;为河段沿线的7个连队配备7名河道保洁员,对左右岸24.33千米的水域岸线进行定期清除河道漂浮物和沿岸垃圾,确保河段干净通畅。

在五十团新建污水处理厂一座,总投资2200万元,日处理污水量2400立方米,禁止沿河养殖畜禽,杜绝了畜禽养殖污水对河道的污染,实现了团部城镇生活污水集中处理的良好效果。结合改善连队生活环境专项行动,对农田残膜进行集中定点堆放以防止残膜对河道的污染,并组织人员对河道中的白色污染进行捡拾5次,参与人数78人次,清理包装物5600余个。基本实现了连队生活垃圾“户集、连收、团处理”体系全面覆盖的常态化。

(五)始终握指成拳,努力在“联防共治”上下功夫

兵地联动、协同推进,保护河湖生态安全是喀什地区、克州和第三师的共同责任,事关人民群众福祉。喀什地区全面推行河长制湖长制领导小组、河长均由师市领导担任相关职务,师、团河长制领导小组办公室主动配合自治区、流域、地州完成河长制业务工作。河长制湖长制各阶段的重要工作实现了兵地同安排同部署、协同统一推进的良好态势。

2019 年师市河长办与塔里木河流域管理局联合巡河时，发现叶尔羌河段第三师四十九团八钢老铁桥乱占问题，经调查该桥为巴楚县境内矿山所建，废弃坍塌在河道内，四十九团与巴楚县自然资源局沟通协调，由巴楚县负责联系其责任单位即矿山经营者——宝钢集团新疆八一钢铁有限公司负责拆除清理，由四十九团监督整治，于 2019 年 7 月 22 日整改完毕，7 月 23 日将新增“四乱”整改情况上报兵团河长办，并于 10 月 10 日向塔管局报送叶尔羌河突出问题整改情况。

三、经验启示

（一）部门联动，凝聚合力

河长制湖长制工作不是水利部门唱独角戏，要部门联动，形成合力共同完成。首先党政领导要重视，由政府协调各部门共同完成河长制工作。2018 年以来，师市党委先后召开 2 次常委会、5 次专题会安排部署河长制推进工作，要求师市上下深刻认识推行河长制湖长制工作的重要性和紧迫性，把推行河长制工作摆在突出位置，细化修订了《第三师图木舒克市全面推行河湖长制联席会议制度（修订）》《第三师图木舒克市全面推行河湖长制领导小组成员单位职责分解方案》，建立了联合执法机制和责任分工机制。

（二）加强宣传，社会监督

及时维护更新河长湖长公示牌，接受社会监督。2019 年 8—9 月，对师市河长湖长公示牌信息及完好性进行检查，结合流域及喀什地区要求，对师市 90 块公示牌统一规范标准，对各级河长信息、河流河段信息、河长职责、监督电话等内容明确要求，新增了河流编码、二维码，注明了河流“身份证”；组织河长制湖长制工作培训累计 29 次，培训人员 807 人次，其中师级培训 3 次、培训人员 177 人次，团级培训 26 次、培训人员 630 人次；累计开展河长制湖长制宣传工作 37 次。通过加强宣传力度，公众对河长制湖长制知晓率、河湖管理保护参与度不断提升；通过畅通监督渠道，全社会共同参与河湖管理，确保不出现“四乱”问题。

（三）兵地协作，同抓共管

师市有5条河都是兵地共管的，河长办及各涉河团场主动配合自治区、地州、流域完成河长制湖长制业务工作，积极配合流域编制各河道岸线管理利用规划，参加咨询审查，协助喀什噶尔河流域现场踏勘，提供管理河段资料。每月向塔里木河流域管理局河长办报送叶尔羌河段近期突出问题的整治工作进展情况，河长制湖长制各阶段的重要工作呈现出兵地同安排同部署、协同统一推进的良好态势，争创国家生态文明建设示范市。

河道管理工作，是优化生态环境、进行美丽城市建设的重要着力点。师市辖区内河道的治理已取得了质的变化，树立了河道保洁人人有责的观念，营造出生态建设利国利民的氛围。在以后的河道治理工作中，我们会以更高更严的标准来落实河道管护工作，努力使河道管护工作成为生态建设的亮点。

（执笔人：胡俊恒　崔建伟　桑青峰）

管好“盆” 护好水

——汉江集团公司依托河长制探索建立丹江口水库联合管护长效机制*

【摘　要】 南水北调中线工程通水后，丹江口水利枢纽功能发生了重大转变。由于库周群众短时间内无法转变过去“靠水吃水”的观念，通水初期，库区拦汊筑坝、网箱养殖等问题普遍存在，填库造地、消落区无序开发时有发生，加强库区监管成为水库管理单位和库区各级人民政府面临的重大挑战。近年来，在水利部、长江委的坚强领导下，汉江集团公司以河长制为契机持续联合库区各级河长办开展水法规宣传和巡查执法，加强现场监管，加密督办整改，履职尽责，管好“盆”，护好水。通水五年多以来，丹江口水库水事秩序稳中向好，水源工程运行平稳，圆满完成了各年度防洪和供水任务。

【关键词】 丹江口水库　河长制　联合监管

【引　言】 自中共中央办公厅、国务院办公厅印发《关于全面推行河长制的意见》（厅字〔2016〕42号）以来，丹江口水库所在的十堰市、南阳市逐步建立了市、县、乡、村四级河长制体系，汉江水利水电（集团）有限责任公司（水利部丹江口水利枢纽管理局，以下简称“汉江集团公司”）以此为契机，积极发挥人员、技术、资金等优势，配合地方各级河长、水行政主管部门强化库区监管，探索建立联合管护长效机制，丹江口水库管理和保护工作迈上新的台阶。

一、背景情况

丹江口水库横跨鄂豫两省，水域面积达1060平方公里，库岸线长4319公里，是南水北调中线工程水源地，也是长江主要支流汉江的关键控制性水利枢纽工程，水资源保护意义重大。南水北调中线工程通水初

* 丹江口水库管理处供稿。

期，丹江口库区拦汊筑坝、网箱养殖等问题普遍存在，填库造地、消落区无序开发时有发生，局部库湾、库汊和支流回水区出现富营养化趋势，丹江口水库保护与管理工作面临严峻考验。针对上述情况，水利部统一部署，长江委具体组织实施，先后在丹江口库区开展了“打非治违”及“回头看”等系列专项执法活动，取得了明显的成效，维护了丹江口水库库区正常的水事秩序。但仍有地方持观望心态，整改不彻底，反弹时有发生。河长制的全面推行为进一步解决以上问题带来了新的契机。

自南水北调中线工程通水后，丹江口水库的受关注度和重要性日益增强，水质安全摆在了和枢纽工程安全同等重要的地位。在库区各县尚未建立河长制湖长制体系之前，水库管理工作主要面临以下难题。

（一）水资源保护面临新的挑战

20世纪80年代，丹江口库区水面开始出现网箱养殖，后来逐步发展形成“百里万箱下汉江”的局面，水产养殖成为库周群众赖以生存的产业。南水北调中线工程通水后，丹江口水库功能发生了重大改变，对水质保护提出了新的要求，至2017年年底，库区内网箱养殖全部清理，拦汊筑坝大部分被废除。但由于库周群众短时间内无法转变过去“靠水吃水”的观念，拦汊筑坝问题不断出现反弹，网箱养殖转为拦网养殖。库区新征土地形成的消落区和孤岛也成为管护的难点。消落区土地无序利用、水土流失、农业面源污染等问题普遍存在；孤岛开发、消落区挖塘等新问题时有发生，使丹江口水库水资源保护面临巨大压力。

（二）经济发展与环境保护矛盾凸显

库区沿线6县（市、区）为“一库清水永续北送”作出了很大牺牲，大量环境不友好的工厂、企业被关停，工业发展受到严格的环保标准制约，导致地方经济发展受限，扶贫脱困的任务加重。为了促进当地经济建设发展，尽快脱贫摘帽，部分地方政府向库区寻求发展空间，在可能违反相关法律法规的情况下，为部分侵占库容和影响防洪安全的招商引资项目“开绿灯”；在未办理相关水行政审批的情况下，上马一些涉水旅游开发和借扶贫名义的经济开发项目。遇到此类违建项目时，地方水行政主管部门很难履职尽责，客观上造成部分违建项目整治督办力度不足、整改进度缓慢。面对此类情况，水库运行管理单位只能报告长江委，长江委定期开展丹江口水库执法检查并向两省水行政主管部门通报。

（三）线长面广，违法行为难以及时发现

首先由于丹江口水库面积大、岸线长、沟壑纵横，依托现有交通条件和常规巡查手段很难短时间内做到全覆盖，无法及时发现和制止水事违法行为。其次还有以下管理基础短板的制约：一是水库征地界桩间隔较远，不便直观判断疑似违法项目是否位于水库征地范围内；二是上级部门提供的卫星遥感影像解译成果周期太长，一年仅开展两次，造成巡查时目的性不强，对正在实施的水事违法行为难以及时发现制止；三是未能及时与地方水行政主管部门共享巡查成果，造成重复巡查，导致人力物力等资源浪费。

（四）无执法权，违法行为难以有效制止

长江委水政监察总队在汉江集团公司专门设立了丹江口水库支队，但支队人员均为企业内部水库管理人员，属兼职人员，所承担的职能主要为巡查、报告以及后续对违法项目的整改督办。涉及侵占水库库容、分割水面、违法建设等违法行为的制止以及库区水环境保护、水生态修复、水污染防治等关键事项的职责均需专职执法部门履行，当汉江集团公司巡查发现有关违法行为时，也只能采取劝离、协商、报告长江委、告知地方水行政主管部门等方式解决，发现问题可能无法第一时间有效制止。有时候违法行为涉及水利、渔业、环保、国土等多个部门，协调难度大、周期长，导致整改效率较低。

二、主要做法

汉江集团公司以全面推行河长制湖长制为契机，在长江委的坚强领导下，努力发挥人员、技术和资金等方面的优势，不断加强能力建设，主动融入地方河长制体系，使丹江口水库的保护与管理工作迈上新的台阶。

（一）主动作为，紧贴河长制的步伐

自2016年中共中央办公厅、国务院办公厅印发《关于全面推行河长制的意见》（厅字〔2016〕42号）以来，汉江集团公司主动作为，紧贴河长制的步伐。一是成立专职水库管理部门，专门负责库区水政监察、水资源管理与保护及供水管理等工作，全面对接库区地方水行政主管部门及河长办。二是在长江委领导下，结合库区河长制制度建设，大力推进水库立法工作。参考巡河制度，结合公司实际制定了《丹江口水库巡查工作细则》；以丹江口水库水流产权确权试点为契机，加强与地方河长办的联系，配合长江委出台了《丹江口水库水域岸线巡查报告制度》等三项制度；配合长江委起草了《丹江口水库管理办法》，征求鄂豫两省意见后上报水利部。三是受“一河一策”的启发，探索科技化、信息化建立“一库一档”。以丹江口水库水流产权确权试点为契机，搭建数据共享平台，建立“违法项目数据库”；基本实现平均每20天获取一次库区卫星遥感影像，对影像进行解译、判读，探索建立“遥感影像数据库”；利用奥维地图等手机APP实现库区征地线、界桩等数据录入、项目坐标点和信息记录等，实现了“掌上基础数据库”。

（二）因势利导，借助河长制的平台

长江委早在2014年联合库区保护相关的三省水利厅及5个地方市级人民政府建立了丹江口水库水行政执法联席会议（简称“1＋3＋5”联席会议）制度，原则上每年召开一次联席会议，探讨丹江口水库水行政执法工作。在全面推行河长制的背景下，汉江集团公司借助联席会议制度的工作基础，与库区所在十堰市、南阳市各级河长办建立了良好的工作联系。汉江集团公司作为委管单位，充分发挥深入库区现场多的优势，借助河长制湖长制平台，解决了自身无执法权的难处，促成了一系列典型违法案件的查处和整改。

例如，在水利部挂牌督办的库区某县机场建设项目，从汉江集团公司发现、报告到最终得以查处整改，正是借助了河长制湖长制平台的力量。该项目采取直接填筑的方式将机场航站楼和跑道等建设在丹江口水库征地范围内，占用了水库消落区，侵占了库容。由于该项目是县政府重点引进的项目，县级河长办难以发挥其“主体责任”作用。在巡查发现相关情况后，汉江集团公司一方面协商该县上级河长办，请求尽快制止；一方面协助长江委起草项目相关汇报材料，以期长江委通过报告水利部、商省级总河长等更高层级解决。水利部听取长江委相关汇报并开展现场暗访后，立即对该项目挂牌督办。挂牌督办期间，汉江集团公司充分发挥丹江口水库支队的作用，联合地方河长办、水政监察大队等加密巡查、加强现场督办，及时汇报整改进度和问题，最终项目彻底完成整改。

（三）协同联动，融入河长制的队伍

2017 年 4 月，长江委成立了以委主任为组长，委内各部门和单位主要负责同志全部参与的推行河长制工作领导小组。同年 5 月，长江委印发《长江委全面推行河长制工作方案》，明确了委内有关部门和单位的职责，要求汉江集团公司主动融入地方河长制体系。在长江委的指导和市级河长办的支持下，汉江集团公司与库区各县级河长办、水行政主管部门逐步建立了常态化的协调联动机制，融入了其工作体系。一是建立工作联系群，巡查发现异常情况第一时间告知地方水行政主管部门；二是不定期联合县级河长办、水政监察大队开展巡查，2018—2019 年开展联合巡查累计 536 人次，现场发现并制止水事违法行为 20 余次；三是全面共享数据信息成果。与各区县库区管理人员分享丹江口水库勘界线及行政区边界线等资料，指导其在手机 APP 上使用；每月分享巡查简报，共享发现的违法违规项目信息；适时提供项目翔实数据，供地方开展专项执法行动。例如，2019 年 12 月巡查发现郧阳区柳陂镇某填库项目，现场立即联系郧阳区水政监察大队及柳陂镇镇级河长，镇级河长赶至现场后立即责停，次月项目基本完成整改；2020 年 4 月，丹江口市河长办及库区综合执法办组织乡镇政府、水利、公安、海事、城管等多部门开展库区拦网、筑坝、筏钓房清理行动，汉江集团公司立即将掌握的 47 个相关项目信息提交丹江口市河长办，并参与了现场清理和取缔行动。

2020 年 4 月丹江口市河长办组织的库区拦网和筑坝清理现场

（四）勇于探索，提升河长制的手段

汉江集团公司近年来在水库巡查的科技应用方面进行了一些探索，显著提升了库区巡查的效率和质量。目前已实现利用相关软件对卫星遥感影像进行处理，解译发现疑似违法项目；利用奥维地图 APP 管理库区数据、记录巡查信息；利用带 RTK 功能的无人机获取项目高清影像、正射影像，计算项目高程、面积、侵占库容等信息；建立数据库，实现库区违法项目“一张图”“一张表”。这些新技术手段的应用，汉江集团公司都会与库区各级河长办、水行政主管部门分享和交流，共同提高巡查的质量和效率。

（五）多措并举，道出河长制的心声

近年来，在长江委领导下，汉江集团公司不断加大水环境保护、水法规宣传方面的投入，联合地方政府及河长办多形式多方式开展宣传活动，营造库区“全民护水”的氛围。一是日常巡查过程中，向库周群众特别是水事违法当事人普及水相关法律法规；二是联合地方河长办利用网、报、端、屏等手段，线上、线下相结合，全方位、多角度开展河长制湖长制宣传报道，引导全社会共同关注，形成共管共治合力；三是在库周设置水法规宣传和水库管理范围标识牌，与地方河长制公示牌形成互补；四是制定水库相关规划和管理制度时，号召征求“百姓河长”、库周群众意见，接接地气、更具可操作性。

随着水库管理单位与库区各级河长办、水行政主管部门联合协作长效机制的建立以及库周群众法制意识和水环境保护意识的提高，库区水环境和水生态逐年好转，水事违法案件呈逐年减少态势。库区范围内拦汊筑坝、拦网养殖等老问题已得到完全遏制，孤岛开发、消落区挖塘等新问题得到有效制止。

以上是我们的一点探索和尝试，取得了一些成绩，但仍需要进一步努力。对于国内同类型的水库管理单位，我们有以下几点建议：一是要以河长制湖长制为契机，利用自身人员、技术、资金等优势，主动融入地方河长制体系，优势互补；二是勇于探索各种高新技术手段在河湖管理中的应用，加强经验交流和成果共享；三是持续联合地方河长办开展宣传，探索建立激励性举报制度，营造全民护水氛围。

库区同一区域 2015 年和 2020 年对比情况

（执笔人：张保华　周溪）

大河治理齐发力

——山西黄河北干流管理局借助河长制平台推进黄河四乱治理*

【摘　要】2011年前后，随着沿黄经济发展和社会活动增多，保德县沿黄村镇陆续在黄河岸边非法兴建了康复中心、住宅楼房、商铺、厂房等违法建筑，公路堤坝进占河道，影响河道行洪，破坏黄河生态。问题发生后，黄河北干流管理局作为流域机构派出单位，认真调查核实，落实整改意见，加强执法监督，形成部门联动，充分发挥了自身在河长制体系中的协调、指导、监督职能。黄河北干流管理局和地方政府以河长制平台为纽带，以联合执法、部门联动、法治宣传为措施，巩固了整改成果，形成了保护黄河的良好环境。

【关键词】河长制平台　联合执法　部门联动

【引　言】保德县沿黄违章建筑非法侵占河道，破坏岸线生态，黄河北干流管理局依托河长制平台开展工作，与地方政府达成信息共享，开展了联合执法，加强了对黄河岸线保护的监管力度，做到了责任明确、协调有序，对问题整改和黄河生态保护起到了重要的作用。

一、背景情况

山西黄河北干流管理局隶属山西黄河河务局，是黄河水利委员会派出的具有行政职能的事业单位，单位主要职责是按照法律法规和水利部授权，负责黄河大北干流630公里的黄河河道管理范围内《中华人民共和国水法》《中华人民共和国防洪法》《中华人民共和国河道管理条例》等有关法律法规的实施和监督检查。河长制推行以来，在沿黄各级政府和水行政主管部门的支持配合下，与沿黄三市（忻州、吕梁、临汾）的河

* 山西黄河北干流管理局等供稿。

长制成员单位搭建了联络、沟通和管理平台，不断完善流域管理与区域管理相结合的管理机制，及时查处各类违规水事活动，有力维护了大北干流河段正常的水事秩序。

山西保德县位于黄河大北干流上端，河道全长60公里，与对岸陕西省府谷县隔河相望，是黄委重点关注的省际水事纠纷敏感河段。该河段流域机构按照国家法律法规和水利部的明确授权，负责河道内建设项目审批、黄河水量统一调度、取水许可审批、省际水事纠纷预防调处，对于其他事项实行监督管理。地方市县人民政府在该河段履行日常管理职责。

2019年年初，水利部对该河段进行暗访，发现该河段存在非法侵占黄河河道、违规修建工程等问题。主要包括保府高速大桥上下游侵占河道，上游主要有五层康复中心楼房、七层村民住宅楼房、汽车检测站等违建，下游主要有预制场、糖枣厂等企业。同时由于地方城镇发展，在河道内违规修建工程多处，侵占河道。问题形成初期，黄河北干流管理局多次赴现场调查取证，同时积极与地方政府联系，要求地方政府水利部门进行查处，保德县乡镇、国土、城建等单位都进行过制止和行政执法，但由于重视程度不够，未形成部门联动，执法力度疲软，故问题逐步形成扩大。

2019年3月22日，《水利部办公厅关于请抓紧对黄河干流山西陕西交界河段有关问题进行调查处理的函》（办河湖函〔2019〕390号）通报山西省河长办、水利厅，要求对暗访清单中的13个问题进行调查核实，迅速开展清理整治工作。随后，黄河北干流管理局第一时间组织相关人员对清单中的具体问题进行了现场调查，对照清单中的13处问题逐一取证，并与地方河长办取得联系，对问题形成过程进行了调查摸底。

2019年4月18日，黄委河湖局、山西省水利厅河湖处、山西黄河河务局及山西黄河北干流管理局组成联合检查组，对黄河山西保德河段四乱问题整改工作进行督导检查。检查组对水利部确认的13个问题及地方自查新发现的5个问题逐一进行了现场查看，听取了有关情况汇报，对18个问题的整改工作提出了意见要求。山西黄河河务局和地方河长办加强了对整改工作的监督检查，跟踪掌握整改动态，按照周报制度及时向黄委和省水利厅报告整改工作进展情况。

2019年6月19日，黄河水利委员会、山西省河长办、山西省水利厅、忻州市人民政府在郑州召开会议，会议听取了保德县人民政府关于黄河干流保德河段“四乱”问题清理整改进展情况汇报，并对保德县人民政府上报的《黄河保德河段“四乱”问题清理整改方案》进行了讨论，形成了一致意见，明确要求2019年9月20日前完成整改任务，9月底验收销号。2019年6月24日，黄委以《黄委关于黄河干流保德河段“四乱”问题整改意见的函》（黄河湖函〔2019〕75号）致函山西省水利厅，对保德河段“四乱”问题清理整改提出了意见和要求。

随后，按照整改方案要求和时间节点，保德县主要领导亲自挂帅，修订方案，压实责任，专项整改。山西黄河河务局和地方河长办全面加强对整改工作的监督检查，跟踪掌握整改动态，按照周报制度及时向黄委和省水利厅报告整改工作进展情况，现场指导整改工作开展。截至2019年9月底，共拆除36户村民违建楼房551间共3.2万平方米，拆除7家违建企业共1.8万平方米。拆除后移违建堤坝650米，清运土石方7万余立方米。

2019年12月9日，山西省水利厅以《关于报送黄河干流保德“四乱”问题整改情况的函》向水利部河湖管理司申请验收保德县暗访反馈问题13处及自查发现问题5处的整改情况。至此，保德县暗访发现非法侵占河道问题已全部完成整改。

二、主要做法及取得成效

在上述保德县非法侵占黄河河道问题案例中，黄河北干流管理局作为流域管理机构，充分发挥自身协调、指导、监督、监测作用，积极探索河长制平台下的工作模式，加强流域与区域议事协调机制，与地方政府各部门形成合力，共同推进“四乱”问题整改，起到了良好的效果。

（一）聚焦黄河“四乱”，全面落实强监管总基调

北干流河道战线长，管理模式多元。近年来沿河经济发展迅速，各类水事活动增多，“四乱”问题逐步凸显。水利部全国河湖“清四乱”专

项行动开展以来，黄河北干流管理局围绕“水利工程补短板、水利行业强监管”的水利改革发展总基调，将“清四乱”作为推进河长制湖长制从“有名”向“有实”转变的第一抓手和水利行业强监管的标志性工作，全面加强河道巡查频次，派出工作组多次组织开展“四乱”问题全面摸排，分类汇总问题清单并督促指导问题整改。保德县沿黄违章建筑非法侵占河道，破坏岸线生态问题发生后，驻守一线紧盯整改，久久为功，即达到了调整人的行为、纠正人的错误行为的目的，也给沿黄各县起到了很好的警示作用，损害河湖的行为得到有效遏制。

（二）信息共建共享，畅通联络渠道

在此次案例中，黄河北干流管理局及时通报了发现的问题，就涉河方针政策与地方政府进行了全面解读，对问题整改方案进行了深入沟通和探讨，对整改过程进行了全程跟踪上报，充分发挥自身协调、指导职能，疏通联络渠道，达到信息共建共享，对协商解决新问题新矛盾，正确处理好上下游、左右岸关系，共同实现科学合理开发和规范有效保护起了积极的促进作用。

（三）联合执法检查督查，维护河道水事秩序

在问题发现后，按照省河长办统一部署，各级河长履职尽责，牵头组织，有力推动了违规项目整改。黄河北干流管理局与地方水利、交通、公安、国土等部门开展的联合执法检查督查活动，使流域机构与地方政府形成合力，有效制止了涉河违法建设行为，落实了整改措施，强化了河长责任，提高了工作效率，确保河道“四乱”问题整治完成，有力推动了河长制工作落实。

（四）法治宣传，齐头并进营造法治氛围

黄河北干流管理局每年以“3·22”中国水周和“12·4”国家法治宣传日为契机，在沿黄各县开展发放宣传单、宣传画，摆放版面，播放录音等多种形式的水法规宣传教育活动，不断增强沿黄人民的法制意识和节水护水意识。同时，保德县政府也充分发挥县、乡、村三级河长作用，通过宣传教育活动，营造保护母亲河氛围。电视、网站、报纸等媒体报道整治“四乱”工作；水利、林业部门和乡（镇）书写了标语20余条、设置大型宣传牌、河长责任牌30个；河长制体系下各成员单位充分发挥作用，多角度多层次开展了法治宣传教育工作，起到了良好的宣传效果。

三、经验启示

（一）黄河流域生态保护和高质量发展形成广泛共识

2019年9月18日，习近平总书记在郑州主持召开黄河流域生态保护和高质量发展座谈会，并发表重要讲话，擘画和部署黄河流域生态保护和高质量发展重大国家战略，强调保护黄河是事关中华民族伟大复兴和永续发展的千秋大计，发出了让黄河成为造福人民的幸福河的伟大号召。加强黄河治理保护，推动黄河流域高质量发展，解决好人民群众关心的防洪安全、饮水安全、生态安全等问题，对于维护黄河生态，促进流域人水和谐意义重大。在各级上下深入贯彻落实习近平总书记考察黄河系列重要讲话精神的同时正值保德“四乱”问题整改的攻坚期。保德政府坚决扛起政治责任，凝心聚力攻坚克难，确保了清理整治圆满完成，在建设造福人民的幸福河上迈出了坚实步伐。与此同时，沿黄各地紧抓黄河流域生态保护和高质量发展机遇，积极思考和探索符合不同流域段、不同省情区情的发展道路，开展了一系列卓有成效的工作并持续推进，黄河流域生态保护和高质量发展形成广泛共识和示范推广。通过全国上下的齐心协力，黄河流域河湖管护责任体系基本形成，协调联动机制初步建立，河湖“强监管”体系不断实化，黄河流域“四乱”问题增量基本得到遏制，采砂秩序总体平稳向好，河湖面貌取得明显改善。

（二）“有名”向“有实”转变，河长制发挥重要效用

全面推行河长制，是落实党中央关于生态文明建设的一项重要任务，是维护黄河健康生命、促进流域人水和谐的重要手段。保德县各级河长认真履行河长职责，抓部署、抓落实、抓督办，把河长制湖长制各项措施落到实处。黄河北干流管理局作为河长制成员单位，主动作为，在加强自身巡查频次的基础上，与地方政府充分信息共享，以问题为导向，不断改进工作机制，有效促进了河长制湖长制从“有名”向“有实”的转变。

（三）加强自身职能发挥，建立长效工作机制

黄河北干流管理局要认真贯彻落实习近平总书记在黄河流域生态保护和高质量发展座谈会上的重要讲话精神，牢固树立生态优先和绿色发展理念，坚持问题导向、把握工作定位、积极主动作为，切实发挥黄河北干流管理局协调、指导、监督、监测的作用。把巩固加强北干流河道管理与推行河长制工作紧密结合、协同推进，促进解决北干流河道管理保护的突出问题。并积极参与对下一级黄河河长履行职责情况的监督、指导、考核，对涉及上下游、左右岸的问题进行协调，充分发挥自身职能效用。

（四）不断探索，构建流域管理与区域管理融合管理新模式

今后一段时期，是河长制湖长制实现“有名”向“有实”转变的关键期，也是打造幸福河的攻坚期。要不断总结经验，构建流域管理与区域管理高度融合管理新模式。要依托河长制平台，加大与各级黄河河长及河长办的沟通协调，建立流域与区域议事协调机制，完善“河长＋警长”“河长＋检察长”组织体系，共同做好对侵占河道、非法采砂等水事违法行为的查处工作，深入推进“清四乱”常态化、规范化，努力实现黄河山西段面貌不断改善，生态持续向好的局面。

（执笔人：秦赟　李凯　赵亮　赵端）

秉初心 强监管 坚决取缔违法建设

——新沂局拆除中运河违法建设游泳池纪实*

【摘 要】自河长制湖长制全面推行以来，水利部、淮委深入贯彻习近平生态文明思想，以河湖“清四乱”专项行动为抓手，推动河长制湖长制从“有名”到“有实”政策落地，沂沭泗局骆马湖水利管理局（简称骆马湖局）所属各单位主动作为，秉初心、强监管，依托河长制平台大力开展直管河湖“清四乱”行动，河湖面貌明显改善。中运河作为京杭大运河的一部分，历史久远，长期以来形成的“四乱”问题错综复杂。本文通过剖析两县交界处违建的游泳池被依法拆除的全过程，来反映河长制框架下的“流域区域联合整治”成效，为今后的河湖管理保护积累宝贵经验。

【关键词】违法建设 行政诉讼 强制执行 依法拆除

【引 言】自2018年7月水利部部署开展河湖“清四乱”专项行动以来，骆马湖局新沂河道管理局（简称新沂局）在上级的正确指导下，一方面积极主动向新沂市河长办、各镇级河长及有关单位做好宣传工作，配合新沂市开展河湖“两违三乱”专项整治工作。另一方面结合自身工作开展“清四乱”相关工作。本文仲某违法建设游泳池一案牵涉土地权属、违法主体内部结构复杂等问题，本文具体阐述基层流域管理机构如何在履职尽责的前提下，充分借助河长制工作平台清理河道内“顽疴宿疾”，推动水利生态文明建设。

一、背景情况

中运河作为京杭大运河的一段，上起苏鲁省界下至淮阴杨庄，自西北向东南一路流经邳州、新沂、宿迁等地，新沂市境内全长14公里，兼具防洪、排涝、航运等综合性功能，是南水北调东线的骨干通道。

---

* 骆马湖局等供稿。

曾经以经济发展为先，通过招商引资或者签订土地承包合同等形式在沿河开发利用岸线以促进经济增长的状况时有发生，但随着社会不断进步，人民群众日益向往美好生态环境，对“幸福河湖”的需求日益迫切。尤其在党的十八大以来，以习近平同志为核心的党中央高度重视生态文明建设，全面推进河长制湖长制，水利部大力开展“清四乱”专项行动后，新沂局也积极作为，对河道内“四乱”问题采取“零容忍”态度，多角度、多途径“去存量遏增量”。

2017年5月10日新沂局执法人员巡查发现中运河左堤桩号52K+200迎水滩地有建设游泳池及房屋行为。新沂局多次与当事人沟通，晓以利害，明以法制，要求其自行清除并恢复工程原状，但当事人始终抱有侥幸心理，一意孤行，拒不拆除，避开检查继续偷偷施工。经现场勘验，违法建设的房屋长40米、宽6米，占地面积240平方米；游泳池3个，占地总面积3600平方米。经调查了解，当事人仲某此前与属地镇政府签订了土地承包经营合同，这给查处和清理工作造成了一定困难。

二、主要做法

（一）及早发现，及时启动水行政查处程序

新沂局水政执法人员巡查发现当事人仲某开始建设游泳池及房屋后，立即进行立案调查，当日即向当事人送达《责令停止水事违法行为通知书》，并明以法理、晓以利害，以期当事人能自行清除，但当事人不听劝阻一意孤行，甚至打起“游击战”，趁夜间及节假日巡查薄弱期继续施工。新沂局于5月底向当事人送达《行政处罚告知书》《行政处罚听证告知书》，6月初送达《水行政处罚决定书》，要求当事人拆除违法建设的游泳池和房屋并恢复工程原状，并处以5万元的罚款。第一时间发现，为处理本案赢得了主动，从宣传政策到案件调查、从立案查处到强制执行，环环相扣，案件查处完整扎实。

（二）稳扎稳打，依法启动强制执行程序

当事人在收到《行政处罚决定书》后6个月内既不履行处罚决定，期间还组织人员到新沂局办公区域滋事，想要通过当事人自动履行达到清

理目的的可能性微乎其微。基于当事人拒不履行的现实，新沂局严格按照法律规定，在当事人诉讼期限届满后，及时送达《行政处罚决定履行催告书》，同时再次耐心宣传相关政策，督促当事人自行拆除违法建设的游泳池和房屋，但当事人仍未在规定期限内履行。为了强力推进本案，2018年春节刚过，新沂局当即向新沂市人民法院提交了《强制执行申请书》申请强制执行，获得法院准予，并于2018年8月冻结当事人存款，因无其他可供执行的财产，对本案终结执行。

（三）依法依规，沉着应对行政诉讼

2018年4月，当事人仲某不服新沂局作出的《行政处罚决定书》，向徐州铁路运输法院提起行政诉讼，要求撤销该行政处罚决定。新沂局立即邀请法律顾问召开会议，再次仔细翻阅执法卷宗，梳理执法过程，针对当事人诉状提出答辩意见，并提供相关证据材料；同年6月徐州铁路运输法院公开开庭审理并作出裁定，认为新沂局处罚程序合法、适用法律正确，驳回当事人的起诉。随后当事人向徐州中级人民法院提起上诉，经徐州市中级人民法院二审裁定，本案事实清楚，适用法律正确，维持原裁定，驳回上诉。

（四）协调推进，充分借助河长制平台

针对本案案情复杂、地段敏感、当事人拒不配合等突出困难，新沂局下定决心，咬住问题绝不松口。为推进清除工作的开展，新沂局于发现本案违建后一个月内，连续两次致函属地镇政府，要求清除该违章搭建并恢复工程原状。2017年7月3日，基于事态仍未有效控制，新沂局向新沂市政府提交了《关于督促拆除中运河左堤违建游泳池的请示》，请求督促属地镇政府拆除该处违建。

此外，新沂局多次就该案向新沂市政府、新沂市河长办汇报，以取得支持和理解；多次与属地镇政府沟通商请解除违规合同、拆除违法建设。

（五）敢于亮剑，联合整治啃下“硬骨头”

根据《水利部办公厅关于开展2018年河湖执法督查工作的通知》（办政法函〔2018〕914号）要求，淮委于2018年8月对本案挂牌督办。期间，淮委、沂沭泗局、骆马湖局多次到一线督导，联系市县政府要求协调整改，密切关注案件进展，多次召开座谈会研究对策，在每一阶段完成后都进行现场验收，指导新沂局依法取缔该处违建，为新沂局提供了强大支持。2018 年 9 月初，新沂局借助江苏省交通干线沿线综合整治专项行动和“两违三乱”专项整治行动的有利时机，融入中运河环境综合整治工作体系，再次推动本案的进程，新沂市政府也成立了由市长担任组长、副市长担任副组长、各相关部门主要负责人担任成员的领导小组。经过前期宣传、调查摸底、自行清理三个阶段，9 月 11 日起本案正式进入强制清理阶段，新沂市政府统一组织新沂局、窑湾镇政府、水利局、交通局等部门联合开展集中整治，对该处违建强制拆除。

2018 年 10—12 月，针对游泳池及房屋残余的娱乐设施及地坪，新沂局多次沟通当事人，促使其自行清除，并平整场地，清运垃圾，恢复了工程原状。淮委现场核实后，予以解除挂牌督办。

当昔日里扎眼的建筑终于轰然而平、当最后一寸坚硬的地坪化为松软的滩地、当草木再次丛生、绿意日益葱茏，这块“硬骨头”，终于啃下了！

违建房屋拆除前后对比

三、经验启示

（一）依法行政，扎实执法各环节是根本

水行政执法是践行水利行业强监管的最有力武器，尤其在群众法治意识日益增强的当下，依法执法则是“强监管”的根本。在本案的查处过程中，从现场制止到立案查处到催告履行再到强制执行，每一环节都

违建游泳池拆除前后对比

阻碍重重，甚至一份文书都需十余次才能送达，但是新沂局自始至终贯穿着踏踏实实、依法依规的严谨态度，把卷宗细化到每一个字，把行为规范到一举一动，保证了查处工作的合法性、完整性，从法律上已牢牢占据主动，为随后的强制执行奠定了坚实的基础，这才能够在历经“两审”时始终赢得“事实清楚、适用法律正确、程序合法”的裁定。

（二）统筹联动，“河长制”聚合力是重点

面对错综复杂、根深蒂固的河湖“顽症宿疾”，单打独斗、单一的行政管理已远不能满足整治需要，这也是党中央出台“河长制”，由各级党政“一把手”担任“河长”牵头整治的初衷，所以必须抓住党政领导这个“关键少数”，建立以地方党政领导负责制为核心的责任体系，才能够最大限度地统筹协调全区域各部门、各单位的力量，综合发力，以万钧之力对违法现象进行摧枯拉朽的打击。仲某违法建设游泳池及房屋一案涉及属地镇、航道、水利、河道、自然资源等多部门单位和土地等历史遗留问题，当事人拒不配合，甚至抗拒执法，一度让事件陷入僵局。该案最终能够得以彻底解决，一方面得益于前期水行政查处程序、行政强制程序的及时和完整，为后续的拆除工作奠定了坚实基础；另一方面更是依靠河长制的深入推动，由地方党政一把手亲自部署，统筹协调行政区域内各部门，形成强大合力，最终拆除该处违法建设。

（三）领导支持，监管力度再升级是关键

重大案件难度大阻力大，而基层力量薄弱，推进困难，如何破局是所有基层管理单位都在深思的问题。本案中，淮委、沂沭泗局、骆马湖局等各级领导高度重视，多次到一线指导，坚决支持新沂局依法履职，淮委更将其纳入督办案件，通过上层的力量予以推动，对新沂局不但是鞭策更是鼓励，同时也是对属地政府的责任压实，更是对当事人的一种无形压力，促使其考虑承担的后果，逐步瓦解其侥幸心理。在上层领导大力支持督导下，本案推动的进程得以再次提速。

（四）信用管理，联合惩戒一张网是新招

近年来骆马湖局积极向信用部门争取，成功将水行政管理纳入信用管理体系，联合印发《流域直管河湖领域信用管理办法》和《联合惩戒实施方案》，将水行政处罚纳入“双公示系统”，实现录入信息全国共享、联合惩戒。在本案中，骆马湖局在行政处罚后及时将当事人仲某纳入“信用系统”，通过一系列限制行为，触动其再次审视自身违法行为，衡量违法成本，很大程度地督促了当事人认清违法行为的严重性，从而转变观念，配合现场处置。骆马湖局已向信用系统推送一般失信行为50多起，织密了直管河湖领域信用管理一张网，增强了执法威慑力，通过实施信用管理，对案件的顺利处置起到了强有力的推进作用。

（五）长效巩固，“强监管”常态化是保障

走在如今的中运河大堤上，路旁树木郁郁葱葱、滩上草长莺飞、水中鱼翔浅底，“四乱”问题正被逐步被整治，河湖岸线面貌持续改善，“幸福河湖”不断走进沿河群众生活，但“四乱”尚未完全清除，来之不易的“清四乱”成果如何巩固，如何严防新的“四乱”出现，成为一个新的挑战。这就要求进一步推进“清四乱”常态化、规范化，更要求管理单位不断加强日常监管，探索总结长效机制，建立河湖巡查日志，对巡查时间、巡查河段、发现问题、处理措施等工作作出详细记录，对涉河湖违法违规行为做到早发现、早制止、早处理，将“四乱”问题杜绝于萌芽状态。

再现清水绿岸既非一日之功，更需要扎扎实实、坚持不懈、久久为功，让更多的河湖越来越多地呈现出水畅、河清、岸绿、景美的人水和谐景象。

（执笔人：杨勇　薛迪　张茂洲）

强化联防联治　注重协调联动
合力攻坚破解河口管理难题

——漳卫南局依托河长制推动漳卫新河河口“四乱”问题清理整治*

【摘　要】 漳卫新河河口为山东、河北两省边界河口，地域环境复杂，缺乏统一规划和监管，侵占河湖、破坏生态的问题由来已久、积弊深重，清理整治难度较大，漳卫南局为破解河口管理难题，建立联席会议制度，加强联防联治，同时强化协调联动，弥合部门局限，形成工作合力，推动漳卫新河河口“四乱”问题清理整治。

【关键词】 漳卫新河　河口　联防联治　协调联动

【引　言】 河长制湖长制是以习近平新时代中国特色社会主义思想为指导，牢树立“绿水青山就是金山银山”的发展理念，坚持“节水优先、空间均衡、两手发力、系统治理”的治水方针，依据现行法律法规，注重问题导向，落实地方党政领导主体责任，强化工作措施，协调各方力量，破解我国新老水问题、保障国家水安全。本文以漳卫新河河口“四乱”问题清理整治为重点，介绍漳卫南局推动河长制湖长制实现“机制的创新”和突破“体制的束缚”，依托党政负责、水利牵头、部门联动、社会参与的河湖管理保护工作新机制，着力解决漳卫新河河口管理难点问题。

一、背景情况

漳卫新河河口是山东、河北两省的边界河口，是海河流域漳卫南运河水系洪涝水的主要入海通道。漳卫新河河口段为辛集挡潮蓄水闸至入海口，全长 37 公里，左岸为河北省海兴县，右岸为山东省无棣县。

---

* 漳卫南局供稿。

自20世纪80年代起，随着黄骅港的规划建设，漳卫新河河口区域优势日渐显现，环河口区域经济快速发展。随着山东、河北两省对河口区域开发利用的需求不断提高，由于缺乏统一规划和有效管理，出现了河口滩涂无序开发、挤占河道行洪断面、河道主河槽淤积等问题，导致行洪能力大幅削减，河口区域开发利用与防洪管理的矛盾凸显。漳卫新河左岸海丰村与右岸孟家庄村至大口河，尚无堤防，左右两岸原为可行洪的滩涂，现遍布大量虾池和若干船舶修理厂，修筑的围堤缩小行洪断面，大量停靠船舶形成阻水坝，对河道行洪产生严重影响。《漳卫新河河口治理规划报告》已于2008年由水利部批复，划定了河口治导线，但地方政府及沿河群众对规划重视程度不够，规划约束力较弱。河口问题的出现，是长期积累的“顽疾”，解决起来千头万绪、十分复杂，有的行政区划不明，有的违建有地方人民政府颁发的临时土地使用证，有的滩地养殖办理了相关手续，两岸河道管理机关虽多次开展水行政执法，但因执法环境复杂、执法效能不高、执行难等原因，漳卫新河河口问题清理整治推进缓慢。

党的十八大以来，以习近平同志为核心的党中央高度重视生态文明建设。2016年10月11日，习近平总书记主持召开中央全面深化改革领导小组第二十八次会议，审议通过《关于全面推行河长制的意见》（厅字〔2016〕42号），2017年11月20日，主持召开十九届中央全面深化改革领导小组第一次会议，审议通过《关于在湖泊实施湖长制的指导意见》（厅字〔2017〕51号）。

漳卫南局深入贯彻落实习近平生态文明思想，依托河长制工作平台，按照全面推行河长制工作要求，积极协调上下游、左右岸，协同推进河口管理各项工作，特别是借助全国河湖“清四乱”专项行动，协调地方河长落实属地管理责任，推进漳卫新河河口“四乱”问题清理整治，集中力量啃下了一批河口管理保护中的“硬骨头”和“老大难”问题，河口面貌持续向好，水环境得到有效改善。

二、主要做法

（一）建立联席会议制度，加强联防联治

漳卫新河河口为山东、河北两省边界河口，地域环境复杂，缺乏统

一规划和监管，侵占河湖、破坏生态的问题由来已久、积弊深重，清理整治难度较大，为推动解决漳卫新河河口管理突出问题，漳卫南局坚持问题导向，立足漳卫新河河口实际，2016年就探索建立了漳卫新河河口联席会议制度，旨在建立多边对话平台、打开边界河道管理僵局，形成左右岸、上下游联防联控联治的工作合力。全面推行河长制以来，漳卫南局更加充分发挥漳卫新河河口联席会议作用，积极畅通多方议事协商渠道，进一步提升海兴、无棣两县对河口共治、共管、共建的重视程度及治理能力和水平。

按照联席会议制度要求，每年定期组织召开由沿河县乡政府、水利及相关部门、流域管理机构共同参加的联席会议，通过会议推动海兴县、无棣县就信息共享、协调管理、联合巡查、联控联治及突出问题的整改落实等达成共识，特别对于河口边界不清、区划不明的“四乱”问题，通过联席会议明确整治目标和任务，落实各方管治责任、制定区域共治共管工作方案，形成会议纪要并督促推进落实，漳卫南局借助联席会议这座“沟通桥”，以“清四乱”专项行动为契机，因地制宜、因河施策，强化联防联治、互通交流，漳卫新河河口管理工作取得了一定成效。

围垦养殖一直是漳卫新河河口管理和执法的“硬骨头”，这些养殖规模较大，涉及群众数量较多，另外，河口内行政区划界限不明、“插花地”历史遗留问题等给围垦养殖清理工作带来很大难度，同时两岸政府及河道管理机关缺少配合、各自为政，整治标准和推进力度差异很大，群众抵触情绪强烈，围垦养殖清理工作收效甚微、停滞不前。联席会议制度建立以后，漳卫南局多次召集海兴、无棣两县专题商讨围垦养殖清理问题，制定共治共管工作方案，统一清理标准，明确清理区域，两县同时安排，同步推进。通过联合整治，界限不明、“插花地”养殖问题迎刃而解，两岸营造出公平、公正的整治氛围，养殖户攀比、观望从众的心理逐步消除，能够配合开展围垦养殖清理。联席会议牵头两县开展共管共治，打破河口管理僵局，实现了两岸联防联治的良好开局。

（二）强化协调联动，形成工作合力

漳卫南局下属海兴、无棣河务局作为牵头协调单位，注重加强沿河两岸的沟通协调，按照左右岸、上下游积极衔接跨行政区域的“清四乱”

专项行动目标任务，统筹开展跨区域河湖专项整治行动，积极推进区域间的协调联动。海兴、无棣河务局联合对左右岸、上下游开展全面细致的调查摸底，横向到边、纵向到底，彻底查清漳卫新河河口“四乱”问题，做到不留死角、不遗盲区，为保证各类“四乱”问题清单明晰，所有问题有人认领，海兴、无棣河务局多次就“插花地”问题分别与海兴县、无棣县河长机构协调对接，力争就相关问题达成一致意见。“四乱”问题清理整治过程中，为保证漳卫新河河口左右岸、上下游“清四乱”工作一把尺子量到底、均衡推进，海兴、无棣河务局勇于直面问题，主动担当作为，不推诿、不扯皮，积极协调地方河长机构细化实化任务目标和工作标准，为漳卫新河河口“四乱”问题清理整治打下良好基础。

漳卫新河河口环境复杂，为保证“清四乱”专项行动顺利推进，两岸“四乱”问题的清理整治务必要做到“快”“准”“狠”，为此海兴、无棣河务局实时掌握两岸及上下游民情民意，跟踪“四乱”问题动态信息，积极为地方河长机构建言献策。海兴县、无棣县依托河长制平台，加强部门间的协同联动，要求上下游、左右岸主动对接，形成工作合力，清理整治过程中，海兴县、无棣县均成立了由县领导挂帅的联合整治小组，沿河各乡镇及县水利局、公安局、法院、国土局、环保局及海兴、无棣河务局在县政府的统一领导下，既分工合作、各司其职，又密切配合，形成合力，将“清四乱”这张大网在漳卫新河河口越织越密、越织越牢。

通过海兴县、无棣县的群防群治，相关单位部门的协同联动，“清四乱”专项行动取得显著成效，共拆除河道、堤防违章建筑约2.6万平方米，清理虾池约260万平方米，砂石厂、造船厂、网箱养殖全部清理完毕，漳卫新河河口河道面貌得到明显改善。

（三）营造良好氛围，凝聚社会共识

水利部“清四乱”专项行动开展以来，海兴县、无棣县高度重视宣传教育工作，一是做好领导干部的宣传教育，大力宣传河长制工作中的新思路、新举措、新进展、新成效，增强广大领导干部绿色发展理念和主动管河治河意识。二是做好沿河群众的宣传教育，地方政府通过党员会、代表会、大喇叭广播、微信群等多种形式进行宣传，让群众认识到开展“清四乱”整治工作的意义，并督促沿河各村完善河长制体系建设，将“爱河、护河、治河”纳入村规民约；海兴、无棣河务局充分利用“世界水日”“中国水周”“全国法制宣传日”等时机，对漳卫新河沿河群众入户宣传国家对于“清四乱”的相关要求，营造良好的清理整治氛围。

为获得群众理解和支持，做好群众疏导和安抚工作，海兴河务局联合县、镇、村三级河长加强联动、协力推进，县级河长抓总，现场办公，了解实情，分析症结，研究对策，明确要求；镇级河长在县相关部门的指导下，制定工作方案，协调充实工作力量，多措并举，综合施策，逐个解决落实问题；村级河长发挥近邻亲情优势，做好群众安抚工作。

海兴县境内漳卫新河河道管理范围内违建较大，由于沿河群众对清理整治方案不理解、不接受，抵触情绪强烈，拆违一度成为“清四乱”工作的“肠梗阻”。海兴河务局充分发挥河道管理部门优势，积极配合地方用心用情做好群众思想工作，海兴河务局协同村书记到群众家中讲解国家政策，了解民生疾苦，化解矛盾，耐心细致做通群众思想工作；针对一户老人不同意拆迁房屋的问题，先后十多次登门沟通，用行动、用真心化解老人顾虑，解决老人实际困难，获得老人理解支持，最终得到妥善处理。

三、经验启示

（一）破解漳卫新河河口管理难题，必须坚持区域共治

漳卫新河河口管理要打破行政界线壁垒，建立和完善跨县乡多方参与的联防联控机制，推行上下游、左右岸共治共管的工作模式，实现区域共治；要抓住党政负责人这个“关键少数”，形成一把手抓、抓一把手的压力传导机制，弥合部门局限，形成工作合力。

（二）破解漳卫新河河口管理难题，必须加快规划实施

省界河口的无序开发不但挤占河口行洪滩地，还直接改变了河口形态，这些都对防洪工作提出了更高的要求，河道主管部门应高度重视，梳理治理难题和管理缺失问题，联合沿河各级水行政主管部门依法加快河口治理规划的实施，同时做好对地方各部门的规划指导和宣传贯彻，从防洪保安全、保障民生的大局出发，通力合作，保障漳卫新河河口防洪安全和区域经济发展。

（三）破解漳卫新河河口管理难题，必须完善执法手段和依据

目前现有法律法规之间存在着地域、政策执行等方面的不一致，造成部门冲突、执法成本高、对违法惩治力度不够等问题。在大力推进河口规划实施的同时，要抓紧完成相关河口管理办法，为各级部门提供法律依据。加强河口管理区域的确权划界工作，通过确权划界，明确管理范围和保护范围，河道管理机关依照划定的权限开展执法监督。

（执笔人：刘凌志）

织绘松辽流域幸福河湖锦绣画卷

——松辽水利委员会以河长制湖长制为抓手推动流域幸福河湖建设实践*

【摘　要】 松辽流域幅员辽阔、沃野千里，是我国重要的工业基地和商品粮生产基地，在国家发展全局中占有举足轻重的地位。近年来，随着松辽流域工业化、城镇化和农业现代化的快速推进，带来的河湖问题逐渐暴露出来，新老水问题交织形势严峻，流域人民对幸福河湖的追求与水利行业监管能力不足之间的矛盾日益凸显。

全面推行河长制湖长制以来，松辽水利委员会积极践行可持续发展治水思路，建立健全河长制湖长制工作体制机制，组建专业化河湖执法队伍开展河湖管理督查，补齐补强流域规划短板，协同推进河长制湖长制在松辽流域落地生根，稳步推动河长制湖长制从“有名”到“有实”转变，切实维护松辽流域河湖健康生命。

【关键词】 松辽流域　河湖督查　幸福河湖

【引　言】 全面推行河长制湖长制，是党中央、国务院为加强河湖管理保护做出的重大决策部署，是解决我国复杂水问题、维护河湖健康生命的有效举措。流域管理机构作为水利部的派出机构，如何以河长制湖长制为平台，充分发挥“协调、指导、监督、监测”作用，统筹协调流域各省区做好河湖管理保护，促进改善河湖环境，建设流域幸福河湖尤为重要。

一、背景情况

松辽流域总面积124.9万平方公里，包括黑龙江、吉林、辽宁三省和内蒙古东部三市一盟以及河北省承德市的一部分，人口约1.2亿，是我国

---

* 水利部松辽水利委员会供稿。

重要的重工业、石油、粮食、木材基地，拥有世界三大黑土区之一的东北平原黑土带，具有良好的农业开发条件，素有“谷物仓库”之称。流域内国境界河众多，河流总长约5200公里，约占全国水边界的三分之二，包括黑龙江、鸭绿江等15条国际河流和兴凯湖等3个国际界湖。

近年来，随着工业化、城镇化快速推进和全球气候变化影响加剧，流域多年积累的河湖问题积弊深重，主要表现以下几个方面：一是河湖管理保护长期存在体制性机制性障碍，省界河流管理存在交叉，上下游、左右岸协调难度大，亟需破解。二是流域经济发展向河湖要水要地要砂的冲动强烈，涉河湖违法违规行为监管不够“硬”，“牙齿”不够锋利，如老哈河河道局地砂化严重，导致乱采等问题突出，对河道环境造成较大影响。三是河湖管理基础存在短板，规划约束不强，水体黑臭现象普遍，2019年黑龙江、吉林、辽宁三省黑臭水体达190条以上，导致鱼虾绝迹，水功能弱化。河湖问题的出现，固然有河湖天然禀赋条件的客观原因影响，但更主要的还是由对河湖问题及其规律的认识不够，没有处理好开发利用与保护、人与水、人与自然的关系等主观原因造成的，长期积累的“顽疾”，解决起来十分复杂。

习近平总书记2017年新年贺词特别强调“每条河流要有‘河长’了”，这既是对人民的庄严承诺，更是对全面推行河长制湖长制的指示要求。作为流域管理机构，松辽水利委员会深刻认识到全面推行河长制湖长制对促进河湖管理的重要作用，与流域内黑龙江、吉林、辽宁和内蒙古省区团结协作、密切配合，以河湖“清四乱”为抓手，在河湖强监管、补短板领域做了大量卓有成效的工作，有力推进河湖“清四乱”常态化规范化，为推动东北绿色振兴发展提供坚实的水利支撑和保障。

二、主要做法

按照中共中央、国务院和水利部关于全面推行河长制湖长制的要求，流域机构要充分发挥协调、指导、监督等作用，要与各省区建立沟通协商机制，强化流域规划约束，切实加强对河长制湖长制工作的综合协调、监督检查和监测评估。松辽水利委员会根据水利部授权，协调推进流域河长制湖长制工作，强化河湖监管，补强规划短板，推动流域省区深入开展河湖“四乱”问题清理整治，流域河湖面貌得到有效改善。

（一）发挥流域机构职能作用，实现流域河长制湖长制全面建立

松辽水利委员会在准确把握流域机构河长制湖长制工作定位的基础上，积极推动流域全面建立河长制湖长制体系。一是强化组织领导，组建并适时调整松辽水利委员会推进河长制湖长制工作领导小组和技术协调小组，研究解决流域推行河长制湖长制工作中的重点难点问题。二是适时召开推进会暨专题讲座，切实把职工思想和行动统一到推行河长制工作部署上来，印发推进河长制工作方案，协调解决流域内四省区河长制工作中遇到的难题。三是建立流域省级河长制办公室联席会议机制和省界河湖联系协调机制，编制流域省界河湖联系人通讯录，协调解决省际边界河流及河长制工作突出问题。四是开展松辽流域省际边界湖泊现状调查和省际边界河流“一河一策”方案编制情况调查，梳理省际边界河流名录，召开流域河长制工作推进会和省界河湖“一河（湖）一策”方案编制座谈会，加快推进流域河长制湖长制工作、省界河湖“一河（湖）一策”方案编制及审批工作，统筹协调各省区上下游、左右岸边界河流协同治理。五是及时总结提炼各地河长制湖长制工作好的做法和经验，利用门户网站和自媒体开展宣传交流，供流域内省区学习借鉴。六是制定推行河长制湖长制工作督导检查制度，检查指导流域内省区河长制湖长制工作落实情况，促进流域内省区2018年底全面建立河长湖长体系，黑龙江、吉林、辽宁三省均由省委书记和省长共同担任总河长，内蒙古由区委书记担任总河长，设立河长湖长人数达7.60万，建立河长湖长公示牌约30.35万块，自此，松辽流域每一条河流、每一个湖泊都有了“家长”，为流域加强河湖管理与保护提供了组织保障。

松辽水利委员会积极推进直管水库河长制湖长制工作，指导水库梳理库区保护问题并纳入地方“一河（湖）一策”清单，配合做好河长巡河检查、河道管理范围划定工作，2020年统筹协调察尔森水库为向海湿地应急补水8000万立方米，有效改善被列为国际重要湿地名录的向海湿地生态环境，湿地内的丹顶鹤又多了起来，它们自由自在地在水里嬉戏，引得游客纷至沓来，促进了当地旅游业发展。

（二）丰富河湖监督检查手段，推动流域河湖面貌有效改善

从水利行业强监管的大局出发，松辽水利委员会探索建立“1＋1＋N”即“河湖处牵头＋监督处统筹＋河安中心及各职能部门分工协作”的河湖专业化督查队伍模式，实施包片负责流域黑龙江、吉林、辽宁、内蒙古四省区的督查机制。通过督查“事前、事中、事后”三管齐下的摸索实践，形成了一套符合流域河湖管理实际的督查工作程序，即督查前，认真制定督查方案和工作手册，分省区组建督查组，召开动员培训会并选取督查试点地区对督查组长进行现场培训，准确把握问题定性标准，并结合河湖基本资料、奥维地图等制订详细督查计划；督查中，充分运用督查APP、卫星遥感、无人机等先进手段提高督查效率，通过微信群等平台及时交流现场督查典型做法，集思广益解决难题；督查后，召开协调小组会议和经验交流会判定问题、总结交流，建立督查台账并督促省区加快问题整改，有效提升督查工作能力和水平，仅2019年就督查了流域49个设区市1551个河湖2313个河段湖片，实现了流域1000平方公里以上河流和1平方公里以上湖泊督查全覆盖的目标，并对吉林和辽宁省突出问题专项整治情况开展重点核查，积极督促流域内四省区对上报的22945个“四乱”问题加快整改，促进问题整改完成率达99.86％，流域内大庆市肇源县清理非法民堤516公里，拓宽松嫩两江行洪通道4～5公里；松花江佳木斯市段加大“四乱”问题清理整治力度，荣获全国第一批示范河湖建设河段称号。从近两年督查工作成效看，河湖督查已成为推动地方解决“四乱”问题的有力举措。

松辽水利委员会高度重视漠视侵害群众利益的河湖问题，近两年对群众举报、媒体报道等发现的非法采砂、乱建等10余个重点问题调查核实，组织对黑龙江、吉林、辽宁三省的伊通河等9个具有代表性的城市黑臭水体进行清淤疏浚情况调研检查，督促加快治理进度，现如今伊通河的水明显清澈了，鱼儿多了，老百姓脸上的笑容也多了。

（三）补足河湖管理规划短板，夯实流域水域岸线管理基础

松辽流域河湖范围内有多处国家级自然保护区和饮用水水源地，嫩江、松花江、拉林河等重要河流砂石资源历史储量丰富，如何统筹经济发展、防洪、供水等要求，有效保护和合理利用河湖资源对新时代东北

振兴提出了新的更高要求。松辽水利委员会积极组织开展重要河道岸线保护与利用规划、采砂管理规划，将嫩江、松花江干流、第二松花江、老哈河、东辽河、辽河口总长4400余千米河道纳入岸线规划范围，科学提出岸线管控措施；合理划定嫩江、第二松花江、松花江干流、东辽河、拉林河、老哈河、洮儿河总长度2000余千米河道采砂管理范围，严格划分采砂禁采区和禁采期、可采区、保留区，并采用ArcGIS制图，以高分辨率影像图和大比例尺地形图为底图，初步建立了流域重要河段规划信息数据库，明确了河湖管理保护的“红绿灯”“高压线”，推进流域河湖管理保护与资源合理利用进程。

三、经验启示

（一）推动河长制湖长制从“有名”向“有实”转变，必须充分发挥流域机构的职责作用

全力推动河长制湖长制从“有名”向“有实”转变，需要聚焦“盛水的盆”和“盆里的水”，充分发挥流域机构协调、指导、监督作用，统筹协调构建责任明确、协调有序、监管严格、保护有力的河湖管理保护机制。松辽水利委员会汇聚流域各方合力，建立省级河长制办公室联席会议机制、省界河湖联系协调机制，召开河长制工作推进会和省界河湖“一河（湖）一策”方案编制工作座谈会，积极推动流域各省区全面建立河长制，强化河湖管理检查，督促指导流域各地加快“四乱”问题解决，有效改善了流域河湖面貌。

（二）保护和改善流域河湖面貌，必须牢牢坚持水利改革发展总基调

始终把“水利工程补短板，水利行业强监管”贯穿于保护和改善河湖的全过程，牢牢把握调整人的行为、纠正人的错误行为这条主线，才能逐步实现人水和谐的江河治理保护目标。松辽水利委员会适应当前治水主要矛盾变化，科学谋划河湖管理新路子，开展流域重要河湖岸线规划及采砂规划，夯实流域规划短板，建立“1＋1＋N”专业化河湖督查队伍，创新督查和执法方式，实施分省包片负责机制，督促解决河湖“四乱”等新老水问题，在治理保护中见行动、见成效。

（三）建设造福人民的幸福河湖，必须时刻践行新时代水利精神

抓好河湖治理和保护是顺应人民群众对美好生态环境的新期待，必须积极践行新时代水利精神，把解决河湖突出问题摆在优先位置。松辽水利委员会督查队伍严格按照“四不两直”要求，克服道路泥泞、顶风冒雪、早出晚归等困难，以抓铁有痕、踏石留印的干劲，认真督查河湖重点问题，用实际行动诠释“忠诚、干净、担当，科学、求实、创新”的水利精神，织绘了松辽流域幸福河湖锦绣画卷，流域人民群众的获得感、幸福感、安全感明显增强。

（执笔人：徐志国　苗立峰　于冰）

重拳出击治顽疾　流域监管动真格

——珠江委强力督办拆除柳江河段涉河违法建筑*

【摘　要】 2019年，珠江委聚焦行业强监管要求，以问题、目标、结果为导向，依托河长制湖长制平台，重拳出击，强力督办拆除柳江河段12栋“水上别墅”和港湾人家饭店等两处违法建筑，有力推动违法项目的查处和整改，确保柳江干流行洪安全，保障人民群众生命财产安全。同时，要求地方举一反三，强化舆论监督，严厉打击涉河违法行为，持续保持河湖监管高压态势，维护河湖管理良好秩序，全面推进“水利行业强监管”总基调在珠江流域落地生根。

【关键词】 河长制湖长制　河湖监管　珠江委　柳江河段　违法建筑

【引　言】 珠江是全国七大江河之一，水系支流众多，水道纵横交错。全面推行河长制湖长制以来，珠江委充分发挥流域机构指导、协调、监督、监测等作用，扎实推进、压紧压实流域河长制湖长制各项工作。2019年，珠江委聚焦管好盛水的“盆”、护好盆中的“水”，强化河湖暗访督查，严格河湖执法，以典型“四乱”问题为突破口和发力点，通过挂牌督办，有力推动重大问题迅速整改到位，发挥示范震慑作用，全面推进河长制湖长制从“有名”向“有实”转变，让人民群众从水清岸绿中增强获得感、幸福感和安全感，让珠江成为真正造福人民的幸福江。

一、背景情况

柳江是珠江水系西江干流的第二大支流，流经贵州、广西、湖南三省（自治区）。柳江水质优良，风光如画，美不胜收。柳州市地处柳江下游，柳江绕城而过，素有“玉带束龙腰”的美誉。柳州市地势较低，受地理及气候影响，洪涝灾害频繁，曾于1988年8月、1994年6月、1996

---

* 水利部珠江水利委员会供稿。

年7月发生三次特大洪水，损失严重，是全国31个重点防洪城市之一。

近年来，柳州市依托良好的水环境，大力建设水上娱乐运动，引进各类国内国际级水上运动赛事，以水为媒，做足水文章。在水上经济加快发展的同时，个别项目“开绿灯”“闯红灯”，侵占河湖水域的违法行为时有发生。珠江委在河湖暗访督查中发现，柳州市柳江河段12栋“水上别墅”和港湾人家饭店等建筑均为涉河违建项目，侵占了河湖空间，存在着极大的防洪安全隐患。

12栋“水上别墅”位于柳州市柳江右侧白沙大桥与河东大桥之间，采用浮筒式基础，是柳州市摩托艇运动协会水上训练基地的重要组成部分。港湾人家饭店位于柳州市柳江右岸，沿河东堤段布置，是柳州（山水柳州）国际游艇帆船码头工程在柳江河道内修建的两层建筑物。

两个项目均位于柳江重要行洪河段，未经水行政主管部门同意，擅自在河道管理范围内修建阻碍行洪建筑物，影响了柳江行洪、东堤堤防及下游河东大桥安全，属于典型的河湖“四乱”中的“乱建”。其中，12栋“水上别墅”是珠江委2019年10月执法检查中新发现的案件；港湾人家饭店为陈年积案，受建成项目经济和社会效应较高、地方存在“不愿拆”保护心态、前期河湖执法强制执行力不强等因素影响，一直未得到有效整治。

二、主要做法

2018年8月，水利部组织开展全国河湖“清四乱”专项行动，要求深入落实全面推行河长制湖长制的部署，促进河湖健康，建立健全河湖管理保护长效机制。珠江委高度重视，把开展河湖“清四乱”行动作为珠江委河湖管理工作的重中之重，在对管理范围内河湖违法行为进行全面排查后，将12栋“水上别墅”和港湾人家饭店列为反面典型案例，挂牌督办、较真碰硬，强力督促拆除，确保河湖监管真落地、出实效。

（一）高位推进，强力督查督办

珠江委党组将拆除两处违建项目作为流域河湖强监管的标志性工作，专题研究，周密部署，分析问题与违法事实，找准执法发力点，精心制定工作方案。主要负责人亲自挂帅，提出时间表，画出作战图，紧紧抓住河长制湖长制这一制胜法宝，协调自治区级和市级河长，日常督办和现场督办双管齐下，强力推进落实拆除工作。

分管委领导多次带队开展督导检查，并与柳州市河长办公室深入约谈，宣贯水利部关于河湖“清四乱”工作要求，明确指出河湖违法事实，强调整改工作的紧迫性，破解思想误区。10月30日，柳州市河长办按要求制定报送整改工作方案后，珠江委具体职能部门密切跟进，每周去一次现场，每两天电话联系一次，及时掌握整改进展情况，强化跟踪督办。2019年10月至12月底，不到2个月时间珠江委先后5次组成核查督查组，对12栋“水上别墅”和港湾人家饭店拆除工作进行现场检查，确保清理整治到位。

同时，珠江委积极采用信息化调查取证技术，提高督查督办效果，通过对2006年、2012年、2018年三期卫星影像的动态分析，获取12栋“水上别墅”和港湾人家饭店违法情况。在拆除过程中，利用无人机取证，实时获取拆除过程照片和视频影像资料。高频率、强节奏、全方位的督查工作，使地方政府和项目单位充分体会到珠江委向河湖顽疾宣战、维护河湖健康的决心和毅力。

（二）依托河长制湖长制平台，加强跨部门联动协作执法

柳州市城区水域执法权在城市执法局，此前部门执法协调联动难度大。珠江委依托河长制湖长制平台，压实柳州市党委、政府河湖管理保护主体责任，组织各级水行政主管部门协同发力，建立上下协同执法、跨部门联合执法及督查督办机制，确保整改拆除工作顺利推进。

柳州市成立了工作组，由柳州市副市长、河长办主任任组长，组织市河长办、市水利局、市综合执法局及市体育局等单位，配合珠江委联动协作执法，严格落实地方监管责任。11月底，柳州市城市管理行政执法局向2个项目单位送达责令限期拆除决定书，并严格按照整改方案督促业主及相关部门配合整改。柳州市河长办按照每周一次的频率对整改工作情况进行督查。为充分发挥典型案例震慑作用，12月11日，珠江委联合广西壮族自治区河长办、柳州市河长办组成督查组，对两处涉河违法建筑拆除工作进行现场督办，取得了显著效果。

（三）加强舆论引导，扩大警示震慑效应

河湖健康事关人民群众切身利益，社会关注高。珠江委将舆论监督引导与督查工作一同部署、一同落实，积极利用报纸、网站、微信公众号等多种渠道同时发声、同向发力，加大典型案件的曝光力度，以案释法，办出声势、办出威慑。

珠江委以2019年12月联合督查拆除行动为宣传重点，精心组织，邀请中国水利报记者现场采访，在水利部官微、中国水利报、中国水利网等推出《强监管！12栋水上别墅被拆除》《强力拆除12栋水上别墅，流域监管动真格》等报道，并策划拍摄“拆除行动”微视频，有效扩大宣传覆盖面，提升强监管社会影响力。珠江委加强河湖监管的重磅发声，释放了强烈的强监管信号，引起了流域内的极大反响，进一步推动水利行业强监管成为社会共识。

（四）举一反三，督促地方全面开展自查自纠

重拳出击治理河湖顽疾，意在以点带面、震慑一片。建设单位在开展拆除工作的同时，积极迅速启动对其他相关建设内容的论证评价工作，将建设行为纳入法制管理轨道，切实发挥水法规制度的刚性约束作用。

柳州市河长办举一反三，积极开展辖区河道管理范围内河湖违法项目“大体检”，全面梳理河湖违法项目。根据珠江委现场督办意见和河湖“清四乱”的要求，柳州市河长办及时制定《柳江河“四乱”问题巡查行动方案》，建立日常巡河执法工作机制，层层压实各级河长制湖长制工作。市河长办组织城中区、柳北区、柳南区、鱼峰区河长办从柳江河下游乘船向上游逐一梳理排查河道内违建项目，共排查出40个疑似违建项目，组织各级河长办核实与认领工作，按照一区一单的要求全面落实整改。

三、取得成效

全力打好河湖管理攻坚战，有效改善河湖管理面貌，目的在于不断提升人民群众获得感、幸福感、安全感。珠江委紧盯流域重大河湖“四乱”问题，充分发挥流域机构“指导、协调、监督、监测”作用，严促“四乱”问题整改。12栋“水上别墅”和港湾人家饭店两个违建项目的拆除，不仅提升了柳江河道的行洪泄洪能力，保障了柳江的行洪安全，更有效地消除了行洪安全隐患，守护了人民群众生命财产安全，满足了人

民群众对美丽河湖、幸福河湖的需求，提升了人民群众的满意度。

四、经验启示

（一）提高站位，坚持以人民为中心的发展思想

江河湖泊是自然生态的重要组成部分。保护河湖健康，事关人民群众福祉，事关全面建成小康社会大局，事关中华民族的千秋大计和永续发展。珠江委深入学习贯彻习近平生态文明思想以及习近平总书记治水重要论述精神，贯彻落实中央关于全面推行河长制湖长制的决策部署，践行水利改革发展总基调，把依法维护河湖健康作为重大政治责任抓实抓好。在河湖违法陈年积案“清零”行动中，珠江委既是本身事权内“清零”行动的执法主体，又是流域内各省区“清零”行动的督办主体，通过提高站位，以解决侵害群众利益的河湖问题为出发点和落脚点，广泛凝聚共识，形成工作合力，为维护良好的河湖生态环境健康保驾护航。

（二）严格执法，树立流域机构执法权威

作为水利部的派出机构，加强流域内河湖执法工作、维护河湖健康是流域机构的重要职责。珠江委坚持有法必依、执法必严、违法必究，以坚决的态度、强力的举措督促地方拆除，强化河湖执法工作，切实维护河湖管理秩序。此次对12栋“水上别墅”和港湾人家饭店实施整改拆除，是珠江委切实履行流域管理职责、严格落实河湖执法工作的具体体现。珠江委将以此为切入点和推动力，继续狠抓其他项目的整改落实工作，严厉打击非法侵占河湖、违法涉河建设等违法活动，打造一条生态优美健康的“幸福珠江”。

（三）上行下效，推动地方水行政执法有序开展

随着机构改革后执法重心下移，地方部门对改革后的执法职责未完全理顺，导致部分地方水行政执法职责削弱，河湖执法工作开展力度较小，顾虑较多，效果不理想。珠江委此次重拳出击，严格执法，既严厉打击了非法侵占河湖、违法涉河建设的违法活动，也对地方部门水行政执法发挥了教育和宣传效果，以点带面，为地方水行政执法工作打了一剂高效的“强心针”。

港湾人家饭店拆除前

港湾人家饭店拆除后

12栋“水上别墅”拆除前

12栋“水上别墅”拆除后

（执笔人：韩亚鑫）

做好流域片河长制湖长制工作的“助推器”

——太湖流域管理局助推太湖流域片河长制湖长制工作实践*

【摘　要】太湖流域管理局（简称太湖局）作为水利部派出的流域管理机构，充分发挥协调、指导、监督、监测等作用，不断探索创新工作方式，通过出台流域性指导意见、强化明察暗访、搭建交流平台、建立跨省湖泊协作机制、加强宣传引导等，举全局之力助推太湖流域片率先全面建立河长制湖长制，并加快从“有名”向“有实”转变，取得了良好的成效。

【关键词】流域机构　助推　创新　实践

【引　言】太湖流域片地跨江苏、浙江、上海、福建、安徽五省（市），总面积24.5万平方公里，境内河流纵横交错，湖泊星罗棋布。长期以来，流域片经济社会保持了快速发展势头，但伴随着工业化、城镇化进程加快，不科学的发展方式加剧了经济社会发展与水资源、水环境、水生态的矛盾，河湖管理保护任重道远。中央决定全面推行河长制湖长制以来，太湖局立足流域片已有工作基础，主动靠前服务，全力助推流域片率先全面建成科学规范的河长制湖长制体系，并不断向纵深发展，流域片河湖面貌持续改善。

一、背景情况

2007年，太湖大面积暴发蓝藻，引发了江苏无锡水危机。随后无锡市开始探索实施河长制湖长制，由各级党政主要负责人担任河长，作为河流管理保护的第一责任人，负责辖区内河流污染治理，并将河流断面水质检测结果纳入党政主要负责人政绩考核内容。浙江省长兴县也借鉴公路路长管理模式，开始试行河长制湖长制。河长制湖长制的实施，最

---

* 水利部太湖流域管理局供稿。

大限度地整合了各级党委政府的执行力，弥补了“九龙治水”的不足，形成全社会治水的良好氛围。江苏、浙江在总结先行先试经验的基础上，先后在全省范围内推行河长制湖长制，均取得了良好的成效。2016 年年底，在习近平总书记的亲自部署和推动下，中央作出了在全国范围内全面推行河长制的重大决策部署。2017 年年底，中央再次作出全面推行湖长制的决定。

太湖流域片河湖众多、河网密布、经济发达，河湖开发利用程度高，管理保护压力大。近年来，在经济社会高速发展的同时，也面临着水体污染、河湖水域萎缩、水生态退化等突出问题。随着生活水平的提高，流域片人民群众对美好生态环境的向往越加强烈，亟需通过河长制工作，构建责任明确、协调有序、监管严格、保护有力的河湖管理保护机制，加快破解河湖水问题，维护河湖健康生命，推动实现人与自然和谐共生。

太湖局作为流域管理机构，立足流域片河长制工作起步早、基础好的实际，充分发挥协调、指导、监督、监测等作用，以更高标准、更实措施、更大力度全面落实中央重大决策部署，积极探索创新，推动太湖流域片率先全面建立河长制湖长制，取得了显著成效。

二、主要做法

（一）提高政治站位，切实加强组织领导

太湖局以高度的政治责任感，统一思想，不折不扣全力落实中央重大决策部署，举全局之力助推流域片河长制湖长制工作。迅速成立太湖局推进河长制工作领导小组，在河湖管理处设立办公室，抽调骨干力量，集中办公，实体运作。制定印发《贯彻落实河长制工作实施方案》，建立局领导分片指导、业务部门对口联系、全局职工广泛参与的工作机制，即一位局领导、一个业务部门对口联系指导一个省份，跟踪了解河长制湖长制工作动态，及时帮助解决重点难点问题，有效保障各地河长制湖长制的工作质量和进度。

（二）强化顶层设计，及时出台流域性指导文件

在《关于全面推行河长制的意见》（厅字〔2016〕42 号）出台后，太湖局结合流域片河湖管理实际，以最快速度、率先制定《关于推进太湖

流域片率先全面建立河长制的指导意见》，于2016年12月21日正式印发，为流域片五省（市）制定实施方案，为落实工作要求提供更加细化的工作指南。

在加快构建河长制体系的同时，太湖局结合河长制主要任务，率先研究制定《太湖流域片河长制“一河一策”编制指南（试行）》，进一步明确实施河湖治理的目标、任务、措施，提出清单式管理，为各地科学编制“一河一策”提供更加具体的技术指导。

结合湖泊水体的特殊性，太湖局加强对湖泊推行河长制的研究，在中央出台《关于在湖泊实施湖长制的指导意见》（厅字〔2017〕51号）前即印发《关于深化太湖流域片湖泊河长制工作的指导意见》，努力推动流域片湖长制工作率先取得突破。

在全面梳理中央、水利部等有关部委及流域片各省（市）关于河长制湖长制工作要求的基础上，结合流域片河湖特点及管理保护要求，依据相关标准和规程规范，太湖局制定了《太湖流域片河长制湖长制考核评价指标体系指南》，为各地科学开展河长制湖长制考核评价提供参考和依据。

（三）善用明察暗访，推动河湖面貌持续改善

太湖局密切关注流域片河长制湖长制工作推进落实情况，深入一线调研指导，强化督导检查，帮助各地查漏补缺，督促指导加快推进各项工作。太湖局深入贯彻落实“水利工程补短板、水利行业强监管”的水利改革发展总基调，进一步加强暗访明察，倒逼各级河长湖长履职尽责，加快河长制湖长制从“有名”向“有实”转变。以2019年为例，太湖局全年共暗访近400条河流、80多个湖泊，实现流域片所有设区市、流域面积1000平方公里以上河流、水面面积1平方公里以上湖泊全覆盖，大量河湖问题得到妥善解决，河湖面貌明显改善。

（四）加强沟通协调，跨省际协作取得重大突破

太湖流域拥有太湖、淀山湖等大量跨省际湖泊，这些湖泊在流域防洪、供水、水环境、水生态等方面均发挥着重要作用，特别是2018年长三角一体化发展上升为国家战略后，这些湖泊的地位更加凸显。但受制于不同省市间经济社会发展不平衡，治理理念和需求不同，跨省湖泊治理一直是落实河长制湖长制中的难点。太湖局充分发挥流域机构统筹协调的作用，于2018年商江苏、浙江两省建立了太湖湖长协作机制，由两省省级湖长参与机制，是我国首个高层次的湖长议事协作平台，对跨省湖泊湖长协作和协同治理开展了先行探索。2019年，为进一步响应长三角生态绿色一体化发展示范区建设，太湖局与江苏、浙江、上海两省一市达成共识，将淀山湖纳入跨省湖泊议事协作范畴，拓展建立太湖淀山湖湖长协作机制。机制的建立不弱化地方党委政府的责任，也不改变已有的河长湖长组织体系和部门职责分工，是对流域重点跨省湖泊湖长制工作的有效补充和拓展，为沿湖地区提供了同向发力的协作平台，全力为长三角一体化发展国家战略实施和示范区建设提供更有力的水资源水环境水生态支撑。

（五）搭建交流平台，促进经验交流学习

太湖流域片作为河长制湖长制的发源地和先行先试地区，积累了大量的经验做法。在全面推行河长制湖长制后，各地又在原有的基础上提档升级，打造更高标准的河长制湖长制，涌现出一大批更加务实高效的基层实践。为了更好地将这些实践经验及时推广，推动流域片河长制湖长制整体高水平发展，太湖局牵头搭建了流域性交流平台，不定期邀请不同地区、不同层级的河长湖长及工作人员齐聚一堂，总结成绩、交流经验、互相学习、凝聚共识，已开展了6次流域性交流活动，大量好的做法通过平台得到交流，并在流域片广泛应用，起到了良好的示范带动作用，太湖流域片河长制湖长制工作始终保持创新动力，持续高质量发展，整体走在全国前列。

（六）丰富宣传引导，营造良好社会氛围

河长制湖长制工作涉及面广、持续性长，需要社会各界的广泛参与。太湖局在充分利用传统媒体和“两微一端”等新媒体进行深入宣传报道的同时，不断创新方式方法，举办“太湖杯”河长制知识网络竞赛，联合清华大学等高校开展大学生实践，印发宣传册，发动青年同志投身志愿宣传服务，发布《太湖流域片率先全面建立河长制》蓝皮书，出版《河长制湖长制实务——太湖流域河长制湖长制解析》工具书等。上述一系列形式新颖、内容丰富、参与度高的宣传活动引导效果显著，社会各界对河长制湖长制工作始终保持高度关注和参与热情，全社会爱水护水氛围越发浓厚。

三、经验启示

（一）压实河长湖长责任是河长制湖长制取得实效的核心要义

河长制湖长制的核心是地方党政领导负责制，即落实地方党委政府对河湖管理保护的主体责任，做到守土有责。通过党政领导高位推动、统筹协调，解决以往“九龙治水”的局面。要做实做强河长办，配足配强专职人员并保持相对稳定，充分发挥河长办组织、协调、分办、督办等作用，必要时要进一步提升河长办规格，强化河长办职能，树立权威。要持续完善相关政策措施、制度体系，进一步加大财政资金支持和保障力度，促进河长制湖长制长效规范运行。要强化考核评估，注重工作任务的可实施性和目标的可达性，对各级河长湖长履职情况的考核评价要纳入党政领导绩效综合考核、自然资产离任审计等内容中，作为干部选拔任用的重要参考。要完善奖惩机制，突出优劣区别，进一步激发河长湖长干事创业的热情。

（二）加强区域协作是破解河长制湖长制疑难杂症的有效途径

河湖水污染防治、“四乱”问题整治、水环境综合治理、水生态保护修复等工作纷繁复杂，涉及面广，不是一时一地的事，需要加强区域协作，水岸统筹、上下游共治，才能从根本上改善河湖面貌。特别是现阶段，在长三角地区一体化高质量发展的大背景下，更需要打破行政隶属、破行政边界，进一步强化区域协同，探索河湖治理保护一体化制度创新。要充分借助长三角一体化发展国家战略契机，全面加强省际间的沟通协作，建立完善不同层级的跨省际河湖治理保护协作机制，统筹考虑省市间的合理利益诉求，探索建立跨区域项目建设、执法监管、生态补偿、信息共享、资金投入等机制，促进达成共识，在更广泛的层面实现区域合作共赢，从源头上解决或改善河湖问题，实现全流域河流面貌的根本性转变。

（三）社会公众参与是河长制湖长制长效运行的持久保障

各地在宣传引导，凝聚治水合力方面已经作了大量有益探索，需要在现有基础上不断予以拓展和完善。要充分吸收公检法力量参与到河长制湖长制工作中来，借鉴“河道警长”、“法制河长”、派驻河长办检察官工作室、生态警察中队等模式，利用公检法力量为河长制湖长制保驾护航。要不断激发社会公众参与河长制湖长制的热情，坚持“党政河（湖）长＋民间河（湖）长”模式，以官方河长湖长为主体、民间河长湖长为基石，建成一个主体、多个层面参与的社会治理协同创新模式，最大限度凝聚社会力量，增强工作成效。要持续加大对河长制湖长制工作的宣传引导力度，引导各级河长湖长学习先进，激发治河护河热情，发挥典型示范引领作用。

（执笔人：邓越）